网络空间安全技术丛书

云计算安全

关键技术、原理及应用

主　编｜苗春雨　　杜廷龙　　孙伟峰

副主编｜郭婷婷　　陈美璇

参　编｜邓　吉　　吴鸣旦　　黄施君　　王伦　　王卫东　　叶雷鹏

机械工业出版社

CHINA MACHINE PRESS

本书采取理论与应用相结合的方式，对云计算相关的主要技术、常见信息安全风险和威胁、云计算安全关键技术以及云计算的安全运维与服务等内容进行了系统阐述，对云计算安全相关的国内外法律法规和标准做了深入解读。通过本书的学习读者可以了解云计算安全领域相关的技术和方法，以及云安全工程师认证考试的全部知识点。

全书共 8 章，主要内容包括云计算基础知识、云安全模型与风险分析、云平台和基础设施安全、云数据安全、云应用安全、云安全运维、云安全服务和云安全治理。

本书是对编者多年的理论研究、实践经验的系统总结和归纳，同时也参考了国内外最新的理论研究成果和当前主流厂商相关的产品与解决方案。

本书可作为信息安全咨询服务、测评认证、安全建设、安全管理等领域从业人员的技术读本和工具书，还可作为高等院校信息安全相关专业本科生和研究生云计算相关课程的教学参考书。

图书在版编目（CIP）数据

云计算安全：关键技术、原理及应用/苗春雨，杜廷龙，孙伟峰主编 . —北京：机械工业出版社，2022.2（2025.2 重印）
ISBN 978-7-111-70184-2

Ⅰ.①云… Ⅱ.①苗…②杜…③孙… Ⅲ.①云计算 – 安全技术
Ⅳ.①TP393.027

中国版本图书馆 CIP 数据核字（2022）第 029293 号

机械工业出版社（北京市百万庄大街 22 号 邮政编码 100037）
策划编辑：张淑谦 责任编辑：张淑谦
责任校对：秦洪喜 责任印制：刘 媛
涿州市般润文化传播有限公司印刷
2025 年 2 月第 1 版第 4 次印刷
184mm×260mm · 16.5 印张 · 473 千字
标准书号：ISBN 978-7-111-70184-2
定价：99.00 元

电话服务   网络服务
客服电话：010-88361066   机 工 官 网：www.cmpbook.com
          010-88379833   机 工 官 博：weibo.com/cmp1952
          010-68326294   金 书 网：www.golden-book.com
封底无防伪标均为盗版   机工教育服务网：www.cmpedu.com

网络空间安全技术丛书
专家委员会名单

随着信息技术的快速发展，网络空间逐渐成为人类生活中一个不可或缺的新场域，并深入到了社会生活的方方面面，由此带来的网络空间安全问题也越来越受到重视。网络空间安全不仅关系到个体信息和资产安全，更关系到国家安全和社会稳定。一旦网络系统出现安全问题，那么将会造成难以估量的损失。从辩证角度来看，安全和发展是一体之两翼、驱动之双轮，安全是发展的前提，发展是安全的保障，安全和发展要同步推进，没有网络空间安全就没有国家安全。

为了维护我国网络空间的主权和利益，加快网络空间安全生态建设，促进网络空间安全技术发展，机械工业出版社邀请中国科学院、中国工程院、中国网络空间研究院、浙江大学、上海交通大学、华为及腾讯等全国网络空间安全领域具有雄厚技术力量的科研院所、高等院校、企事业单位的相关专家，成立了阵容强大的专家委员会，共同策划了这套"网络空间安全技术丛书"（以下简称"丛书"）。

本套丛书力求做到规划清晰、定位准确、内容精良、技术驱动，全面覆盖网络空间安全体系涉及的关键技术，包括网络空间安全、网络安全、系统安全、应用安全、业务安全和密码学等，以技术应用讲解为主，理论知识讲解为辅，做到"理实"结合。

与此同时，我们将持续关注网络空间安全前沿技术和最新成果，不断更新和拓展丛书选题，力争使该丛书能够及时反映网络空间安全领域的新方向、新发展、新技术和新应用，以提升我国网络空间的防护能力，助力我国实现网络强国的总体目标。

由于网络空间安全技术日新月异，而且涉及的领域非常广泛，本套丛书在选题遴选及优化和书稿创作及编审过程中难免存在疏漏和不足，诚恳希望各位读者提出宝贵意见，以利于丛书的不断精进。

机械工业出版社

随着信息化建设的推进，IT 资源成为企事业单位的重要基础设施，而云计算作为一种能够满足计算资源按需分配、快速部署需求的全新计算模式悄然出现并迅猛发展。近年来，全球云计算市场规模呈现稳步上升趋势，国际上，包括亚马逊、微软、Salesforce、谷歌、甲骨文、Linode 等公司纷纷布局云计算市场，而国内的阿里、腾讯、华为、百度等大型互联网公司也推出了各自的公有云、私有云产品及服务，各类企事业单位也逐渐接受了系统上云的思想，投入云计算的怀抱。

企业将业务系统迁移至云计算环境的过程中面临着诸多严峻挑战，传统的安全风险在云环境下仍然存在，同时又涌现出一系列云环境下的新安全问题。另外，云计算环境下的资源按需分配、弹性扩容、资源集中化等新型技术形态也给云安全技术带来挑战和技术革新，因此云计算的安全性也成了众多云计算供应商和企业 IT 管理人员关注的重点。本书从云计算基础入手，全面地介绍了云计算安全面临的安全风险、隐患和脆弱性，云计算安全的合规性要求，云安全相关的主要技术，使读者能够对云计算安全有系统的了解和认识。

本书共 8 章，从云计算基础到云计算安全技术和治理，层层展开。第 1 章介绍云计算基础知识，阐述云计算技术相关的概念、服务模型、部署模式和商业发展现状等；第 2 章介绍云安全模型与风险分析，分析了云安全的基本目标、指导方针，云安全面临的主要风险、威胁和隐患等；第 3 章介绍云平台和基础设施安全，首先对云基础设施与虚拟化相关的安全技术进行了讲解，然后重点介绍了一些主要的云安全防护技术；第 4 章介绍云数据安全，讲解了数据治理框架、数据安全治理框架与实施，以及云数据存储、云数据安全保护技术等相关知识；第 5 章介绍云应用安全，阐述了软件安全开发、云应用开发流程、云应用安全在全生命周期内的实现等内容；第 6 章介绍云安全运维，讲解了安全运维的基本概念、云安全运维的主要活动和相关知识要点；第 7 章介绍云安全服务，讲解了云线上/线下服务的常见形式、SECaaS 的相关概念和主要内容、云安全服务的主要活动和相关知识要点；第 8 章介绍云安全治理，介绍了安全治理对组织的重要性、云计算相关的法规标准和合规要求，以及云服务安全认证等相关知识。

本书编者长期从事信息安全的教学与研究工作，对云计算安全产品开发与安全运维有深入的理解和认识。本书主要由苗春雨、杜廷龙、孙伟峰、郭婷婷和陈美璇编写，另外，邓吉、吴鸣旦、黄施君、王伦、王卫东和叶雷鹏也参与了本书的部分编写和审稿校对工作。同时，本书参考了《注册信息安全专业人员培训教材》、云安全联盟（CSA）成果《云计算关键领域安全指南 V4.0》等相关资料，得到了云安全联盟的大力支持，还参考了国内外同行的大量其他资料或观点，在此一并表示衷心感谢。由于编者水平有限，尽管进行了多次研讨和修订，书中仍难免存在疏漏之处，恳请广大读者批评指正。

编　者

当前，云计算作为一种新兴的计算资源利用方式，正处在飞速发展的阶段，云计算技术的广泛应用极大地提高了企业的数字化转型效率，促进了数字经济的快速增长。

通过云计算技术建立一套先进、安全、自主、可靠、易用且具有灵活扩展性的 IT 基础设施来保障基础性、公共性服务是当前信息化建设的主要需求之一。云计算是数字化转型的基础，而云计算平台及云服务模式本身存在的弱点，则给云应用带来了安全挑战。云安全为云计算的广泛应用提供了安全保障，它在护航企业数字化转型、推动产业升级发展中扮演了重要角色。

网络安全等级保护 2.0 中对云平台、云上用户和云上安全产品提出了相应的要求。依据网络安全等级保护的思想，从云计算平台的安全需求出发，采用技术和管理手段充分保护云计算平台信息安全，从全生命周期确保云计算平台的安全建设符合等保要求，已成为云计算安全的迫切需求。

本书基于安恒信息多年的工作经验与产品成果编写，同时对分散在不同文献中的理论与概念、产品解决方案等进行了汇总和梳理。全书包括云计算基础知识、云安全模型与风险分析、云平台和基础设施安全、云数据安全与隐私保护、云应用安全、云安全运维、云安全服务和云安全治理 8 个知识类。从我国信息化建设现状出发，结合我国关键信息基础设施和重要信息系统对云计算安全的实际需求，以知识体系的全面性和实用性为原则，涵盖了云安全工程师应当具备的理论知识与能力，希望通过本书的学习，能够提升云安全工程师的安全规划、方案设计、安全服务、安全管理和安全运维等基本能力。

本书既可作为从事云计算、云安全相关业务人员的技术参考书，也可作为信息安全咨询服务、测评认证、安全建设、安全管理等领域从业人员的技术读本，还可作为高等院校信息安全相关专业本科生和研究生云计算相关课程的教学参考书。

随着云计算技术和应用场景的快速发展和迭代，云计算安全相关的新理念、新模型、新产品也在不断演进，我们将不断更新本书的内容，力求技术体系、实践内容与时俱进，为提升云安全行业网络安全能力而持续努力。期望本书为您打开全新的云计算安全视野，并能作为网络安全实践中的有益参考。

杭州安恒信息数字人才创研院

苗春雨

出版说明
前　言
自　序

第1章 云计算基础知识

学习目标:

- 掌握云计算概念、特性、部署模式。
- 了解云计算架构。
- 掌握云计算运营模式。
- 了解云计算市场格局。

2006 年, Google 提出了"云计算"的想法, 推出了"Google 101 计划", 并正式提出"云"的概念。云计算从提出到现在, 取得了长足的发展和翻天覆地的变化, 已在全世界广泛应用。

云计算是将分散的计算资源、存储资源等集成在一起, 通过网络提供给用户, 是一种全新的服务模式。云计算通过虚拟化技术和弹性技术, 能提供很强的扩展性和适用性。云计算是继互联网、计算机技术后网络信息领域发生的一次新的技术革新。

1.1 云计算概述

云计算是集成了计算机技术、信息技术、软件技术、互联网技术等相关技术的一种服务模式。云计算把许多计算资源、存储资源以及软件服务集合起来, 作为服务资源池, 以不同的服务模式, 通过网络提供给用户, 利用软件实现自动化管理, 并能实现资源的弹性扩展和收缩, 满足用户对不同环境及资源的要求。云计算使得计算、存储、软件服务等能力作为一种商品, 通过互联网提供, 价格较为低廉, 使用非常方便。

1.1.1 云计算的概念

传统信息化的业务应用正在变得越来越复杂笨重, 业务间关联越来越强。随着用户数量的急剧增加, 对计算能力、数据存储能力、稳定性和安全性带来了巨大挑战。为了适应不断增长的业务需求, 企业不得不去购买各种软件 (应用软件、数据库, 中间件等) 和硬件设备 (存储、服务器、负载均衡等), 还必须组建一支技术团队来支持这些设备、软件的正常运作。随着企事业单位业务的不断增加和变化, 支持这些应用的开销变得非常巨大, 而且维护成本也会随着信息系统数量或规模的增加而呈几何级数增加。

利用云计算, 用户能以按需购买服务的方式, 通过网络获得可配置的共享资源池 (包括计算、存储、软件、应用服务等不同类型的资源), 用户仅需较少的代价即可获得优质的 IT 资源和服务, 避免了前期基础设施建设的大量投入, 同时, 用户只需要投入管理工作, 即可完成信息化的快速扩展，而且与服务供应商的交互较少。

云计算是一种以服务为特征的计算模式，它通过对各种计算资源进行抽象，以新的业务模式提供高性能、低成本的持续计算、存储空间及各种软件服务，支撑各类信息化应用，能够根据需求弹性合理配置计算资源，提高计算资源的利用率，降低成本，促进节能减排，实现真正理想的绿色计算。

云计算由一个可配置的共享资源池组成，该资源池提供网络、服务器、存储、应用与服务等多种硬件与软件资源。资源池具备自我管理能力，用户只需少量参与就可以方便、快捷地按需获取资源。云计算提高了资源可用性，具有按需自助服务、泛在接入、资源池化、快速伸缩性与服务可度量等 5 个基本特征，提供了软件即服务（SaaS）、平台即服务（PaaS）与基础设施即服务（IaaS）等 3 种服务模式，以及私有云、公有云、社区云和混合云等 4 种部署模式，能够满足绝大多数应用需求。

1.1.2 云计算主要特征

根据 NIST 给出的定义，云计算有五个基本特性。

- 按需自助服务：消费者能够根据自己的具体需求按需调配计算资源，如服务器时间、网络带宽存储容量、网络流量的多少等。
- 泛在接入：利用各种客户端（移动电话、平板计算机、便携式计算机和工作站）使用标准机制通过网络访问资源。
- 资源池化：通过多租户模型，供应商的计算资源池可服务多位消费者，根据用户需求动态或重新分配不同的物理和虚拟资源。资源与位置无关，用户通常无法控制或知道资源的精确位置，但可以在更高层抽象（如国家、洲或数据中心）上指定位置。资源主要包括存储资源、计算资源、内存资源和网络带宽等。
- 快速伸缩性：资源能被弹性配置和发布，在有些场景下，可按需自动而快速地横向扩展和收缩。对于消费者而言，可调配的资源总量是无限的，可在任何时候使用任意数量的资源。
- 服务可度量：云计算系统能够自动控制并优化资源的使用，通过适用于服务类型的某些抽象层级的度量机制（如存储、处理器、带宽以及活动的用户账户等），能够监测、控制和报告资源使用率，为服务提供商和消费者提供透明的服务使用情况。

1.1.3 云计算服务模式

根据 NIST 给出的定义，云计算有如下三种服务模式。

- 软件即服务（Software-as-a-Service，SaaS）：提供给消费者的资源是运行在云计算基础架构上的应用程序。各种客户端通过接口访问该应用程序，如 Web 浏览器或程序接口。消费者并不管理或控制底层的云计算基础架构，包括网络、服务器、操作系统、存储，甚至应用程序本身的功能，只允许部分有权限的用户修改特定的应用程序设置。
- 平台即服务（Platform-as-a-Service，PaaS）：提供给消费者的资源是可供用户开发、运行和管理应用的平台，可以是由服务商支持的编程语言、数据库、中间件服务和工具等。消费者不需要管理或控制底层云计算基础设施，包括网络、服务器、存储等，但对部署的应用程序有控制权，还可以配置应用程序所在的宿主环境。通过 PaaS 这种模式，用户可以在一个提供 SDK 工具包、文档、测试环境和部署环境等在内的开发平台上非常方便地编写和部署应用，而且不论是在部署，还是在运行的时候，用户都无须为服务器、操作系统、网络和存储等资源的运维而操心，这些烦琐的工作都由 PaaS 云供应商负责。PaaS 是非常经济的。PaaS 主要面向的用户是开发人员。
- 基础架构即服务（Infrastructure-as-a-Service，IaaS）：提供给消费者的资源是可调配的处理器、存储、网络以及其他可用于运行任意软件的基础计算资源，包括操作系统和应用程序。消费者并不管理或控制底层云计算基础架构，但可以控制操作系统、存储和部署的应用程序，可能还被允许有限制地控制底层网络组件（如主机防火墙）。通过 IaaS 这种模式，用户可以从供应商那里获得所需要的计算或者存储等资源来装载相关的应用，并只需为其所租用的那部分资源进行付费，而这些基础设施烦琐的管理工作则交给 IaaS 供应商来负责。

1.1.4 云计算部署模式

根据 NIST 的定义，云计算有四种部署模式。
- 私有云：云计算基础架构提供给包含多个消费者的单一组织专门使用。该云计算基础架构可以由该组织、第三方机构或它们的组合来拥有、管理和运营，基础架构可以位于组织内部或外部。
- 社区云：云计算基础架构提供给一个由多个组织的成员组成的消费者行业专门使用，这些组织有共同关注的话题（如任务、安全需求、政策、合规性考量）。该云计算基础架构可以由该社区中的一个或多个组织、第三方机构或它们的组合来拥有、管理和运营，基础架构可位于组织内部或外部。
- 公有云：云计算基础架构提供给公众使用，可以由商业机构、学术组织或政府机关，或者它们的组合来拥有、管理和运营，基础架构位于云计算服务提供商内部。
- 混合云：由两个或多个独立的不同云计算基础架构（私有云、社区云或公有云）组成，它们通过标准或私有技术绑定在一起，实现数据和应用程序的可移植性（如当云快速扩展时实现多云之间的负载均衡）。

1.1.5 云计算典型应用场景

云计算的典型应用场景主要包括以下五种。
1. 测试和开发
快速搭建测试和开发环境是云计算的最佳应用场景之一。用户可根据云服务商提供的不同服务模式以及虚拟云主机的不同配置，选择最适合自己需要的服务，从而快速搭建应用的开发及测试环境，而且可支持多人远程协作，能大大提高工作效率，降低企业成本。

通过云服务提供的友好的 Web 界面，用户可以根据需求量身部署、管理、回收整个开发测试环境，通过预先配置好的系统、中间件、应用开发软件的虚拟镜像来快速构建开发测试环境，通过快速备份、恢复等虚拟化技术来重现问题，并利用云的强大弹性扩展功能来进行新业务的压力测试及新业务上线前的安全渗透测试。
2. 数据存储
云存储服务提供了海量的存储空间，并且支持对各种存储文件的在线解压缩、检索、归类、离线下载等操作，并且可通过任意支持 Web 的接口访问云存储服务。通过云存储可随时随地获得高可用性、高速、高可扩展性和高安全性的服务。

此外，企业还可以根据需要搭建自己的私有云存储服务器，满足不同组织的需要。

3. 容灾备份

利用云提供的存储和计算能力，可对组织的数据进行远程备份，减少企业建设备份设施的费用，而且云本身还提供了容错能力，更增强了备份数据的可靠性。也可在云上搭建备份的业务系统，实现业务容灾，减小了企业在建设灾备系统上的支出，而且可减小企业对灾备系统的运行维护费用。

4. 周期性高负载计算

通过云计算的特性灵活确定高性能计算资源，用户可以根据自己的需求来改变计算资源相关的操作系统与节点规模，从而避免与其他用户的冲突。它可以成为网络计算的支撑平台，提升计算的灵活性和便捷性。其大规模数据处理能力能对周期性的海量数据进行处理，可以帮助企业快速进行数据分析，发现可能存在的商机和问题，从而做出更好、更快和更全面的决策。

5. 多地点远程协同

对于云计算来说，最常见的应用场景可能就是让用户"租"服务而不是"买"软件来开展业务部署。共享式远程协同模式，使用户从原来消耗大量时间和金钱的采购设备模式变为只需接入云端应用的模式，这样可以让员工开展相应的线上协同办公业务，打破了传统用户提供特定工作环境、固定工位的模式。

1.2 云计算参考架构

NIST 和云安全联盟都提出了云计算的参考架构。其共同点是对云计算架构进行分层，从云服务、云管理和云安全等三个方面规定了云计算的整体架构。

1.2.1 云计算功能架构

NIST 定义的云计算架构如图 1-1 所示，它包括云服务提供者、云服务审计者、云服务攻击者和云用户四种角色。其中云服务提供者的主要任务包括云服务编排、云服务管理和云安全服务与隐私保护。

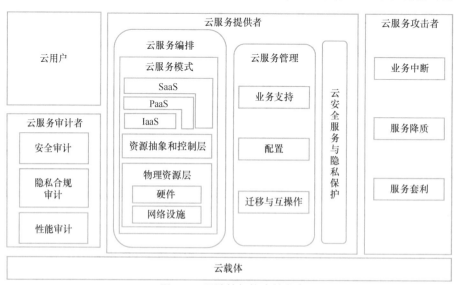

● 图 1-1　云计算架构中的角色

云计算功能架构分为服务和管理两大部分，如图 1-2 所示。

- 在服务方面，主要向用户提供基于云的各种服务，共包含三种模式：SaaS、PaaS 和 IaaS。其中，SaaS 层的作用是将应用主要基于 Web 的方式提供给用户；PaaS 层的作用是将一个应用的开发和部署平台作为服务提供给用户；IaaS 层的作用是将各种底层的计算（如虚拟机）和存储等资源作为服务提供给用户。由于这三种服务模式提供的服务是完全不同的，而且面对的用户需求也不尽相同，所以它们之间是独立的关系。但从技术角度上，它们之间也有一定的依赖关系，比如，一个 SaaS 层的产品和服务不仅需要使用 SaaS 层本身的技术，而且还可能依赖 PaaS 层所提供的开发和部署平台或者直接部署于 IaaS 层所提供的计算资源上。
- 在管理方面，主要提供云相关的管理功能，以确保整个云计算中心能够安全、稳定地运行，并且能够被有效地管理。

1.2.2　云计算层次结构

云计算架构按照分层方式，包括显示层、中间层、基础设施层和管理层。

1. 显示层

云计算架构的显示层主要是以友好的界面展现用户所需的内容和服务体验，并会用到中间层提供的多种服务。

- JavaScript：一种用于 Web 页面的动态语言，通过 JavaScript，能够极大地丰富 Web 页面的功能，并且用以 JavaScript 为基础的 AJAX 创建更具交互性的动态页面。
- HTML：标准的 Web 页面技术，HTML4、HTML5 是其主要的实现技术之一。
- CSS：主要用于控制 Web 页面的外观，而且能使页面内容与其表现形式之间进行分离。
- Flash：最常用的 RIA（Rich Internet Applications）技术，能够提供 HTML 等技术所无法提供的基于 Web 的富应用，而且在用户体验方面非常不错。

2. 中间层

该层是承上启下的，它在下面的基础设施层所提供资源的基础上提供了多种服务，比如缓存服务和 REST 服务等，而且这些服务既可用于支撑显示层，也可以直接让用户调用。

- 多租户：就是能让一个单独的应用实例为多个组织服务，而且保持良好的隔离性和安全性，通过这种技术能有效降低应用的购置和维护成本。

- 分布式缓存：通过分布式缓存技术不仅能有效降低对后台服务器的压力，而且还能加快相应的反应速度。
- 并行处理：为了处理海量的数据，需要利用庞大的计算资源集群进行规模巨大的并行处理。
- 应用服务器：在原有应用服务器的基础上为云计算做了一定程度的优化。
- REST：通过 REST 技术能够非常方便和优雅地将中间层所支撑的部分服务提供给调用者。

3. 基础设施层

该层的作用是为上面的中间层或者用户准备其所需的计算和存储等资源。

- 虚拟化：可以理解为基础设施层的"多租户"，因为通过虚拟化技术，能够在一个物理服务器上生成多个虚拟机，并且能在这些虚拟机之间实现全面的隔离，这样不仅能降低服务器的购置成本，而且还能降低服务器的运维成本。
- 分布式存储：为了承载海量的数据，同时保证这些数据的可管理性，就需要一整套分布式的存储系统。
- 关系型数据库：基本是在原有关系型数据库的基础上做了扩展和管理等方面的优化，使其在云中更适应。
- NoSQL：满足一些关系型数据库所无法满足的目标。

4. 管理层

该层是为另外三层服务的，并给这三层提供管理和维护等方面的多种技术。

- 账号管理：通过良好的账号管理技术，能够在安全的条件下方便用户登录，并方便管理员对账号的管理。
- SLA 监控：对各层运行的虚拟机、服务和应用等进行性能方面的监控，以使它们都能在满足预先设定的 SLA（Service Level Agreement）的情况下运行。
- 计费管理：也就是对每个用户所消耗的资源等进行统计，以便准确地向用户收取费用。
- 安全管理：对数据、应用和账号等 IT 资源采取全面保护，使其免受犯罪分子和恶意程序的侵害。
- 负载均衡：通过将流量分发给一个应用或者服务的多个实例来应对突发情况。
- 运维管理：主要是使运维操作尽可能专业和自动化，从而降低云计算中心的运维成本。

1.2.3 云计算测评基准库

随着云计算产业规模的迅速扩大，各类云计算产品、解决方案和服务层出不穷。为了解决云服务提供者和客户所面临的如何评价云解决方案是否满足客户需求、如何提供满足质量要求的云服务、如何合规有效地建设云和使用云等问题，需以 GB/T 32399—2015《信息技术　云计算参考架构》为基础，构建统一的云测评基准库。云计算测评基准库具体包含资源池、云解决方案和云服务，如图 1-3 所示。

在云计算产品（资源池中）测评方面，针对云计算核心产品，建立云计算产品测评体系，包含虚拟化管理能力、兼容性、安全

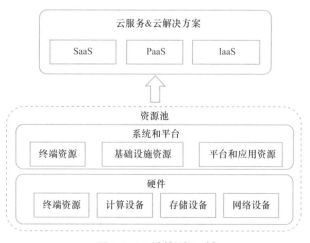

● 图 1-3　云计算测评对象

性和使用性能等方面的标准符合性测试。

在云解决方案测评方面，针对各类 IaaS、PaaS、Saas 的公有云、社区云、私有云和混合云解决方案，建立云计算解决方案测评体系，包含资源层、服务层、运营系统支撑层、业务系统支撑层、安全层等九个方面。

对云服务测评方面，ISO/IEC 17789 中针对各类 IaaS、PaaS、SaaS 的公有云、社区云、私有云和混合云解决方案，建立云服务测评体系，包含云服务业务管理者、云服务运营管理者等 8 个子角色和互操作性、可移植性等 6 个共同关注点。

1.2.4　云计算共同关注点

云计算的共同关注点包含架构层面和运营层面的考虑。共同关注点在多个角色（云服务用户、云服务提供者、云服务合作者）、活动和组件中共享。

为了支持一个共同关注点，需要在不同角色和同一角色的不同活动之间进行协调。支持共同关注点还需要支持云计算活动、技术能力和实现的组件。云计算架构共同关注点模型如图 1-4 所示。共同关注点主要从互操作性、可移植性、隐私、健壮性、可复原性、治理 6 个方面开展。

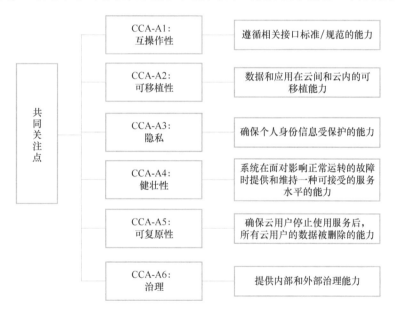

● 图 1-4　云计算架构共同关注点模型

1）互操作性涉及的工作内容主要是在云服务提供过程中遵循相关的接口标准或规范。

2）可移植性涉及的工作内容主要是确保在云服务提供过程中，云间数据和应用在云间和云内是可移植的。

3）隐私涉及的工作内容主要是在云服务提供过程中能确保个人身份信息受到保护。

4）健壮性涉及的工作内容主要是系统在面对影响正常运转的故障时提供和维持一种可接受的服务水平。

5）可复原性涉及的工作内容主要是确保云用户停止使用服务后，所有云用户的数据被删除。

6）治理涉及的工作内容主要是提供内部和外部治理能力。

1.3　云计算关键技术

云计算的实现采用分层架构，其中的关键技术包括虚拟化技术、分布式数据存储技术、资源管理技术、云计算平台管理技术和多租户隔离技术等。

1.3.1　虚拟化技术

虚拟化是云计算的核心技术之一，它为云计算服务提供基础架构层面的支撑，是 ICT（信息通信技术）服务快速走向云计算的最主要驱动力。虚拟化作为云计算的重要组成部分，最大的好处是能增强系统的弹性和灵活性，降低成本、改进服务、提高资源利用率。通过虚拟化技术可实现软件应用与底层硬件的隔离。虚拟化技术根据对象的不同可分成存储虚拟化、计算虚拟化、网络虚拟化等，计算虚拟化又分为系统级虚拟化、应用级虚拟化和桌面虚拟化。从表现形式上看，虚拟化又分两种应用模式，它包括将单个资源划分成多个虚拟资源的裂分模式，也包括将多个资源整合成一个虚拟资源的聚合模式。这两种模式的核心都是统一管理、动态分配资源、提高资源利用率。

1.3.2　分布式数据存储技术

通过将数据存储在不同的设备中，能实现动态负载均衡、故障节点自动接管，具有高可靠性、高可用性和高可扩展性。因为在多节点的并发执行环境中，各个节点的状态需要同步，并且在单个节点出现故障时，系统需要有效的机制来保证其他节点不受影响。这种模式不仅摆脱了硬件设备的限制，同时扩展性更好，能够快速响应用户需求的变化。它利用多台存储服务器分担存储负荷，利用位置服务器定位存储信息。

1.3.3　资源管理技术

云计算需要将分布式的海量资源进行池化，然后提供给用户使用，因此，云计算的关键技术还包括资源管理技术。资源管理技术主要包括两个方面：一是对海量资源的统一管理，二是对资源的弹性管理。云计算环境下，主要通过基于概率预测的负载均衡技术、基于遗传算法的资源调度技术、双向竞拍资源竞价技术等，来有效地对动态、异构、分布以及自治等的云计算资源进行管理。

1.3.4　云计算平台管理技术

云计算资源规模庞大，服务器数量众多并分布在不同的地点，同时运行着大量应用，如何有效地管理这些服务器，保证整个系统提供不间断的服务，是一项巨大的挑战。云计算系统的平台管理技术能够使大量的服务器协同工作，方便地进行业务部署和开通，快速发现和恢复系统故障，通过自动化、智能化的手段实现大规模系统的可靠运营。

1.3.5　多租户隔离技术

与传统的软件运行与维护模式相比，云计算要求硬件资源与软件资源能够更好地被共享，具有良好的伸缩性，任何一个企业用户都能够按照自己的需求对 SaaS 软件进行客户化配置而不影响其他用户的使用。目前多租户隔离技术是云计算环境中能够满足上述需求的关键技术。

目前人们普遍认为，采用多租户技术的 SaaS 应该具有以下两个基本特征。

1）SaaS 应用是基于 Web 的，能够服务于大量的租户，并且可以非常容易地进行伸缩。

2）要求 SaaS 平台提供附加的业务逻辑，使得租户能够对 SaaS 平台本身进行扩展，从而满足更大型企业的需求。

多租户技术面临的技术难题包括数据隔离、客户化配置、架构扩展与性能定制。

数据隔离是指多个租户在使用一个系统的时候，租户的业务数据是相互隔离存储的，不同租户的业务数据不会相互干扰。对多租户的数据管理有三种方式。

1）给每个租户创建单独的数据库。

2）多个租户的数据存入同一个数据库，使用不同的 Schema 来区分。

3）多个租户不仅存入同一个数据库，并且使用同一个 Schema，也就是说将数据保存在一个表中，然后通过租户的识别码来区分。

客户化配置是指 SaaS 应用支持不同客户对 SaaS 应用的配置进行定制。架构扩展是指多个租户服务能够提供灵活的、具备高可伸缩性的基础框架，从而保证在不同负载下多个租户平台的性能。性能定制是指对于一个 SaaS 应用来说，不同用户对性能的要求可能是不同的，怎样为不同用户在这一套共享资源上灵活地配置性能是多租户技术中的一项关键技术。

1.4　云计算运营模式

云计算提供了 IaaS、PaaS 和 SaaS 三种服务模式，而在具体的运营中，云服务提供商和用户共同分担安全责任，不同服务模式下二者的安全责任也不相同。

1.4.1　云计算服务角色

随着云计算应用不断深入和拓展，整个云产业的市场规模迅速增长。云计算政策持续利好，国家和地方政府都积极鼓励发展政务云、工业云和金融云等，这些细分行业的云计算市场将成为未来数年的重点投资、建设领域。运营商作为云计算产业链的重要参与者，通过积极向企业级市场以及细分行业领域渗透，推动了云计算服务的高速发展。

在 NIST 定义的通用云计算架构中，包括了五种云计算相关角色，具体如下。

- 云服务提供商：即提供云服务（云计算产品）的厂商，比如提供 AWS 云服务的亚马逊、提供阿里云服务的阿里巴巴、提供华为云服务的华为等。
- 云服务消费者：即租赁和使用云服务产品的公司企业和个人消费者。
- 云服务代理商：即云服务产品的代理商。因为一个产品厂商很难靠自己去销售，所以通常会寻找代理商，由代理商将产品销往全球，云服务既然是产品，自然也会有代理商。
- 云计算审计员：即能够对云计算安全性、性能、操作进行独立评估的第三方组织或个人。
- 云服务承运商：即提供云服务消费者到云服务产品之间连接媒介的厂商，通常云服务消费者是通过 Internet 访问使用云服务的，所以 Internet 服务提供商就是这里的云服务承运商，比如中国电信。

1.4.2　云计算责任模型

安全责任划分是云计算场景下云服务提供者和云服务客户间的痛点，安全事件发生后的责任纠纷时有发生。中国信通院于 2019 年下半年牵头，联合国内数十家云服务商共同编制了面向公有云的《云计算安全责任共担模型》行业标准，标准规范了公有云 IaaS、PaaS、SaaS 模式下云服务提供者和云服务客户间的安全责任共担模型。

- 云服务责任承担能力评估：考察公有云服务提供者（至少提供 IaaS、PaaS 或 SaaS 中的一类云服务）的安全责任承担情况，以及安全责任承担披露情况，即是否如实告知客户云服务商承担的安全责任。
- 云服务安全使用能力评估：考察公有云服务客户（至少使用 IaaS、PaaS 或 SaaS 中的一种云服务）对所用云服务的安全使用能力。

云计算不同服务模式下云服务提供商和客户对计算资源的控制范围和安全责任范围不同，控制范围则决定了安全责任的边界。云安全的责任在不同类型的角色之间是共同分担的，如图 1-5 所示。在采购云服务的同时，需要注意和云服务提供商签署相关的协议，明确服务水平、安全责任和义务等事项。

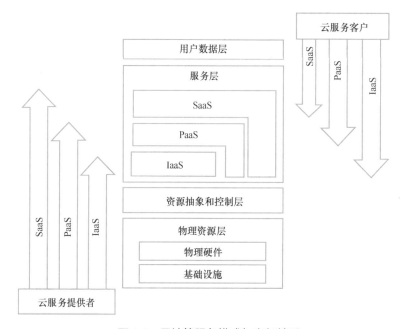

- 图 1-5　云计算服务模式与责任关系

云计算的基础设施、物理硬件、资源抽象和控制层都处于云服务提供者的完全控制下，所有安全责任由云服务提供者承担。应用软件层、软件平台层、虚拟化计算资源层的安全责任则由双方共同承担，越靠近底层的云计算服务（即 IaaS），客户的管理和安全责任越大；反之，云服务提供者的管理和安全责任越大，如图 1-6 所示。

在 IaaS 中，客户的责任是最大的，SaaS 中客户的责任最小，PaaS 中客户的责任介于 IaaS 和 SaaS 之间。在 SaaS 模式下，客户仅需承担自身数据安全、客户端安全等相关责任，云服务提供者承担其他安全责任；在 PaaS 模式下，软件平台层的安全责任由客户和云服务提供者分担，客户负责自己开发和部署的应用及其运行环境的安全，其他安全由云服务提供者负责；在 IaaS 模式下，虚拟化计算资源层的安全责任由客户和云服务提供者分担，客户负责自己部署的操作系统、运行环境和应用的安全，对这些资源的操作、更新、配置安全和可靠性负责，云服务提供者负责虚拟机监视器及底层资源的安全。

云计算环境的安全性由云服务提供者和客户共同保障。在某些情况下，云服务提供者还要依靠

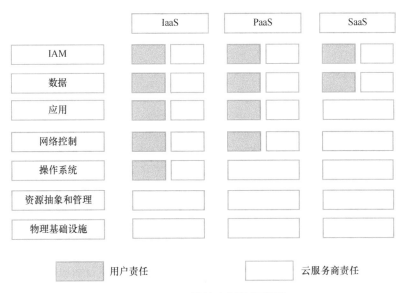

● 图 1-6　云计算责任共担模型

其他组织提供计算资源和服务，其他组织也应承担安全责任。因此，云计算安全措施的实施主体有多个，各类主体的安全责任因不同的云计算服务模式而不同。

1.4.3　云计算服务的交付

云计算的服务交付主要包括六种模式，分别如下。

- 模式一：企业所有，自行运营。这是一种典型的私有云模式，企业自建自用，基础资源在企业数据中心内部，运行维护也由企业自己承担。
- 模式二：企业所有，运维外包。这也是私有云，但是企业只进行投资建设，而云计算架构的运行维护外包给服务商（也可以是 SP），基础资源依然在企业数据中心。
- 模式三：企业所有，运维外包，外部运行。由企业投资建设私有云，但是云计算架构位于服务商的数据中心内，企业通过网络访问云资源。这是一种物理形体的托管型。
- 模式四：企业租赁，外部运行，资源独占。由 SP 构建云计算基础资源，企业只是租用基础资源形成自身业务的虚拟云计算，但是相关物理资源完全由企业独占使用。这是一种虚拟的托管型服务（数据托管）。
- 模式五：企业租赁，外部运行，资源共享调度。由 SP 构建，多个企业同时租赁 SP 的云计算资源，资源的隔离与调度由 SP 管理，企业只关注自身业务，不同企业在云架构内虚拟化隔离，形成一种共享的私有云模式。
- 模式六：公共云服务。由 SP 为企业或个人提供面向互联网的公共服务（如邮箱、即时通信、共享容灾等），云架构与公共网络连接，由 SP 保证不同企业与用户的数据安全。

从更长远的周期来看，云的形态会不断演化，从孤立的云逐步发展到互联的云。

1.5　云计算市场

云计算从出现以来，其发展就非常迅速。以 IaaS 行业为例，全球 IaaS 供应商主要有 AWS（亚马逊云）、Azure（微软云）、阿里云、谷歌云、IBM 云、腾讯云、华为云。其中，AWS 是全球公有云 IaaS 市场的领先者，阿里云是中国公有云 IaaS 市场的领先者。

1.5.1 国外云计算厂商

1. 亚马逊 AWS

亚马逊网络服务（Amazon Web Services）为亚马逊的开发客户提供基于其自有后端技术平台、通过互联网提供的基础架构服务。利用该技术平台，开发人员可以实现几乎所有类型的业务。亚马逊网络服务所提供服务的案例包括亚马逊弹性计算网云（Amazon EC2）、亚马逊简单存储服务（Amazon S3）、亚马逊简单数据库（Amazon SimpleDB）、亚马逊简单队列服务（Amazon Simple Queue Service）、亚马逊灵活支付服务（Amazon FPS）、亚马逊土耳其机器人（Amazon Mechanical Turk）以及 Amazon CloudFront。

2. 微软 Azure

Azure 是一种灵活和支持互操作的平台，它可以用来创建云中运行的应用或者通过基于云的特性来加强现有应用。它开放式的架构给开发者提供了 Web 应用、互联设备的应用、个人计算机、服务器，或者提供最优在线复杂解决方案的选择。Azure 以云技术为核心，提供了软件 + 服务的计算方法。云技术是 Azure 服务平台的基础。Azure 能够将处于云端的开发者个人能力同微软全球数据中心网络托管的服务（如存储、计算和网络基础设施服务）紧密结合起来。

3. Apple iCloud

2011 年 6 月 7 日，苹果在旧金山 MosconeWest 会展中心召开的全球开发者大会（简称 WWDC2011）上，正式发布了 iCloud 云服务，该服务可以让现有苹果设备实现无缝对接。iCloud 是苹果公司所提供的云端服务，让使用者可以免费存储 5GB 的资料。免费的云服务 iCloud 能以全新的方式存储并访问音乐、照片、应用程序、日历、文档及更多内容，并以无线方式进行推送，一切都能自动完成。用户管理内容变得无比简单，因为"再也不用管"。一切都是"随时随地随心"。

1.5.2 国内云计算厂商

IDC 发布的《中国公有云服务市场（2021 上半年）跟踪》报告显示，2021 年上半年，中国公有云服务整体市场规模（IaaS/PaaS/SaaS）达到 123.1 亿美元，其中，IaaS 市场同比增长 47.5%，PaaS 市场同比增长 53.9%。从 IaaS、PaaS 市场来看，2021 年上半年同比增长 48.6%，较 2020 年下半年（53%）有所下滑，但仍保持着全球最高增速。

1. 阿里云

在《IDC MarketScape：中国云服务提供商安全能力厂商评估，2020》报告中，阿里云处于领导者地位。阿里云强大的基础设施夯实了其安全工程能力的基础。阿里云的 SaaS 系列——云盾，为超过 40% 的中国网站提供安全服务，在云端威胁情报、全网安全能力等方面不断引领创新。而诸多的安全服务（如抗 DDoS、WAF 等产品或功能）全部由 SaaS 的模式来交付，这也反映出阿里在安全领域的工程性完善，而工程能力也正是评价云平台优劣的关键指标。

阿里云是云原生安全理念的定义者和倡导者，是国内最早发布云安全白皮书的公有云厂商之一。阿里云安全拥有强大的生态体系，当前拥有超过 100 个安全合作伙伴，在阿里云安全市场上拥有来自第三方安全厂商的约 500 个安全产品。同时，阿里云安全的先知众测机制汇集了全球一万多名优质白帽子。

阿里云是亚洲权威合规资质最全的云服务提供商，已经获得 ISO 9001、ISO 20000、ISO 27001、

ISO 27018、ISO 27018、ISO 27701、ISO 29151、BS 10012、ISO 22301、CSA STAR、PCIDSS、系统及组织控制报告（SOC 审计）、金融云等保四级、公有云等保三级、政务云等保三级等认证。

2. 腾讯云

在《IDC MarketScape：中国云服务提供商安全能力厂商评估，2020》报告中，腾讯云凭借强大的安全技术后盾、多元化的安全产品架构、全方位的安全防护战略及一站式内建的安全服务，在战略指标评估维度占据优势，并在整体评估中居于领导者地位。安全是腾讯云的基石，也是腾讯云的优势所在。基于全面规划的整体安全架构，通过多元化的安全产品与安全属性，腾讯云实现了全方位的安全防护与部署，包括安全体检（漏洞扫描、挂马检测、网站后门检测、端口安全检测等）、安全防御（通过 DDoS 防护、入侵检测、访问控制来保证数据安全与用户隐私）以及安全监控与审计，形成事前、事中、事后的全过程防护。同时，腾讯云也在各个层面的产品中实现了对应的安全功能，涵盖鉴权、数据可靠性、监测等，不断优化产品自身的属性。

3. 华为云

《IDC MarketScape：中国云服务提供商安全能力厂商评估，2020》报告显示，华为云凭借在安全技术产品和市场上的整体表现，位居领导者地位。

华为配备了万名来自全球的安全人才，其中近 6000 名为业内安全专家，仅公有云就配备了数百人的安全研发、服务、运营一体化团队。华为云不断演进新一代云原生安全架构，支持零信任、微隔离、边缘计算等安全能力；云服务 100% 内置安全特性和隐私保护要求；业界首个发布云可信白皮书，为用户提供最佳实践；覆盖了云负载安全、云应用安全、云数据安全、云安全态势感知、云服务基础安全保护等五大产品族，用户可选取其中一个或数个组建符合业务需要的安全体系。

4. 百度智能云

2020 年，全球知名市场研究机构 Forrester 发布的《The Forrester Wave™：2020 年公有云开发与基础架构平台中国市场厂商评测》报告，对中国 12 家最重要的公有云开发平台从战略、产品和市场表现三个维度进行了全面评估。百度智能云凭借领先的战略布局及出色的市场表现强势入围卓越表现者（Strong Performer）阵营。2021 年国际市场研究机构 Canalys 发布的《China cloud services market Q4 2020》报告显示，百度智能云市场份额增速和营收增速在中国头部云厂商中排名第一，超过阿里云、华为云、腾讯云，稳居中国公有云市场第一阵营。

百度是国内投入最早、技术最强、布局最完整的人工智能领军企业之一，形成了"云智一体"的独特竞争优势，率先在业内打造 AI 原生云计算架构，具有先天优势的 AI 云助力企业快速"上云"，同时向各行各业输出百度大脑的领先 AI 技术，使企业可以便捷高效地接入 AI 能力。如今百度智能云已经对外开放 270 多项 AI 能力，服务超过 260 万的开发者，日均调用量突破 1 万亿次，并在 IDC 的 AI Cloud 报告中连续三次排名中国市场第一。

百度智能云可提供稳定的云服务器、云主机、云存储、CDN、域名注册、物联网等云服务，支持 API 对接。百度智能云主要提供的产品服务包括计算与网络、存储和 CDN、数据库、安全和管理、数据分析、智能多媒体、应用、网站和物联网等。

1.6　本章小结

本章从云计算概念出发，介绍了云计算的特性、服务模型、部署模型、运营模型及应用场景，重点从云计算关键技术和系统实现、运营模式、功能架构等方面介绍了云计算的基本概念、技术体系与最佳实践。

习题

1. 云计算的定义是什么？公有云和私有云的区别在哪里？
2. 云计算架构中服务类和管理类的定义分别是什么？
3. ISO/IEC 17789 的云计算测评基准库是什么？
4. 云计算关键技术有哪些？它们的具体价值是什么？
5. 云计算运营模型如何界定角色和责任？
6. 云计算服务交付的方式有哪些？

参考文献

［1］美国国家标准技术研究院 . The NIST Definition of Cloud Computing：SP-800-145 ［S/OL］. （2011-09-28）［2021-03-01］. https：//nvlpubs. nist. gov/nistpubs/Legacy/SP/nistspec ialpublication800-145. pdf.

［2］中国电子技术标准化研究院 . 云计算测评基准库——基于 ISO/IEC 17789 的测评指南（第一版）［EB/OL］. （2014-12-05）［2021-01-27］. http：//www. cesi. cn/uploads/soft/141211/1-141211135H5. pdf

［3］张振峰 . 云上合规：深信服云安全服务平台等级保护 2. 0 合规能力技术指南［M］. 北京：电子工业出版社，2020.

［4］陈驰，于晶，马红霞 . 云计算安全［M］. 北京：电子工业出版社，2020.

第 2 章 云安全模型与风险分析

学习目标：

- 熟悉云安全的基本目标、指导方针。
- 掌握云计算的安全风险内容。
- 掌握云计算面临的安全威胁。
- 掌握云计算存在的安全隐患。
- 掌握云计算的安全需求。

云计算的应用打破了传统的边界防御模式，转向了以身份为核心的新安全模式，同时它也面临着虚拟化平台安全、多租户隔离安全、配置错误、变更控制不足、数据泄露、账户劫持、身份凭证失窃等安全问题。这就需要基于新的安全指导理念与安全模型，在新的安全需求驱动下开展云安全工作。

2.1 云安全基本概念

云安全是云计算安全的简称。云安全的目标是保障在云上运行的各种应用的保密性、完整性、可用性、可审计性、不可否认性等安全目标的满足，同时保证云上数据的保护满足相应的法律、法规、标准以及业务安全要求。

2.1.1 云安全的基本目标

《信息技术　信息安全　信息安全管理体系概述和词汇》（ISO/IEC 27000—2014）中强调，通常情况下保密性、完整性和可用性被称为信息安全的基本属性。此外，信息安全的目标还可能涉及其他属性，如真实性、可问责性、不可否认性和可靠性等。同时，部署在云环境的数据需要考虑数据的可追溯性和可恢复性来帮助企业提供足够的安全。

1. 信息安全三元组

信息安全三元组（CIA）是一个著名的安全策略开发模型，用于识别信息安全领域的问题。

（1）保密性（Confidentiality）

保密性也称机密性，是指对信息资源开放范围的控制，确保信息不被非授权的个人和计算机程序访问。对于信息系统而言，保密性涉及的范畴非常广泛，它既可以是国家涉密信息，也可以是企业或研究机构的业务数据，还可以是个人的银行账号、身份证号等敏感数据信息。

（2）完整性（Integrity）

完整性是指保证信息系统中的数据处于完整的状态，确保信息没有遭受篡改和破坏。任何对系

15

统信息、数据未授权的插入、篡改、伪造都是破坏系统完整性的行为，这些行为可能导致严重的服务欺骗或其他问题。

（3）可用性（Availability）

可用性是通过系统、访问通道和身份验证机制等来确保数据和系统随时可用。这就意味着无论什么情况下，都要确保得到授权的实体所访问的信息系统是可用的。增强的可用性要求还包括时效性及避免因自然灾害（火灾、洪水、雷击、地震等）和人为破坏导致的系统失效。

高可用系统的架构就是针对特定的可用性需求进行设计，它能有效地应对断电、硬件故障等问题对可用性的影响。例如，在网络中可使用多个接入链路来避免网络中断，从而很好地应对拒绝服务攻击这类风险。

该模型也有其局限性。CIA 三元组关注的重点是信息，虽然这是大多数信息安全的核心要素，但对于信息系统安全而言，仅考虑 CIA 是不够的，信息安全的复杂性决定了还存在其他的重要因素。

2. 其他信息安全属性

- 真实性：真实性是指能够对信息的来源进行判断，能对伪造来源的信息予以鉴别。
- 可问责性：问责是承认和承担行动、产品、决策和政策的责任，包括在角色或就业岗位范围内的行政、治理和实施以及报告、解释，并对所造成的后果负责。
- 不可否认性：是指信息交换的双方不能否认其在交换过程中发送信息或接收信息的行为。在法律上，不可否认意味着交易方不能拒绝已经接收到的交易，另一方也不能拒绝已经发送的交易。
- 可靠性：是指产品或系统在规定的条件下、规定的时间内完成规定功能的能力。

2.1.2　云安全的指导方针

1. 以最新理念为指导思想

传统网络防御存在边界化静态防御容易被绕过、安全组件缺乏联动、检测攻击具有被动性和延迟性等缺点。传统防御能力主要集中在边界，而对于目标对象内部的安全漏洞和被预先植入的后门等，攻击者能够较容易地穿透静态网络安全技术防御屏障发起攻击。传统网络安全组件（如防火墙、入侵检测系统、漏洞扫描等外置式网络防护手段）的防御能力是相对固定的，单一的安全组件所能获得的信息有限，不足以检测到复杂攻击。另外，其防御或检测能力不能动态提升，只能以人工或者定期的方式升级，防护能力的有效性、持续性和及时性主要依赖于安全人员的专业知识以及厂家的服务保障能力。传统防御模型一般都是采用"发现威胁—分析威胁—处置威胁"的思路，并且基于现有的特征库或者规则对网络数据和行为进行过滤，无法有效地发现和阻断新型、未知的网络攻击。

基于云计算的安全防护新理念主要体现在主动防御、诈骗防御、面向场景、普遍联系、智能闭环和循证评价等几个主要方面。

（1）主动防御

针对传统网络防御手段存在的问题或缺陷，目前主要采用主动防御或纵深防御思想来构建网络安全防护体系。主动防御是与被动防御概念相对应的一种防御哲学理念，强调主动减少攻击面、通过态势预测来优化防御机制，利用各种技术手段将攻击扼杀在萌芽期，最大化降低信息系统面临的风险。

纵深防御体系是对边界防御体系的改进，强调的是任何防御措施都不是万能的，都存在黑客可以突破的风险。纵深防御的本质就是多层防御，企业组织通过建立纵深防御体系，使得信息系统的各个层次相互联动配合，将多种防御措施结合使用，增加攻击难度；设立多级风险检查点，阻止大多数恶意病毒及威胁的入侵；防御策略主面，管理人员可针对不同类型的威胁进行策略部署及有效防御，最终达到将风险降低到可接受程度的目的。

（2）诈骗防御

蜜罐技术是一种对攻击方进行欺骗的技术，通过布置一些作为诱饵的主机、网络服务或者信息，诱使攻击方对它们实施攻击，从而可以对攻击行为进行捕获和分析，了解攻击方所使用的工具与方法，推测攻击意图和动机，能够让防御方清晰地了解它们所面对的安全威胁，并通过技术和管理手段来增强实际系统的安全防护能力。

蜜罐的类型包括仿真 Web 蜜罐、通用 Web 蜜罐、系统服务蜜罐、伪装缺陷蜜罐等。基于防护方的角度，通过蜜罐技术结合欺骗伪装手段，实现网络攻防中的主动对抗，及时诱捕、发现、处置、溯源，甚至反制攻击者。但在蜜罐使用过程中，一定要注意其安全性，在最近几年的网络攻防演习中，曾经出现过某些厂商将蜜罐无隔离地直接部署在企业内网，进而使攻击者以蜜罐为跳板渗透进内网的案例。

（3）面向场景

不同的业务场景会有不同的差异化安全需求，通用方案落地到具体的业务场景中时必须面向场景进行威胁建模，具体分析面临的安全风险，剖析潜在的安全隐患，通过选取合适的安全控制措施进行有针对性的安全风险管理。

（4）普遍联系

威胁情报系统通过采用基于神经网络的关联分析技术、基于模型推理的关联分析技术和基于分布式的关联分析技术对收集到的各类信息进行关联分析，从而得到有价值的威胁信息，诸如 MD5、IP、URL、木马样本等。威胁情报是某种基于证据的知识，包括上下文、机制、标识、含义和能够执行的建议，如恶意 IP 和域名、网络攻击和后门日志信息、恶意程序的注册表信息等，这些知识与资产所面临的已有或酝酿中的威胁相关，可用于对这些威胁或危害的相关决策提供信息支持。

企业的网络安全事件通常具备明显的攻击流程，采用关联威胁情报数据的攻击链分析，可以快速帮助企业定位攻击来源。针对 APT 攻击威胁情报的各个环节，可利用云端、本地以及客户自建的威胁情报库进行关联分析，对安全事件进行预警和高危安全事件关联，通过威胁情报掌握某些组织的常用 IP、惯用攻击方式，选择采取攻击的某一个步骤或多个步骤进行关联，即可快速预判攻击者的目标和范围，提前做好重点区域的安全防控。

（5）智能闭环

智能闭环是针对发现的高级威胁事件，可提供对应的安全响应处置策略和任务，通报协同各个节点的下一级态势感知分析平台和安全产品实施终止、隔离、取证等的安全手段；它能够快速终止威胁、构建一体化联动防护能力，从而达到减轻安全运维人员工作负担、提升安全运维效率的目的。

2005 年，安全信息事件管理（Security Information Event Management，SIEM）应运而生，进而演化成用户/实体行为分析（User and Entity Behavior Analytics，UEBA）、终端检测与响应（Endpoint Detection and Response，EDR）、安全编排自动化与响应（Security Orchestration Automation and Response，SOAR）等产品。

Gartner 将 SOAR 定义为：使组织能够收集不同来源的安全威胁数据和告警的技术。SOAR 将安全编排和自动化（Security Orchestration and Automation，SOA）、安全事件响应平台（Security Incident Response Platform，SIRP）和威胁情报平台（Threat Intelligence Platform，TIP）这三种技术相融合，这些技术利用人工与机器的组合来执行事件分析和分类，从而根据标准工作流来帮助定义、确定优先级并推动标准化的事件响应活动。

（6）循证评价

在安全管理中，最重要的是基于可靠而充分的安全信息做出有效的安全决策。但令人遗憾的是，因安全决策所需的必要安全信息缺失而导致的许多安全管理失败问题经常发生。因此，可以通过确定与安全管理问题密切相关的最佳证据来获得更加有效的安全管理方案。

循证实践是基于最佳证据进行有效决策的一种方法，已广泛应用于医学、法学、政策学、教育学、管理学与经济学等领域，并已发展形成数门独立的新学科，如循证医学、循证法学、循证政策学、循证教育学与循证管理学等。

当前许多企业进行网络安全防护时虽然部署了很多安全设备，但仍然存在这些设备有没有很好地基于安全策略和安全控制措施来实现安全防护目标的疑问，此时就需要使用循证评价的方式来验证安全防护效果。

2. 以专业服务为辅助措施

单纯的网络安全设备、软件并不能带来安全的根本性提升，信息安全保障必须结合专业安全服务和专业安全人员指导下的安全制度建设，才能最大化发挥安全资产和系统的价值。

网络安全服务体系是指适应整个安全管理战略的需要，为用户提供覆盖网络安全各个环节全生命周期的解决方案并予以实施的服务，从高端的全面安全体系到细节的技术解决措施，涵盖不同专业和层级的服务团队，并受各类标准规范指导。

3. 以政策法规为达标基准

2016 年 4 月 19 日，习近平总书记在网络安全和信息化工作座谈会发表重要讲话，为我国网络空间安全事业的发展指明了方向。《国家网络空间安全战略》《网络空间国际合作战略》相继出台，为我国网络空间安全发展勾勒了战略指引。

2017 年 6 月 1 日，《中华人民共和国网络安全法》（简称《网络安全法》，后续提及法律用类似简称方式）正式施行，它为维护国家网络主权提供了法律依据。随着《密码法》、《数据安全法》、《个人信息保护法》、《信息安全技术　网络安全等级保护基本要求》（GB/T 22239—2019）以及《信息安全技术　关键信息基础设施安全保护条例》的颁布实施，这些法律法规对保护社会公共利益、保护公民合法权益、促进经济社会信息化健康发展提出了更高的要求。

4. 以先进技术为创新支撑

网络攻击日趋分布化、复杂化、自动化，同时，网络安全威胁检测和防御方法面临新变革。一方面，安全监测分析需求由点向面扩展，检测效率、精准度急需提升；另一方面，安全防御需求由被动向主动转化，安全态势感知、主动防御体系得到重视。

诸如基于机器学习和自然语言处理的 AI 技术，使分析师能够以更高的自信和更快的速度响应威胁、协同分析、全生命周期跟踪安全事件的溯源流程，可极大程度地方便运维人员进行安全威胁排除、攻击链分析、事件溯源，从而提升信息系统的整体安全防御能力。

5. 以生命周期为覆盖范围

（1）安全覆盖系统开发生命周期

系统开发生命周期涵盖了信息系统的整个生命周期，它是信息系统从产生直到报废的生命周期，周期内一般包括需求分析、系统设计、开发采购、交付实施、运行管理、废弃停用等阶段。需要将安全考虑集成在软件开发的每一个阶段，以减少漏洞，将安全缺陷和风险降低到最小程度。

（2）安全覆盖数据生命周期

基于大数据分类分级和权限安全，构建数据全生命周期的安全治理体系，提供对数据采集、数据传输、数据存储、数据处理、数据交换、数据销毁各环节的安全审计和管控。

6. 以能力建设为方法模型

国家标准《信息安全技术　云计算服务安全能力要求》（GB/T 31168—2014）描述了以社会化方式为特定客户提供云计算服务时，云服务商应具备的信息安全技术能力。

该标准分为一般要求和增强要求。根据拟迁移到社会化云计算平台上的政府和行业信息、业务的敏感度及安全需求的不同，云服务商应具备的安全能力也各不相同。该标准提出的安全要求分为10类，分别是系统开发与供应链安全、系统与通信保护、访问控制、配置管理、维护、应急响应与灾备、审计、风险评估与持续监控、安全组织与人员和物理与环境保护等。

中国信息安全测评中心的信息安全服务（云计算安全类）资质认定是对云计算安全服务提供者的资格状况、技术实力和云计算安全服务实施过程质量保证能力等方面的具体衡量和评价。基本能力要求包括组织与管理要求和技术能力要求，后面章节会详细阐述。

2.1.3 云安全模型和架构

1. 常见的网络安全模型

（1）基于时间的 PDR 模型

PDR（Protection Detection Response）模型的思想是承认信息系统中漏洞的存在，正视系统面临的威胁，通过采取适度防护、加强检测工作、落实对安全事件的响应、建立对威胁的防护来保障系统的安全。

该模型基于这样的假设：任何安全防护措施都是基于时间的。基于该模型给出信息系统攻防时间表，其中，检测时间（Dt）指的是系统采取某种检测措施，能够检测到系统攻击所需要的时间；保护时间（Pt）指的是某种安全防护措施所能坚守的时间；响应时间（Rt）是从发现攻击到做出有效响应动作所需的时间；假设暴露时间（Et）表示系统被对手成功攻击后的时间。那么就可以根据下面两个关系式来判断是否安全：如果 $Pt > Dt + Rt$，那么是安全的；如果 $Pt < Dt + Rt$，那么 $Et = (Dt + Rt) - Pt$。

该模型虽然直观实用，但 Pt、Dt、Rt 很难准确定义，而且对系统的安全隐患和安全措施采取相对固定的前提假设，难以适应网络安全环境的快速变化。

（2）PPDR 模型

PPDR（Policy Protection Detection Response）模型的核心思想是所有的防护、检测、响应都是以安全策略为依据来实施的，也称为 P^2DR 模型。

1）策略。PPDR 模型中的策略指的是信息系统的安全策略，包括访问控制策略、加密通信策略、身份认证策略、备份恢复策略等。策略体系的建立包括安全策略的制订、评估与执行等。

2）防护。防护指的是通过部署和采用安全技术来提高网络的防护能力，如访问控制、防火墙、入侵检测、加密技术、身份认证等技术。

3）检测。检测指的是利用信息安全检测工具来监视、分析、审计网络活动，了解和判断网络系统的安全状态。检测这一环节，使安全防护从被动防护演进到主动防御，是整个模型动态性的体现。主要方法包括实时监控、检测、报警等。

4）响应。响应指的是在检测到安全漏洞和安全事件时，通过及时的响应措施将网络系统的安全性调整到风险最低的状态，包括恢复系统功能和数据、启动备份系统等。其主要方法包括关闭服务、跟踪、反击、消除影响等。

与 PDR 模型相比，P^2DR 模型则更强调控制和对抗，即强调系统安全的动态性，并且以安全检测、漏洞监测和自适应填充"安全间隙"为循环来提高网络安全。该模型同时考虑了管理因素，它强调安全管理的持续性、安全策略的动态性，以实时监视网络活动、发现威胁和弱点来调整和填补网络漏洞。另外，该模型强调检测的重要性，通过经常对网络系统进行评估来把握系统风险点，及时弱化甚至消除系统的安全漏洞。

（3）PDRR 模型

PDRR（Protection Detection Response Recovery）模型由美国国防部（DoD）提出，是防护、检

测、响应、恢复的缩写。PDRR 改进了传统的只注重防护的单一安全防御思想，强调信息安全保障的 PDRR 四个重要环节。

从工作机制上看，这四个部分是一个顺次发生的过程。首先采取各种措施对需要保护的对象进行安全防护，然后利用相应的检测手段对安全保护对象进行安全跟踪和检测，以随时了解其安全状态。如果发现安全保护对象的安全状态发生改变，安全风险上升到不可接受状态，则马上采取应急措施对其进行响应处理，直至风险降低到可接受程度。

（4）ASA 模型

自适应安全架构（Adaptive Security Architecture，ASA）模型是 Gartner 在 2014 年提出的面向下一代的安全体系框架，类似 PDCA 的戴明环理念，强调以持续监控和分析为核心。

ASA 主要从预测、检测、响应、防御四个维度对安全威胁进行实时动态分析，自动适应不断变化的网络和威胁环境，并不断优化自身的安全防御机制。它强调安全防护是一个持续处理的循环过程，主要用于应对云计算与物联网等新领域快速发展所带来的新挑战。

1）预测：针对现有系统和信息中具有威胁的新型攻击以及漏洞设定优先级和定位，通过防御、检测、响应结果不断优化安全策略与规则，自适应地精准预测未知的、新型的攻击，然后形成情报反馈到预防和检测功能，从而构成整个处理流程的闭环。

2）检测：主要假设自己已处在被攻击状态中，检测、发现那些规避网络防御的攻击行为，降低威胁造成的"停摆时间"以及其他潜在的损失。

3）响应：用于高效调查和应急响应被检测分析功能查出的安全事件，以提供入侵认证和攻击来源分析，并产生新的预防手段来避免再次发生类似安全事件。

4）防御：用于防御攻击的一系列策略集、产品和服务。它主要通过减少被攻击面来提升攻击门槛，并在受影响前阻断攻击行为。

（5）IATF 框架

信息保障技术框架（Information Assurance Technical Framework，IATF）是由美国国家安全局组织专家编写的一个全面描述信息安全保障体系的框架，其结构如图2-1所示。

IATF 首次提出了信息保障需要通过人、技术、操作来共同实现组织职能和业务运作的思想，同时针对信息系统的构成特点，从外到内定义了四个主要的关注领域，包括网络基础设施、区域边界、计算环境和支撑性基础设施。完整的信息保障体系在技术层面上应实现保护网络基础设施、保护网络边界、保护计算机环境和保护支撑性基础设施，以形成"深度防护战略"。

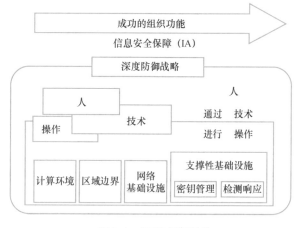

● 图2-1　IATF 框架结构

2. NIST 网络安全框架

美国国家标准与技术研究所（National Institute of Standards and Technology，NIST）网络安全框架（简称 NIST CSF）的第一个版本于 2014 年发布，旨在为寻求加强网络安全防御的组织提供指导。网络安全框架包含三个主要组件：核心、实施层和配置文件。

1）框架核心：框架核心使用易于理解的通用语言提供了一套理想的网络安全活动和成果。核心指导组织管理和降低网络安全风险，以补充组织现有的网络安全和风险管理流程。

2）框架实施：框架实施等级通过提供关于组织如何看待网络安全风险管理的背景来帮助组织。

层级指导组织考虑网络安全计划的适当严格程度，并经常将其用作交流工具来讨论风险偏好、任务优先级和预算。

3）框架配置文件：框架配置文件是一个组织的组织要求和目标、组织风险偏好和资源与框架核心预期结果的一致性体现。配置文件主要用于识别和优先考虑改善组织网络安全的机会。

CSF 的框架核心包括 5 个高级功能：识别、保护、检测、响应和恢复，细分为 23 个类别。它又称作 IPDRR（Identify Protect Detect Response Recovery）模型。IPDRR 能力框架实现了"事前、事中、事后"的全过程覆盖，从以防护能力为核心的模型，转向以检测能力为核心的模型，变被动为主动，支撑识别、预防、发现、响应等活动。在 IPDRR 模型中，风险识别是基础，安全检测是前提，防护与响应是手段，灾难恢复是保障。五个环节相辅相成，一环扣一环，缺少其中任何一个环节都有可能给网络安全带来巨大隐患。

3. 云安全参考架构

（1）云计算安全参考架构

为了清晰地描述云服务中各种角色的安全责任，需要构建云计算安全参考架构，总结出云计算角色、角色安全职责、安全功能组件以及它们之间的关系。基于云计算的特性、三种服务模式与五类角色，NIST 建立的云计算安全参考架构如图 2-2 所示。

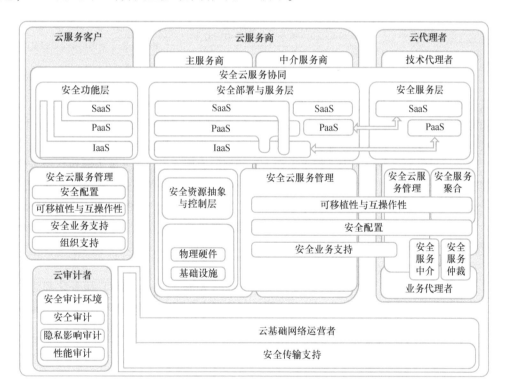

● 图 2-2　云计算安全参考架构

该架构将云生态角色划分为云服务客户（云消费者）、云服务商（云提供者）、云基础网络运营者、云审计者和云代理者五类，包括云服务协同安全、服务管理安全、服务聚合安全、服务仲裁安全、服务中介安全、云审计环境安全以及安全传输支持等组成部分。在安全防护设计时，强调在 5 类角色框架基础上，附加安全功能层实施安全防护，基于各类角色进行安全责任分解和细化，明确各方安全职责和防护措施，从而形成云计算安全防护整体框架。

（2）CSA 云安全参考模型

CSA 在 NIST 分层模型基础上，按照系统分层模型进行安全控制模型映射，基于云服务的层次类型和云安全合规性要求进行差距分析，将安全控制模型映射到 SPI（SaaS、PaaS 和 IaaS）分层模型上，通过差距分析输出整个云平台的安全状态和防护策略，形成云安全分层控制模型，如图 2-3 所示。

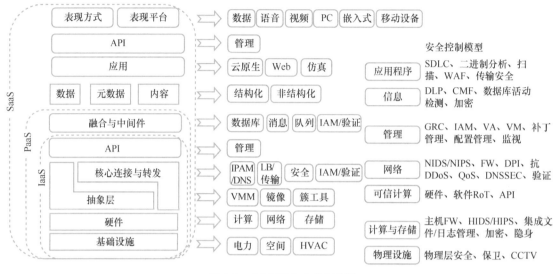

• 图 2-3　CSA 云安全参考架构

云安全联盟 CSA 标准根据 ISO/IEC 17789 定义的云计算层次框架（资源层、服务层、访问层、用户层和跨层功能），并结合安全业务特点，定义了云计算安全技术要求框架。用户层是用户接口，通过该接口，云服务用户和云服务提供者及其云服务进行交互，执行与用户相关的管理活动，监控云服务；访问层提供对服务层能力进行手动和自动访问的通用接口，这些能力既包含服务能力，也包含管理能力和业务能力；资源层分为物理资源和资源抽象与控制两部分；服务层是对云服务提供者所提供服务的实现，包含和控制实现服务所需的软件组件，并安排通过访问层为用户提供云服务；安全服务即以服务的方式提供的安全能力，云服务提供者可通过提供安全服务协助用户做好客户安全责任范围内的安全防护。

（3）IBM 基于 SOA 的云通用安全架构

IBM 公司基于面向服务的体系架构（Service Oriented Architecture，SOA）服务化理念，提出了一种云通用安全架构，如图 2-4 所示。它的主要思想是把安全和安全策略作为一种通用服务来支持用户定制和配置，满足不同用户在安全方面的个性化需求。

• 图 2-4　基于 SOA 的云通用安全架构

基于服务的安全架构强调安全服务化，强调安全与平台松耦合。云安全资源通过服务化、资源池化、虚拟化管理，对外提供统一的服务接口，能够整合不同厂商的安全服务，屏蔽不同安全产品之间的差别，实现安全措施平滑更换和升级，同时给予用户更加灵活的选择权。

（4）等保 2.0 云安全防护技术框架

等保 2.0 云安全防护技术框架按照物理资源层、虚拟资源层和服务层进行了分层防护设计，并在服务层面强调了基于用户的安全防护设计，最终形成了以计算环境安全为基础，以区域边界安全、通信网络安全为保障，以安全管理中心为核心的"一个中心、三重防护"的信息安全整体保障体系，如图 2-5 所示。

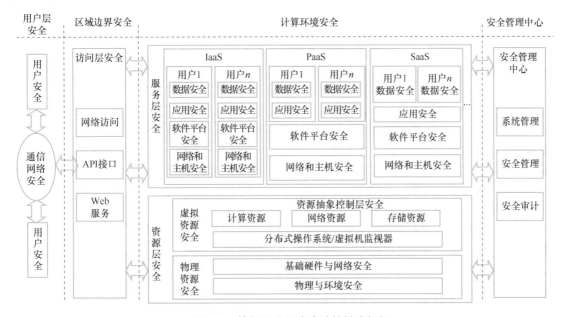

• 图 2-5　等保 2.0 云安全防护技术框架

等保 2.0 对云计算安全防护的思想是用户通过安全的通信网络以网络直接访问、API 接口访问和 Web 服务访问等方式安全地访问云服务商提供的安全计算环境。

计算环境安全包括资源层安全和服务层安全。资源层分为物理资源和虚拟资源，需要明确物理资源安全设计技术要求和虚拟资源安全设计要求。服务层是对云服务商所提供服务的实现，包含实现服务所需的软件组件。根据服务模式的不同，云服务商和云服务用户承担的安全责任不同。服务层安全设计需要明确云服务商控制资源范围内的安全设计技术要求，并且云服务商可以通过提供安全接口和安全服务为云服务用户提供安全技术和安全防护能力。

云计算环境的系统管理、安全管理和安全审计由安全管理中心统一管控。结合本框架对不同等级的云计算环境进行安全技术设计，同时通过服务层安全支持对不同等级的云服务客户端（业务系统）进行安全设计。

2.2　云计算安全风险

云计算面临着一些与传统信息系统类似的安全风险，同时还存在一些云计算特有的安全风险，对这些风险进行分析和控制，是保障云安全的前提。《信息安全技术　云计算服务安全指南》（GB/T 31167—2014）、《信息安全技术　云计算安全参考架构》（GB/T 35279—2017）以及 ENISA 都对云计算存在的安全风险进行了分析。

2.2.1 《云计算服务安全指南》的云安全风险分析

《信息安全技术 云计算服务安全指南》（GB/T 31167—2014）中将云计算面临的安全风险归纳为下述几个方面：客户对数据和业务系统的控制能力减弱、客户与云服务商之间的责任难以界定、可能产生司法管辖权问题、数据所有权保障面临风险、数据保护更加困难、数据残留和容易产生对云服务商的过度依赖。

（1）客户对数据和业务系统的控制能力减弱

传统模式下，客户的数据和业务系统都位于客户的数据中心，它们都在客户的直接管理和控制下，但在云计算环境里，客户将自己的数据和业务系统迁移到云计算平台上，失去了对这些数据和业务的直接控制能力。客户数据以及在后续运行过程中生成、获取的数据都处于云服务商的直接控制下，云服务商具有访问、利用或操控客户数据的能力。

因此将数据和业务系统迁移到云计算平台后，安全性主要依赖于云服务商及其所采取的安全措施。云服务商通常把云计算平台的安全措施及其状态视为知识产权和商业秘密，客户在缺乏必要知情权的情况下，难以了解和掌握云服务商安全措施的实施情况和运行状态，难以对这些安全措施进行有效监督和管理，不能有效监管云服务商的内部人员对客户数据的非授权访问和使用，这些都增加了客户数据和业务所面临的风险。

（2）客户与云服务商之间的责任难以界定

传统模式下，按照"谁主管谁负责、谁运行谁负责"的原则，信息安全责任相对清晰。在云计算模式下，云计算平台的管理和运行主体与数据安全的责任主体不同，相互之间的责任如何界定，缺乏明确的规定。不同的服务模式和部署模式、云计算环境的复杂性也增加了界定云服务商与客户之间责任的难度。

云服务商可能还会采购、使用其他云服务商的服务，如提供 SaaS 服务的云服务商可能将其服务建立在其他云服务商的 PaaS 或 IaaS 之上，这种情况导致了责任更加难以界定。

（3）可能产生司法管辖权问题

在云计算环境里，数据的实际存储位置往往不受客户控制，客户的数据可能存储在境外数据中心，改变了数据和业务的司法管辖关系。

一些国家可能依据本国法律要求云服务商提供可以访问这些数据中心的途径，甚至要求云服务商提供位于它国数据中心的数据。

（4）数据所有权保障面临风险

客户将数据存放在云计算平台上，没有云服务商的配合很难独自将数据安全迁出。在服务终止或发生纠纷时，云服务商还可能以删除或不归还客户数据为要挟，损害客户对数据的所有权和支配权。

云服务商通过对客户的资源消耗、通信流量缴费等数据的收集统计，可以获取客户的大量相关信息，对这些信息的归属往往没有明确规定，容易引起纠纷。

（5）数据保护更加困难

云计算平台采用虚拟化等技术实现多客户共享计算资源，虚拟机之间的隔离和防护容易受到攻击，跨虚拟机的非授权数据访问风险突出。

云服务商可能会使用其他云服务商的服务，使用第三方的功能、性能组件，使云计算平台结构复杂且动态变化。随着复杂性的增加，云计算平台实施有效的数据保护措施更加困难，客户数据被未授权访问、篡改、泄露和丢失的风险增大。

（6）数据残留

存储客户数据的存储介质由云服务商拥有，客户不能直接管理和控制存储介质。当客户退出云计算服务时，云服务商应该完全删除客户的数据，包括备份数据和运行过程中产生的客户相关数据。

目前，缺乏有效的机制、标准或工具来验证云服务商是否实施了完全清除操作，客户退出云计算服务后其数据仍然可能完整保存或残留在云计算平台上。

（7）容易产生对云服务商的过度依赖

由于缺乏统一的标准和接口，不同云计算平台上的客户数据和业务难以相互迁移，同样也难以从云计算平台迁移回客户的数据中心。另外，云服务商出于自身利益考虑，往往不愿意为客户的数据和业务提供可迁移能力。这种对特定云服务商的潜在依赖可能导致客户的业务随云服务商的干扰或停止服务而停止运转，也可能导致数据和业务迁移到其他云服务商的代价过高。

由于云计算服务市场还未完全成熟，供客户选择的云服务商有限，也可能导致客户对云服务商的过度依赖。

2.2.2　《云计算安全参考架构》的云安全风险分析

《信息安全技术　云计算安全参考架构》（GB/T 35279—2017）中强调云计算面临的安全风险重点体现在几个方面：数据泄露风险、隔离失败风险、API 滥用风险、业务连续性风险、基础设施不可控风险、运营风险和恶意人员风险。

（1）数据泄露风险

一方面，云服务用户能够在任何地点通过网络直接访问云计算平台；另一方面，云服务商可能控制用户的某些数据。因此，云服务商应提供安全、可靠、有效的用户认证及相应的访问控制机制来保护用户数据的完整性与保密性，防止数据泄露与非法篡改。同时，云服务商拥有存储用户数据的介质，用户不能直接管理与控制存储介质，所以用户终止云计算服务后其数据还可能保存或残留在云计算平台上，仍然存在数据泄露风险。

（2）隔离失败风险

在云计算环境中，计算能力、存储与网络在多个用户之间共享。如果不能对不同用户的存储、内存虚拟机、路由等进行有效隔离，恶意用户就可能访问其他用户的数据并进行修改、删除等操作。

（3）API 滥用风险

云服务中的应用程序接口（API）允许任意数量的交互应用，虽然可以通过管理进行控制，但 API 滥用风险仍然存在。

（4）业务连续性风险

业务连续性风险包括但不限于以下方面。

1）网络性能。例如，"宽带不宽"已成为云计算发展的瓶颈。网络攻击事件层出不穷、防不胜防，因此，由于网络而造成云服务不可用的情况是云服务商无法控制的。

2）终端风险。在海量终端接入云服务的情况下，终端风险会严重威胁到云服务的质量。此外，如果用户在使用云服务时对云服务中某些参数设置不当，会对云服务的性能造成一定影响。

3）拒绝服务攻击。由于用户、信息资源的高度集中，云计算平台容易成为黑客攻击的目标，拒绝服务所造成的后果与破坏性也会明显超过传统的企业网应用环境。当用户的数据与业务应用于云计算平台时，其业务流程将依赖于云计算服务的连续性，这对 SLA、IT 流程、安全策略、事件处理与分析等都提出了挑战。

（5）基础设施不可控风险

公有云服务商的用户管理接口可以通过互联网访问，并可获得较大的资源集，可能导致多种潜在的风险，使恶意用户能够控制多个虚拟机的用户界面、操作云服务商界面等。

（6）运营风险

云服务商经常通过硬件提供商和基础软件提供商采购硬件与软件，然后采用相关技术构建云计算平台，再向云服务用户提供云服务。硬件提供商和基础软件提供商等都是云服务供应链中不可缺少的参与角色，如果任何一方突然无法继续供应，云服务商又不能立即找到新的供应方，就会导致供应链中断，进而导致相关的云服务故障或终止。

（7）恶意人员风险

在大多数情形下，任何用户都可以注册使用云计算服务。恶意用户能够搜索并利用云计算服务的安全漏洞，上传恶意攻击代码、非法获取或破坏其他用户的数据和应用。此外，内部工作人员（如云服务商系统管理员与审计员）的操作失误或恶意攻击更加难于防范，并会导致云计算服务的更大破坏。

2.2.3 ENISA 的云安全风险分析

ENISA（欧盟网络与信息安全机构）评估框架被视为 NIST 在欧洲的对应框架，它负责制订云计算相关的信息安全收益、风险与建议。它围绕组织的高风险资产，如公司声誉、用户声誉、员工忠诚度和经验、知识产权、敏感的个人资料、使用者及服务提供者的个人资料、使用者及服务提供者的关键个人资料、日常资料（HR）、需要即时提供的服务、网络、认证等方面确定了组织应该考虑的风险类型。ENISA 将云安全风险归纳为治理缺失、云服务商锁定、隔离失败、合规风险、管理界面攻陷、数据保护、不安全或不彻底的数据删除和恶意内部人员等几个方面。从技术、法律和传统网络安全风险角度来分析，其内容如下。

（1）技术风险

- R8：资源耗尽。
- R9：隔离失败，如多用户之间的隔离。
- R10：云提供者恶意内部人员。
- R11：管理平面缺陷，如配置错误等。
- R12：拦截传输中的数据。
- R13：上传、下载时云内的数据泄露。
- R14：数据缺失或无效删除。
- R15：分布式拒绝服务（DDoS）。
- R16：经济拒绝服务 EDoS，如盗用云客户身份，执行大量收费操作，导致资源恶意使用，从而产生大量费用。
- R17：加密密钥丢失。
- R18：进行恶意探测或扫描。
- R19：服务引擎损坏。
- R20：用户加固程序与云环境之间的冲突。

（2）法律风险

- R21：传唤与电子取证。
- R22：管辖权变更的风险。
- R23：数据保护风险。

- R24：许可风险，许可条件（如按用户授权协议）和在线许可检查在云环境中可能无法使用。

（3）传统网络安全

- R25：网络中断。
- R26：网络管理（网络拥塞、连接中断、未优化的网络）。
- R27：篡改网络流量。
- R28：特权升级。
- R29：社会工程攻击。
- R30：操作日志的丢失或损坏。
- R31：安全日志的丢失或损坏。
- R32：备份丢失、被盗。
- R33：未经授权的物理访问。
- R34：计算机设备失窃。
- R35：自然灾害。

2.3　云计算面临的威胁

云计算承载了多种不同的应用，汇集了许多用户的信息，甚至包含许多敏感信息，容易成为黑客和不法分子的攻击对象。对云计算面临的威胁进行分析，并采取适当的安全措施来消减威胁，是云安全的核心工作之一。

2.3.1　威胁建模概述

1. 威胁建模的定义

威胁建模是一种工程技术，它以结构化的方式来识别、评估应用系统面临的威胁，其目的是在设计阶段充分了解各种可能的安全威胁，对可能的风险进行管理，并指导选取适当的应对措施，根据设计和测试情况对安全架构和设计进行验证，从而降低系统的攻击面。威胁建模活动可帮助识别安全目标、相关威胁、相关漏洞和对策。

一个开发团队首先需要明确项目需要保护的目标，了解有哪些威胁和漏洞能够影响保护目标，找到缓解这些威胁和漏洞的具体措施，才有可能开发出安全的信息系统。因此，威胁建模也是一种风险管理模型，可以用于所有软件产品和系统的开发。

由于应用环境的复杂，软件可能存在很多漏洞和威胁，但在实际应用中，这些漏洞和威胁不太可能都会导致软件安全问题，组织也不可能解决所有的问题。通过威胁建模，组织可识别出软件应用中所需处理的威胁，从而合理地投入资源。威胁建模从应用系统生命周期的架构和设计阶段开始，它是基于组织的安全目标进行的。组织的安全目标是业务目标的关键部分，它们用于确定威胁建模活动的程度以及花费精力的多少。

2. 威胁建模的流程

威胁建模的流程主要包括确定建模对象、识别威胁、评估威胁和消减威胁四个步骤。

（1）确定建模对象

确定要保护和评估的对象，了解软件应用可信任边界之内的所有功能组件。威胁建模中常用"资产"来描述对象，这里的资产可能指软件系统本身、信息的可用性或者信息内容本身，如用户数据。

（2）识别威胁

发现组件或进程存在的威胁。威胁是一种不希望发生、对资产目标有害的事件。从本质上看，威胁是潜在事件，它可能是恶意的，也可能不是恶意的。因此，威胁并不等于漏洞。

（3）评估威胁

对威胁进行分析，评估其被利用进行攻击的概率，了解被攻击后资产的受损后果，并计算风险。

（4）消减威胁

根据威胁的评估结果，确定是否要消减威胁以及消减的技术措施。在设计阶段，可以通过重新设计来直接消减威胁，或采用技术手段来消减威胁。在本阶段，应在确定消减威胁后继续评估是否可以接受剩余的风险。

3. STRIDE 模型

微软提出使用 STRIDE 模型来进行威胁建模的实践。STRIDE 即 Spoofing（欺骗）、Tampering（篡改）、Repudiation（抵赖）、Information Disclosure（信息泄露）、Denial of Service（拒绝服务）和 Elevation of Privilege（提权）。其内容见表 2-1。

表 2-1　STRIDE 模型

威　　胁	安全属性	说　　明
Spoofing（欺骗）	可鉴别性	假冒他人或实体的身份
Tampering（篡改）	完整性	非法修改数据或代码
Repudiation（抵赖）	不可抵赖性	否认曾执行过某个操作
Information Disclosure（信息泄露）	机密性	信息泄露给授权知悉范围以外的人
Denial of Service（拒绝服务）	可用性	无法为用户正常提供服务
Elevation of Privilege（提权）	授权	获得非授权访问权

使用 STRIDE 模型进行威胁建模，应按照确定建模对象、识别威胁、评估威胁以及消减威胁 4 个步骤反复进行，直到所有威胁带来的风险都在可接受范围内。

2.3.2　CSA 云安全威胁分析

为了使企业对云安全问题有全新的认识和了解，做出更有效的采购决策，云安全联盟（CSA）2020 年推出了最新版本的《云计算 11 大威胁报告》。这一报告反映了云计算安全联盟安全专家就云计算中最重要的安全问题所达成的共识。《云计算 11 大威胁报告》中的云安全威胁主要如下。

（1）数据泄露

数据泄露是指敏感、受保护或机密信息被未经授权的个人发布、查看、窃取或使用的网络安全事件。数据泄露可能是蓄意攻击的主要目的，也可能仅仅是人为错误、应用程序漏洞或安全措施不足的结果。数据泄露涉及所有非公开发布的信息，包括但不限于个人健康信息、财务信息、个人可识别信息（PII）、商业秘密和知识产权。

云资源的配置错误是导致数据泄露的主要原因，还可能会导致删除或修改资源以及服务中断。

（2）配置错误和变更控制不足

当计算资产设置不正确时，就会产生配置错误，这时常会使它们面对恶意活动时倍显脆弱。常见的例子包括不安全的数据存储要素（元素）或容器、过多的权限、默认凭证和配置设置保持不变、标准的安全控制措施被禁用。

在云环境中，缺乏有效的变更控制是导致配置错误的常见原因。云环境和云计算方法与传统信息技术的不同之处在于，它们使变更流程更难控制。传统的变更流程涉及多个角色和批准，可能需要几天或几周才能到达生产阶段（环境）。

（3）缺乏云安全架构和策略

部分 IT 基础设施迁移到公有云之上的过渡期中最大的挑战之一就是实现能够承受网络攻击的安全架构。然而这个过程对于很多组织而言仍然是模糊不清的。当组织把上云迁移判定为简单地将现有的 IT 栈和安全控制"直接迁移"到云环境时，数据可能会被暴露在各种威胁面前。

通常而言，迁移过程中的功能性和速度通常是优先于安全的。这些因素导致了迁移过程中云安全架构和策略缺失的组织容易成为网络攻击的受害者。另外，缺乏对共享安全责任模型的理解也是一个诱因。

实现适合的安全体系结构和开发健壮的安全策略将为组织在云上开展业务活动提供坚实的基础。利用云原生工具来增强云环境中的可视化，也可以最小化风险和成本。采取预防措施可以显著降低安全风险。

（4）身份、凭据、访问和密钥管理的不足

云计算在传统内部系统的身份和访问管理（IAM）方面引入了多种变化。在公有云和私有云设置中，都需要云服务提供商（CSP）和云服务使用者在不损害安全性的情况下管理 IAM。

凭据保护不足，缺乏加密秘钥、密码和证书的定期自动更新机制，缺乏可扩展的身份、凭据及访问控制系统，无法使用多因子认证方式，无法使用强密码等，可能会造成安全事件及数据泄露。

（5）账户劫持

通过账户劫持，恶意攻击者可能获得并滥用特权或敏感账户。在云环境中，风险最高的账户是云服务或订阅账户。网络钓鱼攻击、对基于云的系统的入侵或登录凭据被盗等都可能危害这些账户。这些独特、潜在且非常强大的威胁可能会导致数据和资产丢失和系统入侵，甚至造成云业务应用的严重中断。

账户和服务劫持意味着对账户及其服务以及内部数据控制的完全失陷。在这种情况下，跟账户相关的所有业务逻辑、功能、数据和应用程序都有风险。这种失陷的后果有时会造成严重的运营和业务中断，包括组织资产、数据和能力完全丧失。账户劫持的后果包括导致声誉受损的数据泄露、品牌价值下降、涉及法律责任以及敏感个人和商业信息泄露。

（6）内部威胁

卡内基·梅隆计算机应急响应小组（CERT）将内部威胁定义为"对组织资产拥有访问权限的个人，恶意或无意地使用其访问权限，以可能对组织造成负面影响的方式行事的可能性"。内部人员可以是在职或离职的雇员、承包商或其他值得信赖的商业伙伴。内部人员在公司的安全边界内工作，得到公司信任，他们可以直接访问网络、计算机系统和敏感的公司数据。与外部威胁参与者不同，内部人员不必穿透防火墙、虚拟专用网络（VPN）和其他外围安全防御。

内部威胁可能导致专有信息和知识产权的损失。与攻击相关的系统停机事件会对公司的生产效率产生负面影响。此外，数据丢失或引起对其他客户的伤害会降低客户对公司服务的信心。

（7）不安全接口和 API

云计算提供商开放了一系列软件的用户界面（UI）和 API，以允许用户管理云服务并与之交互。常见云服务的安全性和可用性取决于这些 API 的安全性。

从身份验证和访问控制到加密和活动监视，这些接口必须设计成可防御无意和恶意规避安全策略的行为。设计不好的 API 可能会被滥用，甚至导致数据泄露。被破坏、暴露或攻击的 API 已导致了一些重大的数据泄露事件。使用一系列安全性薄弱的接口和 API 会使组织面对各种安全问题，如机密性、完整性、可用性和相关责任的安全问题。

（8）控制面薄弱

薄弱的控制面意味着负责人（无论是系统架构师还是 DevOps 工程师）不能完全控制数据基础设施的逻辑、安全和验证能力。在这种情况下，利益相关者如果对安全配置、数据如何流动以及架构的盲点和脆弱点控制不足，就可能导致数据损坏、不可用或泄露。

薄弱的控制面可能会因被窃取或损坏而导致数据丢失，这可能会导致巨大的业务影响，还可能招致对数据丢失的监管处罚。例如，根据欧盟通用数据保护条例（GDPR）的规定，产生的罚款可能高达 2000 万欧元或企业全球收入的 4%。在控制层面薄弱的情况下，用户也可能无法保护其基于云的业务数据和应用程序，这可能会导致用户对所提供的服务或产品失去信心。最终，这可能会转化为云服务商收入的减少。

（9）元结构和应用结构失效

为了提高云服务对用户的可见性，云服务提供商通常通过 API 接口提供在基准线上的安全流程交互。但是，不成熟的云服务提供商通常不确定如何向其用户提供 API，以及在多大程度上提供 API。例如，允许云服务用户检索日志或审计系统访问情况的 API 接口，可能包含高度敏感的信息。但是，这一过程对于云服务用户来说是非常必要的，用于检测未经授权的访问。

元结构和应用结构是云服务的关键组件。云服务提供商在这些功能上的故障可能会严重影响所有云服务的用户。

（10）有限的云使用可见性

当组织不具备可视化和分析组织内使用的云服务是否安全、能力是否适当时，就会出现有限的云使用可见性。这个概念被分解为两个关键的挑战。

1）未经批准的应用程序使用。当员工使用云应用程序和资源而没有获得公司 IT 和安全部门的特别许可和支持时，就会发生这种情况。

2）批准程序滥用。企业往往无法分析使用授权应用程序的内部人员是如何使用其已获批准的应用程序的。通常，这种使用在没有得到公司明确许可的情况下发生，或者由外部威胁行动者使用凭证盗窃、SQL 注入、域名系统（DNS）攻击等方法来攻击服务。在大多数情况下，可以通过判断用户的行为是否正常或是否遵守公司政策来区分有效用户和无效用户。

（11）滥用及违法使用云服务

恶意攻击者可能会利用云计算能力来攻击用户、组织以及云供应商，也会使用云服务来搭建恶意软件。搭建在云服务中的恶意软件看起来是可信的，因为他们使用了云服务提供商的域名。另外，基于云的恶意软件可以利用云共享工具来进行传播。

一旦攻击者成功入侵用户的云基础设施管理平台，攻击者可以利用云服务来做非法事情，而用户还需要对此买单。如果攻击者一直在消耗资源，比如进行电子货币挖矿，那用户还需一直为此买单。另外，攻击者还可以使用云来存储和传播恶意或钓鱼攻击。公司必须要注意该风险，并且有办法来处理这些新型攻击方式。这可以包含对云上基础架构或云资源 API 调用进行安全监控。

解决云服务滥用的办法包含云服务提供商检测支付漏洞及云服务的滥用。云服务提供商必须要建立事件响应框架，对这些滥用资源的行为进行识别并及时报告给用户。云服务提供商也需要采取相应的管控措施允许用户来监控其云负载及文件共享或存储应用程序的运行状况。

2.4 云计算存在的安全隐患

信息系统中的服务器、路由器、交换机、数据库、计算机终端以及各类软件系统，由于设计缺陷或管理操作失误，面临着极大的安全隐患和风险。云计算在操作过程中如果配置不当，也会给云计算服务带来极大的安全隐患。

2.4.1　ENISA 云安全漏洞分析

ENISA（欧盟网络与信息安全机构）评估框架被视为 NIST 在欧洲的对应框架，它负责制订云计算的信息安全收益、风险与建议。ENISA 确定了组织应该考虑的云安全相关的 30 多种风险漏洞类型，具体分布如下。

- V1：授权认证和计费漏洞。
- V5：虚拟化漏洞。
- V6：使用者间资源隔离缺乏产生的漏洞。
- V10：不能在加密状态下处理数据。
- V13：缺乏技术标准与标准解决方案。
- V14：缺乏代码托管协议。
- V16：缺乏控制漏洞评估过程。
- V17：可能在云内部发生的扫描。
- V18：使用者可能会对相邻资源越权访问。
- V21：合约没有写清楚责任归属。
- V22：跨云应用隐含相依关系。
- V23：服务水平协议可能会在不同利害关系人间产生互斥。
- V25：对用户不提供审核或认证。
- V26：认证计划不适合云端架构。
- V29：数据被存储在多个行政区域且缺乏透明。
- V30：缺少数据储存所在行政区的相关信息。
- v31：使用者条款缺乏完整性与透明度。
- V34：云服务提供商组织里的角色与责任定义不明。
- V35：云服务提供商组织里的角色职责实行不确定。
- V36：相关当事人知道太多非必要的细节。
- V37：不适当的物理安全处理。
- V38：错误配置。
- V39：系统或操作系统漏洞。
- V41：缺少或很差的持续运营与灾难恢复计划。
- V44：资产拥有权不确定。
- V46：可供选择的云服务提供商有限。
- V47：缺乏供应商冗余性。
- V48：应用程序漏洞或失策的补丁管理。

2.4.2　云计算相关系统漏洞

漏洞是指系统硬件、应用程序、网络协议或系统安全策略配置方面存在的缺陷。漏洞可能导致攻击者在未授权的情况下访问系统资源或破坏系统运行，对系统的安全造成威胁。信息系统中的操作系统、应用软件、数据库、路由器、交换机、防火墙及网络中的其他硬件设备都不可避免地存在漏洞。

云平台上的漏洞形式主要有操作系统漏洞、数据库漏洞、虚拟化平台漏洞、云管理平面漏洞和不安全的 API 等形式。下面重点从云计算所特有的虚拟化平台漏洞、云管理平面漏洞、虚拟机漏洞和容器漏洞等方面进行介绍。

1. Hypervisor 漏洞

Hypervisor 是一种运行在物理服务器和操作系统之间的中间层软件，可以允许多个操作系统和应用共享一套基础物理硬件。Hypervisor 又称为虚拟机监视器，可以将其看作虚拟环境中的"元"操作系统，它可以协调访问服务器上的所有物理设备和虚拟机。历史上曾经出现过的 Hypervisor 高危漏洞有下述几个。

（1）CVE-2018-16882（Linux Kernel KVM Hypervisor 内存错误引用漏洞）

Linux Kernel 是美国 Linux 基金会发布的操作系统 Linux 所使用的内核。KVM Hypervisor 是其中一个基于内核的虚拟机。Linux Kernel 中的 KVM Hypervisor 存在内存错误引用漏洞，攻击者可利用该漏洞造成拒绝服务（主机内核崩溃）或获取权限。

（2）CVE-2017-17563（Xen Hypervisor 内存破坏漏洞）

Xen 是英国剑桥大学开发的一款开源的虚拟机监视器产品。该产品能够使不同和不兼容的操作系统运行在同一台计算机上，并支持在运行时进行迁移，保证正常运行并且避免宕机。Xen 4.9. X 及之前版本中的 Hypervisor 存在内存破坏漏洞。攻击者利用该漏洞造成拒绝服务（主机操作系统崩溃）攻击效果。

（3）CVE-2010-1225（Microsoft Virtual PC Hypervisor Virtual Machine Monitor 安全绕过漏洞）

Windows Virtual PC 是 Microsoft 虚拟化技术，Microsoft Virtual PC Hypervisor Virtual Machine Monitor 存在安全绕过漏洞，攻击者可以利用这个漏洞绕过内存保护机制，获取敏感信息。

2. 虚拟机漏洞

虚拟机逃逸指的是突破虚拟机的限制，实现与宿主机操作系统交互的一个过程，攻击者可以通过虚拟机逃逸感染宿主机或者在宿主机上运行恶意软件。

虚拟机技术的主要特点之一是隔离，如果虚拟机 A 越权去控制虚拟机 B，则存在安全漏洞。当前 CPU 可以通过强制执行管理程序来实现内存保护，通过安全的内存控制规则来禁止正在使用的内存看到另外一台虚拟机。历史上曾经出现过的虚拟机相关高危漏洞主要有下述几个。

（1）CVE-2019-14835（QEMU-KVM 虚拟机到宿主机内核逃逸漏洞）

Red Hat Enterprise Linux（RHEL）是美国红帽（Red Hat）公司的一套面向企业用户的 Linux 操作系统。QEMU-KVM 虚拟机到宿主机内核存在逃逸漏洞。攻击者通过使用该漏洞可能导致虚拟机逃逸，获得在宿主机内核中任意执行代码的权限。

（2）CVE-2019-5514（VMware Fusion 虚拟机端远程代码执行漏洞）

VMware Fusion 是 VMware 公司出品的一款适用于 Mac 操作系统的虚拟机软件。VMware Fusion 虚拟机端存在远程代码执行漏洞，攻击者可通过 VMware Fusion 在本地启动的 WebSocket API 接口来在所有已安装 VMware Tools 的虚拟机上利用该漏洞执行任意代码。

（3）CVE-2013-5973（VMware ESX 和 ESXi 虚拟机文件描述符本地拒绝服务漏洞）

VMware ESXi 是一款免费虚拟机解决方案。VMware ESX 和 ESXi 处理某些虚拟机文件描述符时存在安全漏洞，允许拥有"Add Existing Disk"权限的非特权 vCenter Server User 获得对 ESXi 或 ESX 上任意文件的读写访问。在 ESX 上，非特权本地用户可对任意文件进行读写访问，修改某些文件允许宿主机重启后执行任意代码。

（4）CVE-2003-1134（Sun Microsystems Java 虚拟机安全管理器拒绝服务攻击漏洞）

Java 2 安全管理器（Security Manager）是针对系统完整性和安全性进行检查的工具。Java 2 安全管理器的实现存在问题，远程攻击者可以构建特殊的类并运行，会由于 NULL 指针异常而导致

JAVA 虚拟机崩溃，因此可利用这个漏洞对 Sun Java 虚拟机进行拒绝服务攻击。

3. OpenStack 漏洞

OpenStack 是一个开源的云计算管理平台项目，是一系列软件开源项目的组合。它是由 NASA（美国国家航空航天局）和 Rackspace 合作研发并发起，以 Apache 许可证（Apache 软件基金会发布的一个自由软件许可证）授权的开源代码项目。

OpenStack 为私有云和公有云提供可扩展的弹性云计算服务，项目目标是提供实施简单、可大规模扩展、丰富、标准统一的云计算管理平台。近几年历史上曾经出现过的 OpenStack 相关高危漏洞主要有下述几个。

（1）CVE-2020-9543（OpenStack Manila 越权漏洞）

OpenStack Manila 7.4.1 之前版本、8.0.0 版本至 8.1.1 版本和 9.0.0 版本至 9.1.1 版本中存在该安全漏洞。攻击者可利用该漏洞查看、更新、删除或共享不属于它们的资源。

（2）CVE-2019-10141（openstack-ironic-inspector SQL 注入漏洞）

Openstack-ironic-inspector 是一款硬件检测守护程序。该程序主要用于检测由 OpenStack Ironic 管理的节点的硬件属性。Openstack-ironic-inspector 中的' node_cache. find_node（）'函数存在 SQL 注入漏洞，其源于基于数据库的应用，缺少对外部输入 SQL 语句的验证，攻击者可利用该漏洞执行非法 SQL 命令。

（3）CVE-2018-14620（Red Hat Openstack 不安全检索漏洞）

Red Hat OpenStack 是美国红帽（Red Hat）公司的一套开源 IaaS 解决方案。该方案支持私有云、公有云和混合云的创建和管理。Openstack-rabbitmq-container 和 Openstack-containers 都是其中的容器组件。Red Hat Openstack 12 版本、13 版本和 14 版本中的 Openstack-rabbitmq-container 和 Openstack-containers 存在安全漏洞，该漏洞源于 OpenStack RabbitMQ 容器镜像在生成阶段通过 HTTP 不安全地检索 rabbitmq_clusterer 组件。攻击者可利用该漏洞向镜像生成器提交恶意代码并将其安装在容器镜像中。

（4）CVE-2017-16613（OpenStack Swauth 身份验证绕过漏洞）

OpenStack 是 NASA 和美国 Rackspace 公司合作研发的一个云平台管理项目。OpenStack Swauth 是其中的一个授权系统。OpenStack Swift 是一个用于检索大量数据的云存储软件。OpenStack Swauth 1.2.0 及之前版本中的 middleware. py 文件存在安全漏洞。当使用 OpenStack Swift 及之前版本的软件时，攻击者可通过向请求的 X-Auth-Token 包头注入令牌来利用该漏洞绕过身份验证。

4. 容器漏洞

容器是一种轻量级的虚拟化技术，它提供一种可移植、可重用且自动化的方式来打包和运行应用。容器化的好处在于运维的时候不需要再关心每个服务所使用的技术栈，每个服务都被无差别地封装在容器里，可以被无差别地管理和维护。现在比较流行的工具是 Docker 和 Kubernetes（K8S）。

容器安全问题主要包括下述几个方面。

1）容器镜像风险：容器镜像可能存在安全漏洞、镜像配置缺陷、恶意软件植入、未信任镜像及明文存储的风险。

2）容器镜像仓库风险：包括与镜像仓库的不安全连接、镜像仓库中的镜像过时和不完备的认证机制。

3）容器编排工具风险：包括管理访问权限不受限制、未经授权的访问、容器间网络流量隔离效果差、混合不同敏感级别的工作负载、编排节点的可信问题。

4）容器实例风险：包括运行时软件中的漏洞、容器的网络访问不受限制、容器运行时配置不安全、流氓容器。

5）容器主机操作系统风险：包括攻击面大、共享内核、主机操作系统组件漏洞、用户访问权限不当、篡改主机操作系统文件等风险。

通常，针对容器云的攻击主要是由外部恶意用户和内部恶意管理员从网络侧发起攻击，攻击对象主要包括容器化微服务网络攻击、容器云组件漏洞攻击、容器镜像仓库攻击、基于硬件管理接口缺陷的攻击和基于 API 接口缺陷的攻击等。

2.4.3　云安全相关配置错误

1. 云安全常见配置错误

云安全的常见配置错误主要有以下五个突出方面。

（1）存储访问

在存储桶方面，许多云计算用户认为"经过身份验证的用户"仅涵盖那些在其组织或相关应用程序中已通过身份验证的用户。"经过身份验证的用户"应是指需要身份验证的任何用户。由于这种误解以及由此导致的控件设置错误配置，存储对象最终可能完全暴露给公共访问环境。因此要安全设置存储对象的访问权限，以确保只有组织内需要访问权限的人员才能访问它。

（2）密码、密钥等的管理

诸如密码、API 密钥、管理凭据和加密密钥之类的信息是至关重要的，至今已经发生过许多上述信息在配置错误的云存储桶、受感染的服务器、开放的 GitHub 存储库甚至 HTML 代码中公开可用的安全事件。针对这种风险的解决方案是维护企业在云中使用的所有机密清单并定期检查这些敏感数据的安全防护状态。

（3）禁用日志记录和监视

企业云团队中的安全负责人应该负责定期查看此项配置，并标记与安全相关的事件。存储即服务供应商通常提供类似的信息，这同样需要定期审查。

（4）对主机、容器和虚拟机的访问权限过大

企业没有使用过滤策略或防火墙，而将数据中心中的物理或虚拟服务器直接连接到 Internet，例如暴露在公共互联网上的 Kubernetes 集群的 ETCD（端口 2379）。针对此问题要保护重要的端口并禁用云中旧的、不安全的协议。

（5）缺乏验证

由于错误配置的发生，人们经常看到组织无法创建和实施错误配置鉴别系统来核查配置。无论是内部资源还是外部审核员，都必须负责定期验证服务和权限是否已正确配置和应用。企业还需要建立严格的流程来定期审核云配置。

2. 微软 Azure TOP 20 漏洞清单

微软采取了大量的物理、基础结构和操作控制措施来帮助保护 Azure，但也需要额外行动来保护工作负载。启用 Azure 安全中心可以加强云安全状况。

Azure 安全中心是用于进行安全状况管理和威胁防护的工具。在 Azure 安全中心内，使用 Azure Defender 保护混合云工作负载。由于安全中心与 Azure Defender 集成，因此它可以保护在 Azure、本地和其他云中运行的工作负载。该服务支持持续评估安全状况，使用 Microsoft 威胁情报功能防御网络攻击，并通过集成控件来简化安全管理。但是如果在 Azure 安全中心针对常见账户和一些初始配置没有正确设置安全策略或者缺失某些安全功能，就会产生安全风险和漏洞。Azure 的 TOP20 漏洞快速清单主要体现在以下方面。

- 可从 Internet 访问的存储账户。
- 允许不安全转移的存储账户。
- 特权用户缺乏多因素身份验证。
- 缺少用于加入设备的多因素身份验证。
- 免费基础版 Azure 安全中心缺少很多必要的安全功能。

- 具有基本 DDoS 保护的 Azure 虚拟网络。
- 未加密的操作系统和数据磁盘。
- 安全中心缺少电子邮件通知。
- Azure Monitor 中缺少日志警报。
- Azure NSG 入站规则配置为 ANY。
- 公共 IP 配置为 Basic SKU。
- 面向公众的服务使用动态 IP。
- 可匿名读取访问的 Blob 存储。
- Azure AD 中的访客用户数量过大。
- Azure AD 中不安全的访客用户设置。
- 对 Azure AD 管理门户的无限制访问。
- Azure 身份保护功能默认被禁用。
- Azure Network Watcher 默认被禁用。
- 并非对所有 Web 应用程序流量都强制执行 HTTPS。
- Azure 安全中心的监视策略不足。

2.5　云计算的安全需求

云服务商应该在满足《网络安全法》、《数据安全法》和《个人信息保护法》等法律法规要求的前提下，在其与客户之间进行合理的安全责任划分。同时，云服务商为了更好地为客户提供服务，还要通过相关的云安全服务资质认证。

2.5.1　云安全服务基本能力要求

国家标准《信息安全技术　云计算服务安全能力要求》（GB/T 31168—2014）描述了以社会化方式为特定客户提供云计算服务时，云服务商应具备的信息安全技术能力。适用于对政府部门使用的云计算服务进行安全管理，也可供重点行业和其他企事业单位使用云计算服务时参考，还适用于指导云服务商建设安全的云计算平台和提供安全的云计算服务。

标准分为一般要求和增强要求。根据拟迁移到社会化云计算平台上的政府和行业信息、业务的敏感度及安全需求的不同，云服务商应具备的安全能力也各不相同。该标准提出的安全要求分为10 类，分别是系统开发与供应链安全、系统与通信保护、访问控制、配置管理、维护、应急响应与灾备、审计、风险评估与持续监控、安全组织与人员、物理与环境保护。

2.5.2　信息安全服务（云计算安全类）资质要求

中国信息安全测评中心的信息安全服务（云计算安全类）资质认定是对云计算安全服务提供者的资格状况、技术实力和云计算安全服务实施过程质量保证能力等方面的具体衡量和评价。

信息安全服务（云计算安全类）资质级别的评定，是依据《信息安全服务资质评估准则》和不同级别的信息安全服务资质（云计算安全类）具体要求，在对申请组织的基本资格、技术实力、云计算安全服务能力以及云计算安全服务项目的组织管理水平等方面的评估结果基础上进行综合评定后，由中国信息安全测评中心给予相应的资质级别。

基本能力要求包括组织与管理要求及技术能力要求。

1. 组织与管理要求

1）必须拥有健全的组织和管理体系，为持续的云计算安全服务提供保障。

2）必须具有专业从事云计算安全服务的队伍和相应的质量保证。

3）与云计算安全服务相关的所有成员要签订保密合同，并遵守有关法律法规。

2. 技术能力要求

1）了解信息系统技术的最新动向，有能力掌握信息系统的最新技术。

2）具有不断的技术更新能力。

3）具有对信息系统面临的安全威胁、存在的安全隐患进行信息收集、识别、分析和提供防范措施的能力。

4）能根据对用户信息系统风险的分析，向用户建议有效的安全保护策略及建立完善的安全管理制度。

5）具有对发生的突发性安全事件进行分析和解决的能力。

6）具有对市场上的信息系统产品进行功能分析，提出安全策略和安全解决方案及安全产品的系统集成能力。

7）具有根据服务业务的需求开发信息系统应用、产品或支持性工具的能力。

8）具有对集成的信息系统进行检测和验证的能力，有能力对信息系统进行有效的维护。

9）有跟踪、了解、掌握、应用国际/国家和行业标准的能力。

2.5.3　云安全主要合规要求

1. 安全管理机构部门的建立

组织成立的信息安全领导小组是信息安全领域的最高决策机构，其下设办公室来负责信息安全领导小组的日常事务。

信息安全领导小组负责研究重大事件，落实方针政策和制定总体策略等。职责主要包括根据国家和行业有关信息安全的政策、法律和法规，批准组织的信息安全总体策略规划、管理规范和技术标准；确定组织信息安全各有关部门工作职责，指导、监督信息安全工作；及时掌握和解决影响网络安全运行方面的有关问题，组织力量对突发事件进行应急处理，确保单位信息工作的安全。

同时要设置信息系统安全相关的关键岗位并加强管理，配备系统安全管理员、网络安全管理员、应用开发安全管理员、安全审计员、安全保密管理员，并各自独立遵循权限非斥原则。关键岗位人员必须严格遵守保密法规和有关信息安全管理规定。

2. 安全管理规范计划的编制

信息安全管理作为组织完整管理体系中的一个重要环节，是指导和控制组织的关于信息安全风险的相互协调的活动。

安全管理计划的范畴包含信息安全活动过程中所涉及的各种安全管理问题，主要包括人员、组织、技术、服务等方面的安全管理要求和规定。

信息安全管理体系是一个自上而下的管理过程，GB/T 29246—2017（ISO/IEC 27000：2016）中描述了信息安全管理体系成功的主要因素，诸如：

1）信息安全策略、目标和与目标一致的活动。

2）与组织文化一致的，信息安全设计、实施、监视、保持和改进的方法与框架。

3）来自所有管理层级、特别是最高管理者的可见支持和承诺。

4）对应用信息安全风险管理（见 ISO/IEC 27005）实现信息资产保护的理解。

5）有效的信息安全意识、培训和教育计划，以使所有员工和其他相关方知悉在信息安全策略、标准等中自身的信息安全义务，并激励其做出相应的行动。

6）有效的信息安全事件管理过程。

7）有效的业务连续性管理方法。

8）评价信息安全管理性能的测量系统和反馈的改进建议。

云计算安全体系下的安全管理规范计划的编制，主要涉及如下一些文档类型：《安全组织架构和岗位职责说明》《人员安全管理流程规范》《应用安全开发管理规范》《应用及数据安全管理规范》《云租户系统上线检测流程规范》《云平台安全运维流程规范》《安全事件应急响应流程规范》《安全应急演练规划和报告》《网络安全等级保护测评自查报告》《可信云认证测评自查清单》等。

3. 安全测评认证的筹备

信息安全服务（云计算安全类）资质认定是对云计算安全服务提供者的资格状况、技术实力和云计算安全服务实施过程质量保证能力等方面的具体衡量和评价。目前，国内的云计算服务安全认证主要有网络安全等级保护测评认证、信息安全服务资质（云计算安全类一级）认证、可信云评估认证等；国外的云计算服务安全认证主要有 C-STAR、FedRAMP 认证、ISO 27001、新版 ISO 20000 认证、SOC 独立审计、CNAS 云计算国家标准测试。

（1）可信云评估认证

可信云评估是中国信息通信研究院下属的云计算服务和软件评估品牌，也是我国针对云计算服务和软件的专业评估体系。可信云评估的核心目标是建立云服务商的评估体系，为用户选择安全、可信的云服务商提供支撑，促进我国云计算市场健康、创新发展，提升服务质量和诚信水平，逐步建立云计算产业的信任体系，被业界广泛接受和信任。

目前发布的重要的可信云标准及白皮书主要有《云服务用户数据保护能力参考框架》《云计算运维平台参考框架及技术要求（征求意见稿)》《可信云多云管理平台评估方法》《可信云服务认证评估方法》《开源治理能力评价方法》《可信云混合云解决方案评估方法》《可信云·云管理服务提供商能力要求》《可信物联网云平台能力评估方法》《智能云服务技术能力要求》等。

（2）C-STAR 云安全评估

C-STAR 云安全评估是一个全新而独特的服务，旨在应对与云安全相关的特定问题，是 ISO/IEC 27001 的增强版本。它结合云控制矩阵、成熟度等级评价模型，以及相关法律法规和标准要求，对云计算服务进行全方位的安全评估。

C-STAR 云安全评估的管控要求极为严格，评估过程采用国际先进的成熟度等级评价模型，涵盖应用和接口安全、审计保证与合规性、业务连续性管理和操作弹性、变更控制和配置管理、数据安全和信息生命周期管理、加密和密钥管理、治理和风险管理、身份识别和访问管理、基础设施和虚拟化安全、安全事件管理、供应链管理、威胁和脆弱性管理等 16 个控制域的全方位安全评估。

（3）网络安全等级保护测评认证

网络安全等级保护测评认证是指测评机构依据国家网络安全等级保护管理制度规定，按照有关管理规范和技术标准对不涉及国家机密的信息系统安全保护状况进行等级测试评估的活动。

网络安全等级测评是测评机构依据《信息安全技术 网络安全等级保护测评要求》等管理规范和技术标准，检测评估信息系统安全等级保护状况是否达到相应等级基本要求的过程，是落实网络全等级保护制度的重要环节。在信息系统建设、整改时，信息系统运营、使用单位通过等级测评进行现状分析，确定系统的安全保护现状和存在的安全问题，并在此基础上确定系统的整改安全需求。

4. 定期风险评估和应急演练

《网络安全法》第二十五条规定：网络运营者应当制订网络安全事件应急预案，及时处置系统漏洞、计算机病毒、网络攻击、网络侵入等安全风险；在发生危害网络安全的事件时，立即启动应急预案，采取相应的补救措施，并按照规定向有关主管部门报告。

《网络安全法》第三十八条规定：关键信息基础设施的运营者应当自行或者委托网络安全服务机构对其网络的安全性和可能存在的风险每年至少进行一次检测评估，并将检测评估情况和改进措施报送相关负责关键信息基础设施安全保护工作的部门。

（1）信息安全风险评估

随着信息化的不断深入，信息化在给组织带来便利的同时，也带来了新的安全问题，信息系统本身的不安全因素和人为的攻击破坏及安全管理制度的不完善或执行不到位等，都潜伏着很多安全隐患。因此，组织亟需建立完善的信息安全保障体系，防范信息安全风险。信息安全保障体系的建设是一项系统工程，风险评估在其中占有非常重要的地位，是信息安全保障体系建设的基础和前提。

信息安全风险评估就是从风险管理角度，运用科学的方法和手段，系统地分析信息系统所面临的威胁及其存在的脆弱性，评估安全事件发生的概率及可能造成的危害程度，提出有针对性的抵御威胁的防护对策和整改措施，为防范和化解信息安全风险，将风险控制在可接受的水平，最大限度地保障信息安全提供科学依据。

信息安全风险评估作为信息安全保障工作的基础性工作和重要环节，要贯穿于信息系统的规划、设计、实施、运行维护以及废弃各个阶段，是信息安全等级保护制度建设的重要科学方法之一。

（2）网络安全应急演练

应急演练是指各行业主管部门、各级政府及其部门、企事业单位、社会团体等（以下统称演练组织单位）组织相关单位及人员，依据有关网络安全应急预案，开展应对网络安全事件的活动。

通过开展应急演练，查找应急预案中存在的问题，进而完善应急预案，提高应急预案的实用性和可操作性；检查应对网络安全事件所需应急队伍、物资、装备、技术等方面的准备情况，发现不足并及时予以调整补充，做好应急准备工作；增强演练组织单位、参与单位和人员等对应急预案的熟悉程度，加强配合，提高其应急处置能力；进一步明确相关单位和人员的职责任务，理顺工作关系，完善各关联方之间分离、阻隔、配套应急联动机制，防范网络安全风险扩展。

2.6　本章小结

本章从云安全的基本目标出发，介绍了开展云安全工作的六大指导方针；基于网络安全模型和思想，结合 NIST 网络安全架构，介绍了云安全模型和云安全架构。本章同时详细介绍了云计算面临的安全风险、主要安全威胁和存在的安全漏洞及典型错误配置等内容，最后总结了当前云计算的安全需求点。

习题

1. 云安全的基本目标是什么？
2. 云安全的指导方针包括哪几方面？每一方面的具体内涵是什么？
3. NIST 的云安全参考架构模型中将所涉及的角色划分为哪几类？
4. 常见的云安全风险都有哪些？

5. CSA 发布的云安全威胁主要有哪些方面？

6. 云计算相关的漏洞都有哪些表现形式？

7. 云安全常见的配置错误操作都有哪些？

8. 云计算安全的技术要求和管理要求分别有哪些？云计算的安全需求主要体现在哪些方面？

参考文献

［1］朱胜涛，温哲，位华，等．注册信息安全专业人员培训教材［M］．北京：北京师范大学出版社，2019.

［2］布赖恩·奥哈拉，本·马里索乌，等．CCSP 官方学习指南［M］．栾浩，译．北京：清华大学出版社，2018.

［3］张振峰．云上合规：深信服云安全服务平台等级保护 2.0 合规能力技术指南［M］．北京：电子工业出版社，2020.

［4］陈驰，于晶，马红霞．云计算安全［M］．北京：电子工业出版社，2020.

［5］安全牛．云计算的 20 大常见安全漏洞与配置错误［EB/OL］．（2020-09-07）［2021-03-05］．https：//www. aqniu. com/learn/69973. html.

［6］Microsoft. 什么是 Azure Sentinel［EB/OL］．（2020-09-16）［2021-03-05］．https：//docs. microsoft. com/zh-CN/azure/sentinel/overview.

［7］Microsoft. 保护 Azure 和混合资源［EB/OL］．［2021-03-05］．https：//azure. microsoft. com/zh-cn/services/security-center/#overview.

［8］Azure Sentinel. 云原生企业安全信息和事件管理平台（SIEM）初探系列一［EB/OL］.（2019-12-26）［2021-03-05］．https：//blog. csdn. net/sinolover/article/details/103715894.

［9］Gloom. 几个常见的云配置错误［EB/OL］.（2019-10-17）［2021-03-05］．https：//blog. csdn. net/xiaofang-cunzi/article/details/102605082.

［10］廖飞，陈捷，肖云峰，等．云计算安全架构及防护机制研究［J］．通信技术，2019，（010）：2472-2482.

［11］卓豪（中国）技术有限公司. ManageEngine 桌面管理［EB/OL］．［2021-03-10］．https：//www. manag-eengine. cn/products/desktop-central/help/introduction/what-is-desktop-central. html.

第 3 章 云平台和基础设施安全

学习目标：

- 了解云平台和基础设施安全风险。
- 熟悉云计算安全体系架构。
- 熟悉云计算中的 IAM 机制和过程。
- 熟悉云计算中典型的攻击方法及防护措施，如入侵检测、恶意程序检测等。
- 熟悉云计算中镜像管理的基本流程。

云平台和基础设施是云计算的基础，提供了虚拟化平台，进行底层物理计算资源、存储资源和网络资源的管理，同时提供了对云平台的管理功能。云平台和基础设施安全主要包括对用户身份的认证与授权、对各种云安全威胁的防护以及云上应用和数据的安全防护。

3.1 云平台和基础设施安全保护概述

在云计算中，基础设施有两个层面，分别是基本基础设施和虚拟基础设施，管理平面把两者连接起来。

- 基本基础设施：它是汇集在一起用来构建云的基础资源。这层是用于构建云资源池的原始的、物理的和逻辑的计算资源、网络资源和存储资源。同时它还包括用于创建网络资源池的网络硬件和软件。
- 虚拟基础设施：由云用户管理的虚拟/抽象的基础设施。这层是从资源池中使用的计算资源、网络资源和存储资产。例如，由云用户定义和管理的虚拟网络。

虚拟化的目的就是要提高资源的使用效率、提供更灵活的使用方式和统一的管理配置方式。虚拟化技术根据不同的标准有多种分类方法。

按照实现功能，可将虚拟化技术划分为 CPU 虚拟化、网络虚拟化、存储虚拟化、服务器虚拟化和应用虚拟化等；按照虚拟化技术资源调用模式，虚拟化技术可划分为全虚拟化、半虚拟化和硬件辅助虚拟化等几类。

根据虚拟化监视器（Virtual Machine Monitor，VMM）所处层面的不同，可将虚拟化分为 I 型和 II 型两种，如图 3-1 所示。I 型虚拟化结构也称为裸金属虚拟化，VMM 直接运行在硬件设备上；II 型是一种主机托管型或基于操作系统的虚拟化，VMM 运行在操作系统上，然后在 VMM 上安装和运行虚拟机。I 型虚拟化软件平台有 VMware ESX、VMware ESXi 以及 Xen 等；II 型虚拟化软件平台有 VMware Workstations、VirtualBox 等。

云平台和基础设施安全包括保护基础设施、保护虚拟化网络、保护计算工作负载、保护虚拟化存储、保护管理平面等方面。

● 图 3-1 I 型（左）和 II 型（右）虚拟化结构

3.1.1 保护基础设施

云基础设施的保护主要从安全架构设计、加固基础设施服务、加固主机、保护网络安全和加固管理平面等展开。

架构安全需要考虑的因素包括虚拟机的隔离和安全、数据的集中化带来的安全隐患、虚拟机混合所带来的虚拟机间管理关系和策略、需要处理的法律法规和审计等问题。CSA 发布的《云计算安全技术要求 第 2 部分：IaaS 安全技术要求》中对云计算平台应符合的基础要求做了如下规定。

1）应支持绘制与当前运行情况相符的网络拓扑结构图，支持对网络拓扑进行实时更新和集中监控的能力。

2）应支持划分为不同的网络区域，并且不同区域之间实现逻辑隔离的能力。

3）应支持云计算平台管理网络与业务网络逻辑隔离的能力。

4）应支持云计算平台业务网络和管理网络与租户私有网络逻辑隔离的能力。

5）应支持云计算平台业务网络和管理网络与租户业务承载网络逻辑隔离的能力。

6）应支持租户业务承载网络与租户私有网络逻辑隔离的能力。

7）应支持网络设备（包括虚拟化网络设备）和安全设备业务处理能力弹性扩展的能力。

8）应支持高可用性部署，在一个区域出现故障（包括自然灾害和系统故障）时，自动将业务转离受影响区域的能力。

云计算平台应符合的增强要求如下。

1）应支持指定带宽分配优先级别的能力。

2）应支持虚拟化网络边界的访问控制。

3）应支持区域边界的双向访问控制，控制从内往外和从外往内流量的能力。

3.1.2 保护虚拟化网络

传统的网络隔离技术是物理隔离，通常通过专用硬件来确保两个网络在物理连接上是断开的，或实现受控制信息交换。

云服务提供商出于操作和安全的原因，将云的网络进行物理隔离。不同的网络被隔离，而相互之间没有功能或业务重叠。通常至少有三个不同的网络因为不具备流量重叠功能而被隔离到专用硬件上，它们分别是将所有组件绑定在一起的管理网络，用于将卷连接到计算节点的存储网络，用于实例之间网络通信以及将互联网或内部网络流量路由到实例的服务网络。

虚拟网络的安全保护可以从以下几个方面着手：使用 SDN 为多个虚拟网络和多个云账户/分段使用 SDN 功能，以增强网络隔离；独立的账户和虚拟网络与传统的数据中心相比，极大地限制了

41

危害范围；基于每个工作负载而不是基于每个网络来应用云防火墙，并配置默认拒绝功能；尽可能使用云防火墙策略（比如安全组）限制同一虚拟子网中工作负载之间的通信。

1. IaaS 网络虚拟化安全要求

CSA 发布的《云计算安全技术要求 第 2 部分：IaaS 安全技术要求》中规定云计算平台虚拟化网络安全应符合的基础要求如下。

1）应支持不同租户的虚拟化网络之间安全隔离的能力。

2）应支持租户的虚拟化网络与云计算平台的业务和管理网络之间安全隔离的能力，包括如下要求：云计算平台管理员无法通过云计算平台的业务和管理网络访问租户私有网络；租户无法通过私有网络访问云计算平台的业务和管理网络；租户无法通过私有网络访问宿主机。

3）应支持虚拟私有云 VPC 的能力，包括如下要求：租户完全控制 VPC 虚拟网络，包括能够选择自有 IP 地址范围、创建子网，以及配置路由表和网关；租户可以在自己定义的 VPC 虚拟网络中启动云服务的资源，如虚拟机实例；对 VPC 的操作，如创建或删除 VPC，变更路由、安全组和 ACL 策略等，需要验证租户凭证。

4）应支持 VPC 之间连接的能力，包括同一个租户不同 PC 之间和不同租户 VPC 之间的连接能力。

5）应支持安全组，提供虚拟化网络安全隔离和控制的能力，包括如下要求：可以过滤虚拟机实例出入口的流量，控制的规则可以由租户自定义，支持根据 IP 协议、服务端口及 IP 地址进行限制的能力。

6）应支持网络访问控制列表 ACL，提供虚拟化网络安全隔离和控制的能力，要求基于 IP 协议、服务端口、源 IP 地址、目的 IP 地址允许或拒绝流量。

7）应支持虚拟私有网关，提供 VPC 与其他网络建立 VPN 私有连接的能力。

8）应支持互联网网关，提供 NAT 功能，支持 VPC 与互联网连接的能力。

9）应支持租户虚拟化网络关闭混杂模式的能力。

10）应支持防止虚拟机使用虚假的 IP 或 MAC 地址对外发起攻击的能力。

11）应支持防止虚拟机 VLAN 或 VxLAN 跳跃攻击的能力。

12）应支持不同租户的虚拟机之间以及虚拟机与宿主机之间网络流量监控的能力。

13）应支持租户对其所拥有的不同虚拟机之间网络流量进行监控的能力。

2. 虚拟局域网 VLAN 的局限性

VLAN 是通过二层交换建立起来的隔离划分广播域的局域网，它是专为单租户环境中的网络分段设计的，而不是为隔离租户设计的。

VLAN 因为对多租户缺乏重要的隔离能力，并不适用于大规模虚拟化或安全性。同时它仅仅解决了二层网络广播域分割的问题，面对 ARP 欺骗、DHCP 欺骗、STP 协议攻击、VLAN 跨越攻击、组播暴力攻击等是无效的。VLAN 如果用在云环境中，在规模上具有性能和地址空间的限制（例如，VLAN 存在数目上限为 4094 的局限性）。

3. VxLAN 技术

（1）VxLAN 技术概述

VxLAN 技术是一种大二层的虚拟技术，主要的技术原理是引入了一个 UDP 外层隧道作为数据的链路层，而原有的数据报文内容作为隧道净荷，可实现跨越三层网络的二层网络。它将已有的三层物理网络作为 Underlay 网络，在其上构建出虚拟的二层网络（即 Overlay 网络），Overlay 网络通过封装技术，利用 Underlay 网络提供的三层转发路径，实现租户二层报文跨越三层网络在不同站点间传递。

在一台服务器上可以创建多台虚拟机，不同的虚拟机可以属于不同的 VxLAN。属于相同 VxLAN 的虚拟机处于同一个逻辑二层网络，彼此之间互通。属于不同 VxLAN 的虚拟机之间二层隔离，对云租户来说，Underlay 网络是透明的，同一云租户的不同站点就像工作在一个局域网中。

（2）VxLAN 的网关

VxLAN 的网关有两种，即二层网关和三层网关。二层网关用于解决相同 VNI 中虚拟机的互访，三层网关解决的是不同 VNI 以及 VxLAN 和非 VxLAN 之间的互访。

如果某企业在不同数据中心（地理上分离）都有虚拟机，且位于同一网段，现需要实现不同数据中心相同网段的虚拟机互通，则可以将交换机设备作为 VxLAN 二层网关，交换机设备间建立 VxLAN 隧道，通过 VxLAN 二层网关实现同一网段的终端用户互通。

如果某企业在不同的数据中心有虚拟机，且位于不同网段，需要实现该企业不同网段虚拟机之间互通的话，则可以将设备作为 VxLAN 三层网关，其他交换机作为 VxLAN 的二层网关，交换机设备之间建立 VxLAN 隧道，通过 VxLAN 三层网关实现不同网段的终端用户互通。

4. SDN 技术

（1）SDN 技术简介

SDN 是一种网络虚拟化技术。网络虚拟化技术是通过对终端、网络设备、传输链路、网络协议以及服务器等的虚拟化，来实现各虚拟设备之间的连接、通信、文件传输、服务提供与访问以及网络管理等功能的技术。

为了增强传统网络灵活配置和可编程的能力，软件定义网络（Software Defined Network，SDN）技术应运而生。相较于传统网络，SDN 通过把网络的控制层和转发层分离，用集中控制器替代原来的路由协议自协商方式，极大提升了网络的管控效率和灵活性。

SDN 的核心思想包括解耦、抽象和可编程。解耦是对数据平面与控制平面的解耦；抽象是对网络功能的抽象；可编程是对网络的可编程。通过解耦，控制平面负责上层的控制决策，数据平面负责数据流的交换转发，双方遵循一定的开放接口进行通信。解耦是实现网络逻辑集中控制的前提。

SDN 技术主要是将传统网络设备的数据平面和控制平面分离，使用户能够通过标准化的接口对各种网络转发设备进行统一管理和配置。这种架构具有可编程、可定义的特性，为网络资源的设计、管理和使用提供了更多的可能性。

SDN 采用控制与转发分离、软件可编程的网络体系架构，其架构由应用平面、控制平面和基础设施层组成，不同层之间通过接口进行通信，如图 3-2 所示。

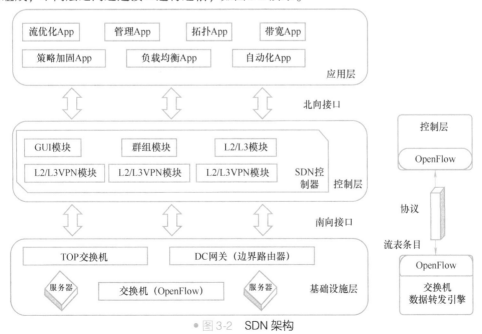

● 图 3-2　SDN 架构

（2）SDN 带来的安全收益

SDN 使得隔离更容易，因为不受物理硬件的限制，能构建出尽可能多的隔离网络。另外，SDN 是隔离不同安全上下文的应用程序和服务的好方法。SDN 防火墙可以基于比硬件防火墙更灵活的标准应用于资产，因为它们不受物理拓扑的限制。同时它结合云平台的业务流程层，与使用传统硬件或基于主机的方法相比，这可以实现非常动态和精细化的组合和策略，同时管理开销更少。基于 SDN 技术的云上防火墙（安全组）可以具备以下功能。

1）每台弹性云服务器（Elastic Cloud Server，ECS）实例至少属于一个安全组，可以同时加入多个安全组。

2）一个安全组可以管理多台 ECS 实例。

3）同一安全组内的 ECS 实例之间默认内网互通。

4）在没有设置允许访问的安全组规则的情况下，不同安全组内的 ECS 实例默认内网不通，但是可以通过安全组规则授权两个安全组之间互访。

5）安全组支持有状态应用。一个有状态的会话连接中，会话的时间可以设定。安全组会默认放行同一会话中的通信。例如，在会话期内，如果连接的数据包在入方向是允许的，则在出方向也是允许的。

（3）SDN 面临的安全威胁

SDN 技术的集中化控制、网络可编程等特性带来了很大的便利性，但这样集中可控的网络结构本身也会存在安全隐患。随着网络规模的扩大，单一的控制器成为网络性能的瓶颈；保持分布式网络节点状态的一致性，也是 SDN 网络的一个重要挑战；响应延迟可能导致数据平面的可用性出现问题。

负责管理 OpenFlow 协议的开放网络联盟（ONF）曾指出两个潜在的 SDN 安全问题：一个是集中化控制存在"潜在的单点攻击和故障源"风险，另外攻击者也可部署假冒的控制器，伪装成主控制器，劫持对 OpenFlow 交换机的控制；另一个是控制器与数据转发设备之间的南向接口很容易"受到攻击而降低网络的可用性、性能和完整性"。

一方面，SDN 集中化控制的网络结构使 SDN 控制器成为攻击者的主要目标，因为它既是一个集中的网络干扰点，也是一个潜在的单点故障源。攻击者可能会轻松攻破它，修改代码库，改变流量控制，从而在一些位置过滤或藏匿恶意数据，并任意操控数据。另一方面，控制器与转发设备之间的南向接口也很容易成为攻击者的目标。由于缺乏健全的身份认证机制，攻击者可以控制甚至伪造虚拟转发设备，从而通过伪造、篡改数据包等方式导致转发平面的性能下降、可用性和完整性遭到破坏；攻击者也可以利用南向协议的缺陷，发送数据包修改数据转发层面的转发流表，导致数据流被窃听、修改，甚至造成虚拟网络故障；攻击者甚至还能够通过伪造大量的请求流表数据包等方法威胁控制平面的安全。

采用了 SDN 技术的虚拟化网络可能还存在以下几个方面的安全问题。

1）物理安全设备存在监控死角。在虚拟化环境中，虚拟机与外界进行数据交换的数据流有两类，即跨物理主机的虚拟机数据流和同一物理主机内部虚拟机之间的数据流。前者一般通过隧道或 VLAN 等方式进行传输，可以使用 IDS/IPS 等安全设备在传输通道上进行过滤检测，但后者只在物理主机中通过虚拟交换机进行交换，传统的安全设备无法对其进行监控。攻击者可以在内部虚拟网络中发动任何攻击，而不会被安全设备所察觉。

2）虚拟网络的数据流难以理解。虽然安全设备无法获得物理主机内部虚拟机之间的数据包，但可以获取跨物理主机之间交互的数据流。尽管如此，传统的安全设备还是不能理解这些数据流，也就无法应用正确的安全策略。此外，很多虚拟机之间的数据包是经过虚拟网络隧道传输的，所以传统的网络安全设施可能无法解析这些封装后的数据流。

3）安全策略难以迁移。虚拟化解决方案的优点是弹性和快速。例如，当虚拟机从一台物理主机无缝快速地迁移到另一台物理主机时，或当增加或删除虚拟机时，网络虚拟化管理工具可快速调整网络拓扑，在旧物理网络中删除虚拟机的网络资源（地址、路由策略等），并在新的物理网络中分配虚拟机的网络资源。相应地，安全解决方案也应将原网络设备和安全设备的安全控制（访问控制 ACL 和服务质量 QoS 技术）跟随迁移，然而现有安全产品缺乏对安全策略迁移的支持，导致安全边界不能适应虚拟网络的变化。

5. NFV 安全

网络功能虚拟化（Network Function Virtualization，NFV）通过使用通用性硬件以及虚拟化技术，来承载很多网络设备的软件功能模拟。它可以通过软硬件解耦及功能抽象，使网络设备功能不再依赖于专用硬件，资源可以充分灵活共享，实现新业务的快速开发和部署，并基于实际业务需求进行自动部署、弹性伸缩、故障隔离和自愈等。

NFV 技术是由运营商联盟提出，目标是取代通信网络中私有、专用和封闭的网元，实现统一通用硬件平台 + 业务逻辑软件的开放架构。为了加速部署新的网络服务，运营商倾向于使用标准的 IT 虚拟化技术实现网络功能模块，如 DNS、NAT、Firewall 等。欧洲通信标准协会（European Telecommunications Standards Institute，ETSI）的一个工作组（ETSI ISG NFV）负责研究电信网络的虚拟化架构，如 NFV MANO。ETSI 使用三个关键标准提出它们的建议。

- 解耦合：硬件和软件的分离。
- 灵活性：自动化和可扩展的网络功能部署。
- 动态操作：通过对网络状态的粒度控制和监控来控制网络功能的运行参数。

基于上述三个关键标准，建立了 ETSI NFV 标准架构，如图 3-3 所示。其中包括 NFVI（NFV Infrastructure）、VNF 和 MANO（Management and Orchestration）三个主要模块，三者是标准架构中顶级的概念实体。

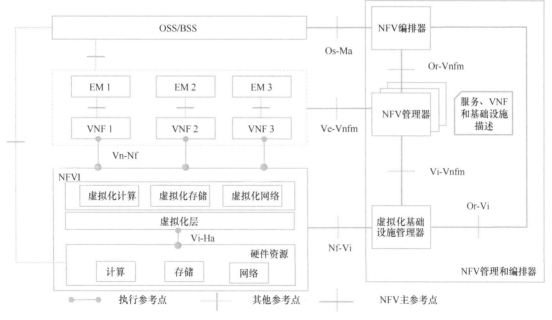

● 图 3-3　ETSI NFV 标准架构

NFVI 是一种通用的虚拟化层，包含了虚拟化层（Hypervisor 或者容器管理系统，如 Docker、vSwitch）以及物理资源（如 COTS 服务器、交换机、存储设备）等。NFVI 的所有虚拟资源应该是在一个统一共享的资源池中，不应该受制或者特殊对待某些运行其上的 VNF。NFVI 可以跨越若干个物理位置进行部署，此时，为这些物理站点提供数据连接的网络也成为 NFVI 的一部分。为了兼容现有的网络架构，NFVI 的网络接入点要能够跟其他物理网络互联互通。

虚拟网络功能（Virtual Network Function，VNF）可提供某种网络服务，它可利用 NFVI 提供的基础设施部署在虚拟机、容器或者裸金属物理机中。相对于 VNF，传统的基于硬件的网元可以称为物理网络功能（Physical Network Function，PNF）。VNF 和 PNF 能够单独或者混合组网，形成所谓的服务链（Service Chain），提供特定场景下所需的端到端（E2E）网络服务。

管理和编排（Management and Orchestration，MANO）提供了 NFV 的整体管理和编排，向上接入 OSS/BSS（Operational and Billing Support System），由 NFVO（NFV Orchestrator）、VNFM（VNF Manager）以及虚拟化基础设施管理器（Virtualized Infrastructure Manager，VIM）三者共同组成。"Orchestrate" 代表编排，只有各个 VNF、PNF 及其他各类资源在合理编排下，在正确的时间做正确的事情，整个系统才能发挥应有的作用。

- VIM：VIM 主要是 NFV 基础资源管理，即管理计算、存储和网络资源，其实就是管理服务器。NFVI 被 VIM 管理，VIM 控制着 VNF 的虚拟资源分配，如虚拟计算、虚拟存储和虚拟网络。OpenStack 和 VMWare 都可以作为 VIM，前者是开源的，后者是商业的。
- VNFM：管理 VNF 的生命周期（如上线、下线），进行状态监控、镜像加载，在服务器上创建、删除 VNF 等。VNFM 基于 VNFD（VNF 描述）来管理 VNF。
- NFVO：主要是业务编排，用以管理网络服务（Network Service，NS）的生命周期，协调其生命周期的管理，并协调 VNF 生命周期的管理（需要得到 VNF 管理器 VNFM 的支持）、协调 NFVI 各类资源的管理（需要得到虚拟化基础设施管理器 VIM 的支持），以此确保所需各类资源与连接的优化配置，如加载新的网络服务、VNF 转发表、VNF 包。NFVO 基于 NSD（网络服务描述）运行，NSD 中包含服务链、NFV 等，相当于在已经创建好的 VNF 上下发业务配置。

NFV 架构中每一层都可能会引入新的安全风险。对于硬件资源层，由于缺少了传统物理边界，存在安全能力短板效应（即平台整体安全能力受限于单个虚拟机的安全能力）、数据跨域泄露、密钥和网络配置等关键信息可能缺少足够的防护措施等问题。

6. VPC 技术

虚拟私有云（Virtual Private Cloud，VPC）是一系列计算服务器、存储、跨越多个数据中心的网络等资源的可靠组合，帮助租户在云中构建出一个隔离、可自主定义的区域。在该区域中可以部署虚拟机，并根据业务需求定义虚拟网络环境，包括定义网络拓扑、创建子网、定义 ACL 等。

VPC 的优势主要体现在以下几个方面。

- 安全性：每个 VPC 都有一个独立的隧道号，一个隧道号对应着一个虚拟化网络。专有网络之间通过隧道进行隔离。
- 隔离：不同 VPC 之间内部网络完全隔离。使用隧道封装技术对报文进行封装，实现了不同专有网络间的二层网络隔离；专有网络内的 ECS 使用安全组防火墙进行三层网络访问控制。
- 可控：可以通过安全组规则、访问控制白名单等方式灵活控制访问 VPC 内云资源的出入流量。
- 易用性：通过专有网络控制台快速创建、管理专有网络。专有网络创建后，系统会自动为其创建一个路由器和路由表。
- 可扩展性：可在一个 VPC 内创建不同的子网，部署不同的业务。还可以将一个 VPC 和本地数据中心或其他 VPC 相连，扩展网络架构。

7. 云上网络流量的监视

SDN 可编程接口包括北向接口、南向接口和东、西向接口。北向接口是应用层与 SDN 控制器进行通信的 API 接口，主要完成控制层与应用层的通信，可支持 REST（Representational State Transfer）API、RESTCONF 等协议；南向接口是控制层与基础设施层之间的接口，可支持 OpenFlow、OF-Config、NETCONF、OVSDB、XMPP、PCEP、I2RS、OPFlex 等协议。

在云平台上，北向流量是指云计算平台与上层虚拟机、API 之间的流量；南向流量是指云计算平台与网络等底层设施之间的流量；而东、西向流量是指云平台上平行虚拟机之间的流量。云计算中流量分析的目的主要包括安全监控、行为分析和流量规划。云平台中由于不能接入物理设备（云服务提供商外），所以需要用虚拟设备替换它们。接入虚拟设备用于网络监控时需要关注以下几点。

1）虚拟设备拦截所有的流量，因此成为瓶颈。

2）虚拟设备可能占用大量资源，并增加成本以满足网络性能要求。

3）虚拟设备应该支持自动缩放以匹配它们所保护资源的弹性。

4）虚拟设备能感知到云中的操作，以及实例在不同地理区域和可用区域之间的移动。

3.1.3 保护计算工作负载

1. 计算工作负载的定义

负载作为一个处理单元，可以位于虚拟机、容器或者其他的抽象中。负载始终运行在处理器上并占用内存。负载包括多种多样的处理任务，如运行在虚拟机标准操作系统上的传统应用或基于 GPU、FPGA 的特殊任务。云上工作负载的种类有虚拟机、容器、基于云平台的负载和无服务器计算等。

容器与虚拟机的关键区别在于，虚拟机监控程序抽象化了整个设备，而容器仅抽象化了操作系统及必要的应用和服务。基于平台的负载是一个更加复杂的类别，其运行在除虚拟机和容器之外的共享平台上，如运行在共享数据库平台上的逻辑。无服务器计算是对特定 PaaS 功能的广泛使用，以至于所有或部分应用程序堆栈都在云服务提供商的环境中运行，而不需要任何客户管理的操作系统，甚至容器。使用者只管理服务的设置，而不用管理任何底层的硬件和软件栈。无服务器计算包括如下服务：对象存储、云负载平衡器、云数据库、机器学习、消息队列、通知服务、代码执行环境和 API 网关等。

云平台对工作负载安全性的影响主要表现在以下几个方面。

- 多租户隔离：所有的处理器和内存几乎都始终要运行多个负载，负载经常来自不同的租户。多个租户很可能共享同一个物理计算节点，不同的物理栈上会有一系列的隔离能力。维持负载的隔离应该是云服务提供商的首要责任之一。

- 负载成本降低：将硬件从通用资源池中取出，将会提高公有云用户的使用成本，和使用私有云一样，内部资源的使用率将会降低。

- 负载实际物理资源的控制：尽管有的平台支持指定负载运行在特定的硬件池或通用位置来提供可用性、合规性和其他需求，但是不管使用哪种部署模型，云租户都很少能够控制负载的物理运行位置。

2. 工作负载安全威胁

（1）虚拟机安全

1）虚拟机工作负载安全风险。对于虚拟机，主要存在虚拟机逃逸、虚拟机流量安全监控困难、安全问题随虚拟机镜像文件快速扩散、敏感数据在虚拟机中保护难度加大等问题。

云上虚拟机动态地被创建、被迁移，虚拟机的安全措施必须相应地自动创建、自动迁移。虚拟机没有安全措施或安全措施没有自动创建时，容易导致接入和管理虚拟机的密钥被盗、未及时打补丁的应用（FTP、SSH）等遭受攻击，另外，弱配置以及主机防火墙保护不足的虚拟机易遭受弱密码暴力破解或者无密码的账号被盗等攻击。

虚拟机逃逸指的是突破虚拟机的限制，实现与宿主机操作系统交互的一个过程，它利用虚拟机软件或虚拟机中运行软件的漏洞进行攻击，以达到攻击或控制虚拟机宿主机操作系统的目的。

2）虚拟机安全监控。目前存在两种主流的虚拟机安全监控架构：一种是基于虚拟机自省技术的监控架构，即将监控模块放在 Hypervisor 中，通过虚拟机自省技术对其他虚拟机进行检测；另一种是基于虚拟化的安全主动监控架构，它通过在被监控的虚拟机中插入一些钩子函数（hook）来截获系统状态的改变，并跳转到单独的安全虚拟机中进行监控管理。

从虚拟机安全监控实现的角度来看，基于虚拟化安全监控的相关研究可以分为两大类，即内部监控和外部监控。内部监控是指在虚拟机中加载内核模块来拦截目标虚拟机的内部事件，而内核模块的安全通过 Hypervisor 来保护；外部监控是指通过 Hypervisor 对目标虚拟机中的事件进行拦截，从而在虚拟机外部进行检测。基于虚拟化的安全监控需要与现有的安全工具进行有效融合，应当为安全工具提供标准的调用接口，直接使用安全工具或者经过修改来适应虚拟计算环境。

虚拟主机安全需要关注以下几个方面。

- 自动化安全配置：使用商业工具或 Chef、Puppet 等工具来管理配置和补丁。
- 基于主机防火墙/IPS 防护：基于虚拟化的防火墙或 IPS 设备来对云上主机进行安全防护，因为它们可以实现策略不受影响情况下的灵活迁移。
- 通信加密：利用 VPN、SSH 等加密云上虚拟机之间的通信管道或加密内部虚拟机与外部的连接。

3）IaaS 计算资源安全要求。CSA 发布的《云计算安全技术要求 第 2 部分：IaaS 安全技术要求》中对云计算平台虚拟化计算安全应符合的基础做了如下要求。

- 应支持在虚拟机之间以及虚拟机与宿主机之间 CPU 安全隔离的能力，包括在某个虚拟机发生异常（包括崩溃）后不影响其他虚拟机和宿主机，虚拟机不能访问其他虚拟机或宿主机的 CPU 寄存器信息。
- 应支持在虚拟机之间以及虚拟机与宿主机之间内存安全隔离的能力，包括分配给虚拟机的内存空间，其他虚拟机和宿主机不能访问；防止虚拟机占用过多内存资源，超过设定的规格，影响其他虚拟机正常运行；某个虚拟机发生异常（包括崩溃）后不影响其他虚拟机和宿主机；能够禁止虚拟机和其他虚拟机、宿主机之间的拷贝（复制）或粘贴动作，如通过剪贴板的共享和复制。
- 应支持在虚拟机之间以及虚拟机与宿主机之间存储空间安全隔离的能力，包括分配给虚拟机的存储空间，其他虚拟机和宿主机不能访问；防止虚拟机占用过多存储资源，超过设定规格，影响其他虚拟机正常运行；某个虚拟机发生异常（包括崩溃）后不影响其他虚拟机和宿主机。
- 应支持一个虚拟机逻辑卷同时刻只能被一个虚拟机挂载的能力。
- 应支持根据租户所选择的服务级别进行虚拟机存储位置分配的能力。
- 应支持实时的虚拟机监控，对虚拟机的运行状态、资源占用、迁移等信息进行监控和告警的能力。

4）虚拟机工作负载的安全实践。以 Azure 中 IaaS 工作负载的安全性最佳实践为例，可以从下述几个方面开展对虚拟机工作负载的安全功能保障。

- 通过身份验证和访问控制保护虚拟机：控制虚拟机访问，减少虚拟机安装和部署的可变性，保护特权访问。

- 使用多个虚拟机提高可用性：Azure 确保可用性集中部署的虚拟机能够跨多个物理服务器、计算机架、存储单元和网络交换机运行；如果出现硬件或 Azure 软件故障，只有一部分虚拟机会受到影响，整体应用程序仍可供客户使用。
- 防范恶意软件：应安装反恶意软件进行保护，以帮助识别和删除病毒、间谍软件和其他恶意软件。反恶意软件包括实时保护、计划扫描、恶意软件修正、签名更新、引擎更新、示例报告和排除事件收集等功能。对于与生产环境分开托管的环境，可以使用反恶意软件扩展来帮助保护虚拟机和云服务。
- 管理虚拟机更新：使虚拟机保持最新，定期重新部署虚拟机以强制刷新操作系统版本。在部署时，确保构建的映像包含最新一轮的 Windows 更新。
- 管理虚拟机安全状况：网络威胁不断加剧，保护虚拟机需要监视功能，以便快速检测威胁、防止有人未经授权访问资源、触发警报，并减少误报。

同时还可以使用 Azure 安全中心的以下功能来保护虚拟机：应采用包含建议的配置规则的操作系统安全设置、识别并下载可能缺少的系统安全更新和关键更新、部署终端反恶意软件防护建议措施、验证磁盘加密、评估并修正漏洞和检测威胁等。

- 监视虚拟机性能：如果虚拟机进程消耗的资源多过实际所需的量，可能会造成资源滥用的问题。虚拟机性能问题可能会导致服务中断，从而违反可用性安全原则。可以使用 Azure Monitor 来洞察资源的运行状况。
- 加密虚拟硬盘文件：建议加密虚拟硬盘（VHD），以帮助保护存储中的静态启动卷和数据卷以及加密密钥和机密。具体操作时可在虚拟机上启用加密，在加密磁盘之前创建快照和/或备份。如果加密期间发生意外故障，备份可提供恢复选项。为确保加密机密不会跨过区域边界，Azure 磁盘加密需要将密钥保管库和虚拟机共置于同一区域。
- 限制直接 Internet 连接：监视和限制虚拟机直接连接 Internet。攻击者可能会不断利用猜出的常用密码和已知的未修补漏洞，扫描公有云 IP 范围中的开放管理端口，然后尝试建立连接，发起攻击。因此要防止暴露网络路由和安全相关信息，标识并修正允许从"任何"源 IP 地址访问的公开虚拟机，限制敏感的管理端口（如 RDP、SSH）。

（2）容器安全

容器是一种轻量级的虚拟化技术，它提供了一种可移植、可重用且自动化的方式来打包和运行应用。容器化的好处在于运维的时候不需要再关心每个服务所使用的技术栈，每个服务都被无差别地封装在容器里，可以被无差别地管理和维护，现在比较流行的工具是 Docker 和 Kubernetes。

安全性必须与容器本身一样可移植，因此，组织机构所采用的技术和工具应该是开放的，并在所有平台和环境中能够发挥作用。许多组织机构都是开发人员在一种环境中进行构建，在另一种环境中进行测试，然后在第三种环境中进行部署。因此，确保评估和执行的一致性是关键所在。持续集成和部署的做法打破了开发和部署周期各个阶段之间的传统壁垒，因此，组织机构需要确保在镜像仓库中创建、存储镜像，以及在容器运行镜像的过程中采用一致的自动化安全方法。

容器面临的风险主要有镜像风险、镜像仓库风险、编排工具风险、容器运行风险、所依赖的主机操作系统安全风险等。

- 镜像风险：主要有镜像漏洞、镜像配置缺陷、嵌入式恶意软件、嵌入式明文密钥、使用不可信镜像等安全风险。
- 镜像仓库风险：主要有与镜像仓库的连接不安全、镜像仓库中的镜像过时、认证和授权限制不足。
- 编排工具风险：管理访问控制不受限制、未经授权的访问、容器间网络流量隔离效果差、混合不同敏感度级别的工作负载、编排工具的可信性不足等。

- 容器运行风险：运行时软件中的漏洞、容器的网络访问不受限制、容器运行时配置不安全、应用漏洞、流氓容器等。
- 主机操作系统风险：攻击面大、共享内核、共享操作系统组件漏洞、篡改主机操作系统文件系统等。

组织机构应遵循以下建议，以确保其容器技术的实施和使用安全。

1）通过使用容器，可以调整组织机构的运营方式和技术流程，支持以全新方式来开发、运行和支持应用。

2）使用容器专用主机操作系统而不是通用操作系统以减少攻击面。

3）只将具有同样目的、敏感性和威胁态势的容器组合放在同一主机操作系统内核中，以提高纵深防御能力。

4）采用容器专用的漏洞管理工具和过程，防止镜像遭到入侵。

5）使用容器感知的运行时防御工具。

4. 云对标准工作负载安全控制的要求

云对标准工作负载安全控制的要求，主要有以下几点。

1）能运行在代理不可行的场景。

2）要使用轻量级的代理。传统的代理软件和方式可能对云造成大量性能损耗，而具有较低计算需求的轻量级代理允许负载更好地分布和资源更有效地被使用。

3）运行的代理具备弹性功能。云环境中运行的代理也需要支持动态的云负载和部署模式，如自动伸缩。

4）不能增加攻击面。

5）能够提供文件完整性检测。文件完整性检测是检测正在运行的不可变实例是否遭到未授权更改的一个有效手段。

6）要充分考虑 BC/DR（业务连续性/灾难恢复）的影响。由于隔离运行的云负载的抽象化，其通常比运行在物理基础设施上更有弹性，这对于灾难恢复是非常重要的。

5. 工作负载镜像的安全收益

不可变的工作负载又称为工作负载镜像，它能够给云的安全性带来显著提升。首先，一些组织完全通过自动化推新的镜像来更新操作系统，并使用替代部署技术将代码更新推入运行中的虚拟机。当系统出现漏洞时，不用对正在运行的系统打补丁，而是可以使用新的正式版来直接替换，这样有助于更快地推出应用程序相应的更新版本。其次，由于实例不能更改，禁用服务和应用白名单程序/进程将更容易实现。另外，大多数的安全性测试可以在镜像创建阶段进行管理，从而减少了对运行中负载进行脆弱性评估的需求。

当然，云的特性也给工作负载镜像提出了新的安全需求，例如，需要一个一致的镜像创建流程和自动化程序来支持部署更新，在部署镜像并将其应用于生产的虚拟机之前禁用登录和限制其服务；如果需要在指定的时间创建几十个甚至数百个镜像，则要解决服务目录管理工作增加的复杂性问题；还要把包括源代码测试和漏洞评估等在内的安全性测试集成到镜像创建和部署过程中。

3.1.4 保护虚拟化存储

1. 存储虚拟化概述

存储虚拟化技术是计算机虚拟化技术的重要组成部分，它的思想是将资源的逻辑映像与物理存储分开，为系统和管理员提供简化、无缝的资源虚拟视图。

存储网络工业协会（SNIA）对存储虚拟化的定义为：通过对存储（子）系统或存储服务的内

部功能进行抽象、隐藏或隔离，使存储或数据的管理与应用、服务器、网络资源的管理分离，从而实现应用和网络的独立管理。存储虚拟化技术具有动态适应能力。它将存储资源统一集中到一个大容量的资源池，无须中断应用即可改变存储系统和实现数据移动，对存储系统能够实现单点统一管理。对于用户来说，虚拟化的存储资源就像一个巨大的"存储池"，看不到具体的磁盘，也不关心自己的数据在具体的哪个存储设备中。

存储虚拟化可在三个层次上实现，分别是基于主机的虚拟化、基于存储设备的虚拟化和基于网络的虚拟化。

1）基于主机的存储虚拟化，它依赖运行于一个或多个主机上的代理或管理软件来实现存储虚拟化的控制和管理。这些代理软件运行在主机上，会占用主机的资源，而且这种方法的可扩展性和迁移性较差。

2）基于存储设备的存储虚拟化依赖于提供相关功能的存储模块，通常只能提供一种不完全的存储虚拟化解决方案，对于多厂商的存储设备兼容性及性能不太好。

3）基于网络的存储虚拟化方法是在网络设备上实现存储虚拟化功能，包括基于互联设备和基于路由器两种方式。

根据存储虚拟化实现的方式，存储虚拟化可划分为带内虚拟化和带外虚拟化。带内虚拟化，是指控制信令和数据通过同一路径进行传输。控制信令用来控制数据的流向和对数据的各种操作行为，带外虚拟化是指控制信令和实际数据的传输路径分离，具有各自的独立通路。

虚拟化实现的效果包括块虚拟化，磁盘虚拟化，磁带、磁带驱动器、磁带库虚拟化，文件系统虚拟化，文件/记录虚拟化。

存储虚拟化中存储设备的接入方式包括直连存储（DAS）、网络附加存储（NAS）和存储区域网络（SAN）3 种类型，如图 3-4 所示。

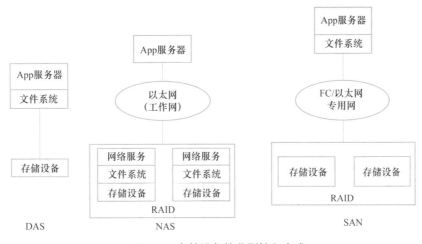

● 图 3-4　存储设备的典型接入方式

1）DAS 方式下，存储设备通过服务器扩展接入服务器，依赖服务器主机操作系统对存储设备进行 I/O 读写和存储维护管理、数据备份和恢复，需要占用服务器主机资源（CPU、系统 I/O 等）。DAS 存储处理的数据量越大，备份和恢复的时间越长，对服务器硬件的依赖和影响就越大。

2）NAS 服务器通常包括存储器部件（如磁盘阵列、CD/DVD 驱动器、磁带驱动器或可移动的存储介质）和内嵌的系统软件，可提供跨平台的文件共享功能。NAS 通常连接在 LAN 上，可配置 IP 等参数，提供网络存储服务。NAS 可集中管理和处理网络上的所有数据，减轻了服务器的负担。NAS 本身能够支持多种协议（如 NFS、CIFS、FTP、HTTP 等），而且能够支持各种操作系统。

3）SAN 采用光纤通道（FC）技术，通过 FC 交换机连接到存储阵列和服务器主机，建立专用于数据存储的区域网络。SAN 网络独立于数据网络，因此存取速度非常快，通常还采用高端的 RAID 阵列，更提高了 SAN 集群的性能。SAN 可扩展性强，但是代价比较高。常见的 SAN 实现方式包括 FC-SAN 和 IP-SAN。

根据存储方式的不同，存储虚拟化可划分为块存储、文件存储和对象存储。

1）块存储。能直接访问存储设备的扇区块，可划分逻辑卷，也可格式化为不同的文件系统（Ext3、Ext4、NTFS、NFS 等），然后才可被操作系统识别。常见的 DAS、FC-SAN、IP-SAN 基本都是块存储。块存储方式的优势是读写速度快，缺点是扩展和共享性比较差。

2）文件存储。文件存储是在文件系统的支持下以文件为访问对象的存储方式，文件按照树状组织，可支持一些文件访问接口。文件存储可以分成本地文件存储和网络文件存储。文件存储的优势是有利于扩展和共享，其缺点是读写速度比块存储方式慢。

3）对象存储。基于文件系统，将文件按水平方式组织，同时分离文件的元数据（表示文件属性的相关数据）与文件数据本身。通常先访问文件的元数据来得到文件的大小、存储位置等信息，然后再访问文件的具体数据。访问文件元数据的路径与文件本身数据的路径可隔离。对象存储方式读写速度较快，文件按水平方式组织，有利于实现共享。对象存储是面向海量非结构化数据的通用数据存储方式，提供稳定、安全、高效、低成本的云端存储服务。对象是 OSS（对象存储服务）存储数据的基本单元，也被称为 OSS 的文件。对象由元数据（元信息）、用户数据和文件名组成，由存储空间内部唯一的键来标识。对象元信息是一组键值对，表示对象的一些属性，如最后修改时间、大小等信息，也可以在元信息中存储一些自定义的信息。

云对象存储的优势主要体现在存储管理的自动化和智能化，存储效率高、可以自动重新分配数据，提高了存储空间的利用率，能够实现规模效应和弹性扩展，降低运营成本，避免资源浪费。

2．云平台虚拟化存储安全要求

CSA 发布的《云计算安全技术要求 第 2 部分：IaaS 安全技术要求》中规定云计算平台虚拟化存储安全应符合的基础要求如下。

1）应支持租户设置虚拟化存储数据的访问控制策略的能力。

2）应支持租户本地数据与虚拟化存储之间的安全上传和下载的能力。

3）应支持租户间的虚拟化存储空间安全隔离，其他租户或者云计算平台管理员非授权不能访问的能力。

4）应支持根据租户所选择的服务级别进行存储位置分配的能力。

云计算平台存储与备份管理应符合的基础要求如下。

1）应支持租户系统和数据的备份，并支持租户根据所备份信息进行系统和数据恢复的能力。

2）应支持对云平台的备份系统和备份数据进行周期性测试、识别故障和备份重建的能力。

3）应支持租户查询数据和备份数据存储位置的能力。

3.1.5 保护管理平面

云的管理平面是一种连接元结构，通过 API 接口和网络控制台来管理基础架构、平台及应用的工具和接口。它在北向提供 API 接口，在南向驱动和调用各种形态的计算网络和存储资源。编排调度可以在管理平面实现，也可以放在云平台统一调度。管理平面的责任分配体现在云服务提供方负责确保管理平面的安全，并把必要的安全工作开放给云消费者，而云消费者负责正确配置他们所使用的管理平面，保护和管理其授权证书。

管理平面的安全主要考虑以下几个因素：了解攻击面、提供补丁修补保障、开展漏洞评估、警惕侧信道攻击和避免混合网络连接所带来的安全风险。

1. 云管理平台安全风险

云管理平面最大的风险在于如果获得了管理平面访问权限就可以毫无限制地访问云的数据中心，因此必须采取适当的安全控制措施来限制哪些人可以访问管理平面及可以在上面执行哪些操作。所以在便捷地使用云管理平面进行虚拟机迁移、弹性资源供应、配置（计算、网络、存储）资源的同时，一定要先做好云管理平面的身份验证、访问控制和日志监控等安全保障措施。

云计算支持海量的用户认证与接入，对用户的身份认证和接入管理必须完全自动化，为提高认证接入管理的体验，需要简化用户的认证过程。同时，对于用户登录云平台的敏感信息，应当采用加密方式进行传输，防止发生敏感信息泄露或者登录凭据泄露造成的安全问题。也可采用强认证和多因素认证等方式。

云管理平面（如 Hypervisor）对所有虚拟网元都具有非常高的读写权限，一旦被攻陷，黑客即可获得所有虚拟网元的访问权，因此细颗粒度的授权更能让客户安全地管理自己的用户和管理员，提供方和消费者都应该始终只授予用户、应用程序和其他管理平面所需的最少特权。

2. 云计算资源管理平台要求

CSA 发布的《云计算安全技术要求 第2部分：IaaS 安全技术要求》中对云计算平台云计算资源管理应符合的基础要求做了如下规定。

1）应支持对代码进行安全测试并进行缺陷修复的能力。

2）应支持限制虚拟机对物理资源的直接访问，支持对物理资源层的调度和管理均受虚拟机监视器控制的能力。

3）应支持对计算资源管理平台的攻击行为进行监测和告警的能力，检测到攻击行为时，应能够记录攻击的源 IP、攻击的类型、攻击的目的、攻击的时间。

4）应支持最小安装的原则，仅安装必要的组件和应用程序的能力。

5）应支持禁用无须使用的硬件的能力。

6）应支持虚拟机和虚拟化平台间内部通信通道受限使用的能力。

7）应支持组件间通信采用安全传输的能力。

8）应支持管理命令采用安全传输的能力。

9）应支持内核补丁更新、加固及防止内核提权的能力。

10）应支持对恶意代码进行检测和处置的能力。

11）应支持监视计算资源管理平台远程管理连接，中断未授权管理连接的能力。

12）应支持对远程执行计算资源管理平台特权管理命令进行限制的能力。

13）应支持资源监控的能力，资源监控的内容包括 CPU 利用率、带宽使用情况、内存利用率、存储使用情况等。

14）应支持系统过载保护，保障业务公平性和系统资源利用率最大化的能力。

15）应支持禁止计算资源管理平台管理员未授权操作租户资源的能力。

16）应支持计算资源管理平台镜像文件完整性保护的能力。

17）应支持第三方安全产品或服务接入 API 接口的能力。

3. 云计算存储管理平台要求

在 CSA 发布的《云计算安全技术要求 第2部分：IaaS 安全技术要求》中对云存储资源管理平台应符合的基础要求做了如下规定。

1）应支持对代码进行安全测试并进行缺陷修复的能力。

2）应支持对攻击行为进行监测和告警的能力，检测到攻击行为时，能够记录攻击的源 IP、攻击的类型、攻击的目的、攻击的时间。

3）应支持组件间通信采用安全传输的能力。

4）应支持管理命令采用安全传输的能力。

5）应支持内核补丁更新、加固及防止内核提权的能力。

6）应支持对恶意代码进行检测和处置的能力。

7）应支持监视存储资源管理平台远程管理连接，发现未授权管理连接时中断连接的能力。

8）应支持对远程执行存储资源管理平台特权管理命令进行限制的能力。

9）应支持资源监控的能力，资源监控的内容包括 CPU 利用率、带宽使用情况、内存利用率、存储使用情况等。

10）应支持系统过载保护，保障业务公平性和系统资源利用率最大化的能力。

11）应支持禁止平台管理员未授权操作租户资源的能力。

12）应支持数据存储机密性保护的能力。

13）应支持数据存储完整性保护的能力。

14）应支持数据存储可用性保护的能力。

15）应支持数据的异地备份和备份数据一致性的能力。

16）应支持租户访问存储的安全传输的能力。

3.2 身份访问管理

身份访问管理（Identity and Access Management，IAM）是标识用户身份、接入云服务并实施访问控制的管理功能集成。IAM 提供了身份认证、权限管理和访问控制功能。

云计算需要关注云服务提供商和消费者之间的关系，IAM 不能仅仅由一方或另一方来管理，而是需要多方参与，因此需要在多个角色中建立关系，可通过责任指定和技术机制来实现这种信任的建立。特别是大多数组织有许多不同的云供应商，因此迫切需要扩展它们的 IAM。

云也在快速发生变化，其分布式特征更加突出，增加了管理界面的复杂性，也更加依赖于网络通信。同时，IAM 的实现在供应商之间以及在不同的服务和部署模式之间都存在着较大的差异。

1. IAM 常用术语

Gartner 对 IAM 的定义为"确保适当的个人能够以正确的理由在正确的时间访问正确的资源的安全规则"。在讨论云安全的 IAM 时，会涉及下面这些术语。

- 实体：具有身份的人或"事物"。它可以是个人、系统、设备或应用程序代码。
- 身份：一个实体在给定命名空间内的唯一标识。一个实体可以具有多个数字身份，包括工作身份（或取决于系统的配置）、社交媒体身份和个人身份。
- 标识符：可以鉴别身份的某种方式。对于数字身份，这往往是一个密码令牌。在现实世界中，这可能是身份证或护照。
- 属性：身份的各个方面的特性。属性可以相对静态的（如组织单位）或高度动态的（如 IP 地址、正在使用的设备，假设用户是通过 MFA、位置等方式进行身份验证的）。
- 场景角色（Persona）：带有某些属性的身份标识，这种标识可明确指示其场景。例如，开发人员登录工作区，然后以特定项目的开发人员身份连接到云环境。身份仍然是个人，场景角色是该项目背景下的个人。
- 角色：身份可以有多个角色，每个角色显示了各自的工作场景。这里所说的角色与场景角色相似，或作为场景角色的子集。例如，特定项目中的某个开发人员可能具有不同的角色，如"超级管理员"和"开发者"，然后都可用于进行访问决策。

- 认证：也称为 Authn，它是验证实体身份的过程。当登录系统时，需要提供用户名（标识符）和密码（可作为身份验证因子的一种属性）。
- 多因素认证（MFA）：在认证中使用了多个因素。通常可采用物理或虚拟设备/令牌（OTP）生成的一次密码，通过文本发送 OTP 进行的带外验证方式，或来自移动设备、生物识别设备或插件令牌的确认。
- 访问控制：限制对资源的访问。访问管理是管理对资源访问的流程。
- 授权（Authz）：允许一个身份访问某些内容（如数据或功能等）。
- 赋权（Entitlement）：将身份（包括角色、场景角色和属性）与权限关联的映射。赋权指明了他们被允许做什么，为了便于文档化，以赋权矩阵的形式进行描述。
- 联邦身份管理（Federated Identity Management）：跨越不同系统或组织进行鉴别身份的过程。这是单点登录（SSO）的关键推动者，也是在云计算中管理 IAM 的核心。
- 授权源：身份的"root"来源，如管理员工身份的目录服务器。
- 身份提供者：联邦中的身份来源。身份提供者并不总是授权源，但有时可以依赖于授权源，特别是当它作为该进程代理的时候。
- 依赖方：依赖于身份提供者的身份鉴别功能的系统。

云计算平台的 IAM 功能主要包括目录服务、密码策略、访问控制、凭据的提供和撤销等。身份管理的三个主要组成部分是认证、授权和审核。认证是核实用户、系统或服务的身份；授权是给予用户、系统或服务在通过身份验证后应具有的权限（如访问控制）；审核是检查用户、系统或服务执行的操作，并检查合规性。身份管理过程包括用户管理（用于管理身份生命周期）、身份验证管理、授权管理、访问管理、监控和审核、配置/凭证/属性管理、权限管理、合法性管理和身份联盟管理。使用云的组织机构必须为用户配置账户。例如，在云中验证用户，身份管理也可以作为服务提供。

2. 常见身份和访问管理技术

目前已有很多身份和访问管理标准，其中许多可以用于云计算。尽管标准的选择范围广泛，但行业正趋向于一个核心集合，在各种部署中最常见，并且得到大多数提供商的支持。还有一些有潜力但尚未广泛使用的标准。以下是供应商广泛支持的身份和访问管理标准。

（1）SAML 2.0

安全鉴别标记语言（SAML）2.0 是联合身份管理的 OASIS 标准，支持身份验证和授权。它使用 XML 在身份提供者和依赖方之间做出鉴别。鉴别申明可以包含身份验证申明、属性申明和授权决策申明。企业工具和云服务提供商都广泛支持 SAML，但是初始配置可能很复杂。

（2）OAuth

OAuth 是一种广泛用于 Web 服务的 IETF（国际互联网工程任务组）授权标准（包括消费者服务）。OAuth 旨在通过 HTTP 进行工作。OAuth 2.0 更多的是框架，而不像 OAuth 1.0 那样是一些刚性要求，这意味着实施上可能存在不兼容的情况。它常用于在服务之间委派访问控制/授权。

（3）OpenID

OpenID 是联邦认证广泛支持的 Web 服务标准。它是基于 URL 的 HTTP 对身份提供商和用户/身份进行识别。目前的版本是 1.0，它在消费服务场景中很常见。

（4）XACML

可扩展访问控制标记语言（XACML）是用于定义基于属性的访问控制/授权的标准。它是一种策略语言，用于在策略决策点定义访问控制，然后将其传递到策略执行点。它可以与 SAML 和 OAuth 一起使用，因为它解决了问题的不同部分，即决定一个实体允许使用一组属性，而不是处理登录或授权。

（5）SCIM

跨域身份管理系统（SCIM）是域之间交换身份信息的标准，它可以用于跨域系统中的账户配置和取消以及属性信息交换。

3.2.1　云计算中的身份认证

认证是证明或确认身份的过程。在信息安全中认证通常指的是用户登录的行为，但实际上也指实体在任何时间点证明自己是其所声称的那个身份。认证是身份提供方的责任。

1. MFA 认证

云计算对身份验证的最大影响是使用多因素强身份验证的强烈需求。这有两方面原因：一是广泛的网络访问，意味着云服务总是通过网络访问，并经常通过互联网访问。凭据的丢失可能导致账户被攻击者利用，从而使得攻击不再受限于本地网络；二是更多地使用联邦单点登录，意味着一组凭据可能使更多的云服务暴露在潜在的危险中。多因素认证为减少账户的恶意利用提供了最好的选择，因为在云服务上使用单一因素（如密码）进行认证存在很大的风险。当在云联邦上使用 MFA 时，身份提供方可以并且应该将 MFA 状态作为属性传递给依赖方。MFA 有多种选择，包括以下方式。

1）硬件令牌是物理设备，可产生一次性密码供人输入或需要插入读卡器。当需要最高级别的安全性时，这些是最好的选择。

2）软令牌的工作方式类似于硬件令牌，但通过手机或计算机上的软件应用程序来运行。软令牌也是一个很好的选择，但是如果用户的设备受到攻击，则可能会受到影响，并且在任何威胁模型中都需要考虑此风险。

3）带外密码是发送到用户手机（通常）的文本或其他消息，然后像令牌生成的任何其他一次性密码一样进行输入。虽然也是一个很好的选择，但任何威胁模型必须考虑消息拦截，特别是短信信息。

4）随着生物识别技术的普及，它在移动手机上得到越来越多的应用。对于云服务，生物特征是本地保护手段，不能向云服务提供商直接发送生物特征信息，只可以发送经过处理的属性信息。因此，需要考虑本地设备的安全性和所有权。

2. 云认证中的角色

（1）微软 Azure 云用户角色

微软 Azure 将云用户分为 Customer User、Customer Admin 和 Azure Operator 三种角色。

Customer User 是最末端的云用户，主要访问 Azure 提供的一些 Service（如虚拟机），利用云提供的能力构建自己的业务。Customer Admin 可通过 Azure 提供的管理 Portal（采用 TLS）来访问和管理 Azure 的 Service；Azure Operator 则是云的管理者，可在 Microsoft CorpNet 网络内部通过 Admin Interface（采用 TLS）来管理 Azure 的基础设施。

Azure Operator 又可分为多个类别：第一类是 Azure DataCenter Engineer，其权限主要是管理数据中心物理安全；第二类是 Azure Incident Triage，主要对 Azure 平台的各种应急事件进行响应；第三类是 Azure Deployment Engineer，负责部署 Azure 组件和服务；第四类是 Azure Network Engineer，管理 Azure 网络设备等。云端还针对 Azure Operator 预制了一些非常有用的安全策略，包括 SAW（Secure Administrative Workstation）、Passwordless 认证（Redmond Smart Card、Windows Hello PIN、FIDO2）、Device 认证（MDM、MAM、Intune、TPM）、Conditional Access、JIT 等。

（2）AWS 云用户角色

AWS 云采用了用户、用户组以及角色等方式，它将用户划分为 root 用户、IAM 用户以及普通用户等几个级别。其中，root 用户具有最高级别，类似于租户权限，拥有对整个租用云的操作权限，如计费、付费、用户管理和授权等。IAM 用户可在 root 指定的权限内进行资源、用户以及用户组的操作等。而普通用户只能在自己的权限内执行一些普通的操作，IAM 用户和普通用户在 root 用户范围内可见。

（3）阿里云用户角色

阿里云采用用户、用户组、角色来控制对具体资源的访问能力，包括云账号、RAM（Resource Access Management）用户、资源创建者等。云账号（资源属主）控制所有权限。云账号拥有最高权限，可进行计费、付费、用户和用户组权限管理等。每个资源有且仅有一个资源属主，该资源属主必须是云账号，对资源拥有完全控制权限。资源属主不一定是资源创建者。例如，一个 RAM 用户被授予创建资源的权限时，该用户创建的资源归属于云账号，该用户是资源创建者但不是资源属主。

RAM 用户代表的是操作员，其所有操作都要被云账号明确授权。

新建的 RAM 用户默认没有任何操作权限，只有在被授权之后，才能通过控制台操作资源。RAM 用户若被授予创建资源的权限，用户将可以创建资源。资源创建者（RAM 用户）默认对所创建资源没有任何权限，新建的资源属主是云账户，除非资源属主对 RAM 用户有显式的授权。

在 IAM 中，还有对用户及资源的标识。AWS 采用账户 ID 的方式进行标识，账户 ID 可能是 12 位数字，也可能是混淆的形式。而阿里云账户也采用长度为 5～50 的字符串表示。

IAM 中另一个很重要的功能是进行身份认证。对于通过身份认证的登录者，云计算系统会根据系统的设置为其赋予相应的权限。通常采用的身份认证技术就是密码技术，为了确保安全，绝大多数云还采用了验证码的方式，以多因素方式进行验证。也可采用一些增强的身份认证方式。常用的增强身份认证技术包括基于角色或生物特征的认证授权、准确属性的可靠来源认证、身份联合（Identity Federation）、单点登录（SSO）、用户行为监测以及审计等。

3. 云身份联合认证

身份联合是为处理多态、动态、松散耦合的信任关系而产生的行业最佳实践，而信任关系则是机构外部和内部供应链及协作模式的特征。身份联合使被机构信任边界分割的系统及应用程序能够实现交互。

身份联合（单点登录）认证相当于企业用户身份的提供商。云计算服务把认证委派给机构身份提供商，机构在云服务提供商领域的信任圈内进行身份联合，如图 3-5 所示。信任圈可以创建在所有通过授权委派认证的身份提供商的领域。其有四个优点：一是机构可以利用现有 IAM 基础设施将其延伸到云计算中；二是内部策略、流程以及访问管理框架方面都是一致的；三是可以直接监督服务水平协议和身份提供商的安全性；四是可采用增量投资来强化现有身份架构，以支持身份联合。

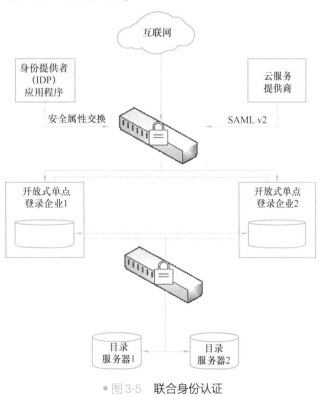

● 图 3-5　联合身份认证

这种方式也存在一些缺点，例如，没有为了支持身份联合而改变基础设施，由于增加了对非员工（如用户）的生命周期管理，可能造成新的无效率事例。

（1）云服务提供商和云消费者的身份管理

云服务提供商和云消费者需要从如何管理身份的基本决定开始。

云服务提供商需要支持直接访问服务的用户的内部身份、标识符和属性，同时还支持联邦，以便组织不必手动配置和管理供应商系统中的每个用户，并颁发每个人的独立凭据。

云消费者需要决定他们希望在哪些地方管理自己的身份，以及他们希望支持哪些架构模型和技术，并与云服务提供商集成。作为云消费者，可以登录云服务提供商的管理系统并在其系统中创建所需要的所有身份。这对于大多数组织来说是不可扩展的，这就是为什么大多数组织转向联邦。需要注意的是，将所有或部分身份与云服务提供商隔离貌似比较安全，但可能会存在例外的情况，如用于调试联合身份连接问题的备份管理员账户。

（2）联合身份认证的授权与身份来源

当使用联邦时，云消费者需要确保持有可以用来联合的唯一身份标识的授权源，它通常是内部的目录服务器。

云消费者还需要决定是否直接使用授权源作为身份提供方，或使用一个不同的身份来源，抑或集成一个身份代理。它主要包括两种可能的架构：一种是 Free-form 架构，内部身份提供者/来源（通常是目录服务器）直接连接到云服务提供商；另一种是 Hub and Spoke 架构，内部身份提供者/来源连接到集中代理或者库，然后由代理或库作为云服务提供商的联邦身份提供方，如图 3-6 所示。

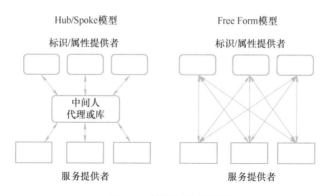

● 图 3-6 授权与身份来源

Free-form 自由格式模型的直接联合内部目录服务器可能存在以下安全问题。

1）目录需要 Internet 访问。这是否为一个问题取决于现有的拓扑结构，或者它可能违反安全策略。

2）在访问云服务之前，可能需要用户将 VPN 重新连接到公司网络。

3）根据现有的目录服务器，特别是如果在不同的组织孤岛中有多个目录服务器，则与外部提供商采用联邦形式可能会比较复杂且技术上难以实现。

（3）身份代理

身份代理处理身份提供商和依赖方之间的联盟（可能并不总是云服务）。它们可以位于网络边缘甚至云端，以便启用 Web-SSO。

身份提供者不仅需要位于内部，许多云服务提供商现在还支持基于云的目录服务器，以支持内部联盟和其他云服务。例如，更复杂的体系结构可以通过身份代理将内部目录组织身份的一部分进行同步或联合，然后再将其作为其他联盟连接的身份提供者。

（4）流程和架构的决策

在确定框架模型之后，仍然需要在实施时进行所需流程和架构的决策。

可以利用相同的模型和标准，或决定对云上的部署以及应用程序采用不同方法来管理应用程序代码、系统、设备和其他服务的身份识别。例如，上面的描述倾向于用户访问服务，但可能不适用于服务与服务、系统或设备的通信服务或 IaaS 部署中的应用程序组件。

尽管目标应该是尽可能建立一个统一的流程，但是对于不同的用例也可能有多个不同的配置过程，因此要定义身份配置过程以及如何将其集成到云部署过程中。

如果组织对传统基础设施已经具备有效的配置流程，则应将其理想地扩展到云部署中。然而，如果现有的内部流程是有问题的，那么组织应借迁移到云计算上的机遇，建立新的、更有效的流程。

（5）配置与部署云服务提供商

配置和支持单个云服务提供商并进行相应部署。应引入新提供商到 IAM 基础设施的正式流程。这包括建立任何所需联邦连接的流程，以及以下步骤。

1）对身份提供者和依赖方之间的属性（包括角色）进行映射。

2）启用所需的监控/记录，包括身份相关的安全监控，如行为分析。

3）建立一个权力矩阵。

4）记录任何破解/修复情况，以防任何用于关系的联盟（或其他技术）出现技术故障。

5）确保存在潜在账户被盗用的事件响应机制，包括特权账号的盗用。

云服务提供商需要确定它们希望支持的身份管理标准。一些提供商只支持联邦，而其他提供商则支持多个 IAM 标准和自己的内部用户/账户管理。为企业市场服务的供应商将需要支持联邦身份识别，例如 SAML 协议等。云身份标识与访问架构模型如图 3-7 所示。

● 图 3-7 云身份标识与访问架构模型

IAM 支持的业务活动包括业务开通、证书及属性管理、权限管理、合规管理、身份联合管理以及集中化的认证和授权等，如图 3-8 所示。

在认证管理中可对员工或提供商合作伙伴等进行认证。用户管理主要依据角色/规则对经过认证的用户进行授权。授予权限的用户即可进行相关的数据访问、执行相关的操作等。这些活动都是在监控和审计模块的监控下进行的，监控和审计模块负责对这些活动进行记录，并对一些异常情况执行告警等操作。

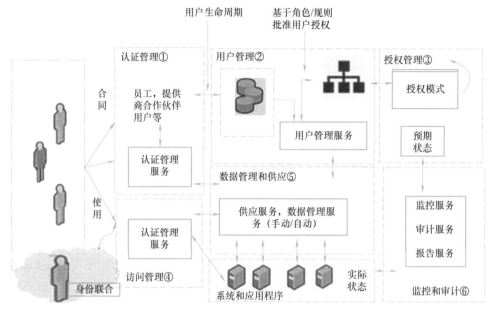

• 图 3-8　IAM 业务活动

3.2.2　身份验证流程

用户身份验证流程如图 3-9 所示。

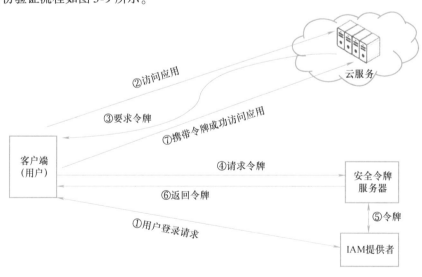

• 图 3-9　云用户身份验证流程

　　用户首先登录 IAM 提供商，完成身份验证。然后访问云服务提供商的相关服务。此时，云服务提供商程序会要求用户提供令牌（Token），如果用户没有获得 Token，则需要向安全令牌/凭据服务申请 Token。在用户提出 Token 申请后，安全令牌服务会向 IAM 提供者进行用户登录信息验证，通过验证后，安全凭据服务向用户颁发 Token，然后用户将此 Token 和访问请求发送给云服务提供商，云服务提供商验证 Token 有效，则为其提供相关服务。

也可采用重定向的方式完成用户登录及 Token 颁发，如图 3-10 所示。

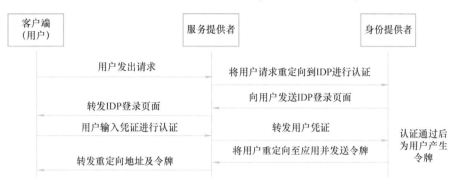

● 图 3-10　重定向身份验证

用户登录云服务提供商页面，提供商检测到用户未登录，则自动将用户登录页面重定向到 IDP 进行登录。用户在 IDP 登录页面输入登录信息后，经 IDP 验证为有效用户，则自动产生 Token，此时 IDP 将 Token 及相关用户登录的页面信息返回到用户登录的云服务提供商页面，此时通过云服务提供商的验证，登录成功，用户即可实现相关操作。

AWS 云将 IAM 划分为登录服务提供者、用户池（Cognito）和 STS（Security Token Service），如图 3-11 所示。

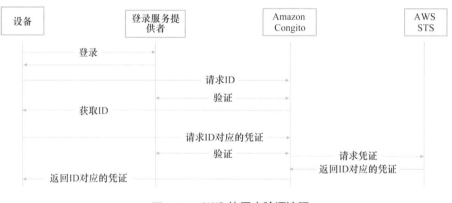

● 图 3-11　AWS 的用户验证流程

Amazon Cognito 提供身份验证、授权和用户管理功能。用户可使用用户名和密码直接登录，也可以通过第三方（如 Facebook、Google 等）登录。STS 主要完成安全凭据的生产及维护。当用户通过便携设备登录时，首先登录到登录服务提供者进行身份验证，验证完成后，再到 Cognito 身份池进行验证，验证成功后得到 ID 等信息。然后再次由 Cognito 向 STS 申请令牌，完成令牌的申请。注意，这里向 Cognito 验证的时候，Cognito 都要再次向登录服务提供者验证用户的登录信息，从而有效防止发生假冒攻击。

3.2.3　混合云中的 IAM 实现

在混合云中，IAM 的实现需要在云之间建立关联，可通过将身份信息在各个云上进行共享，也可通过第三方进行信任的传递，如图 3-12 所示。

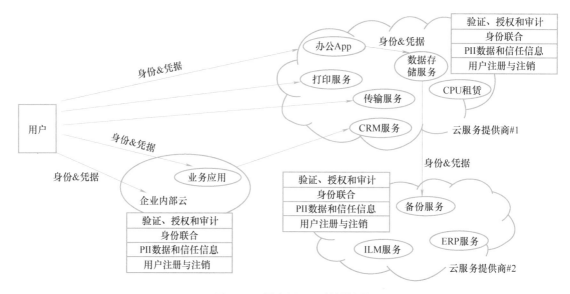

● 图 3-12　混合云 IAM 认证流程

在企业应用混合部署环境中，身份验证是云访问的基础。在混合云环境中，为了能够为用户提供便捷的服务，可在不同的云之间进行用户身份信息的共享。在图 3-12 中，即在内部企业云、云服务提供商#1 和云服务提供商#2 之间进行了用户身份信息共享，从而使用户可以方便地登录到任意一个云上，并使用其服务。

3.3　云安全防护技术

针对云平台面临的 DDoS 威胁、Web 安全风险、网络通信风险、云主机系统风险等，可采取流量清洗、云 WAF、VPN、主机加固等防护技术来保障云安全。

3.3.1　DDoS 攻击防御

DDoS 攻击主要破坏的是服务的可用性，常见的攻击方式有三类，即攻击网络带宽、攻击云服务器和攻击云应用。

- 攻击网络带宽：当大量的网络数据包达到或者超过网络带宽的最大传输上限时，会出现网络拥堵、响应缓慢的情况，DDoS 就是利用这个原理，攻击者利用某种方式，发送大量网络数据包，占满攻击目标能提供的全部带宽，从而造成正常请求无法处理的情况，达到拒绝服务的目的。常见的 DDoS 攻击方式有 TCP 泛洪、ICMP 泛洪攻击或者 UDP 泛洪攻击等。
- 攻击云服务器：通常，当客户端请求创建 TCP 连接时，客户端需要与服务器进行三次握手，握手信息通常保存在服务器内存的连接表中，但是服务器内存的大小有限，当超过一定大小时，服务器就无法创建新的 TCP 连接了。当攻击者在短时间内发送大量恶意的 TCP 连接请求，攻击目标的内存可能被占满，从而使网站无法接受新的 TCP 连接请求，达到拒绝服务的目的。
- 攻击云应用。在云端会运行大量的应用或者服务，这些服务可能需要执行一些比较耗时的操作或者存在某种缺陷，从而可被利用进行 DDoS 攻击。攻击者利用大量的受控主机向云应用发送大量的请求，这些请求需要云服务器消耗时间进行处理，当这些恶意请求达到一定数量的时候，就会耗尽云服务器的资源，从而使得正常用户的访问得不到处理，导致用户无法访问云应用。

对于云应用的攻击，还有一种是针对云应用缺陷的攻击方式。当某种请求发送到云应用以后，由于程序逻辑处理的不当，或者缺少相应的处理逻辑，可能导致云应用崩溃或云服务器的资源利用率非常高，从而导致拒绝服务攻击的效果。

针对这三类不同类型的 DDoS 攻击，可从不同的层面进行防护。针对网络带宽的 DDoS 攻击，可采取带宽扩容、流量清洗等方式；针对云服务器的攻击，可通过 IP 白名单、防火墙、限制链接数量、云 WAF 等方式进行防御；针对云应用的攻击，可采取打补丁修复漏洞、限制单个 IP 链接数量、限制耗时任务的并发数量、限制单个 IP 发起耗时请求的时间间隔等方式进行缓解。

通常，对 DDoS 流量进行清洗的方法有三种：第一种是基于行为特征的检测方法，通过对 HTTP 请求中的 UA、访问频率、熵值等指标进行计算，判断是否为异常的 HTTP 请求；第二种是基于流量统计的检测方法，通过流量总量、协议占比、IP 地址和端口随机度变化等因素进行统计，从而发现异常流量；第三种是基于反向探测的检测方法，由于发起 DDoS 攻击的时候，往往会伪造源 IP 地址，因此可通过对源地址发送反向探测包来检测访问请求是否真实，比如可引导攻击流量到攻击清洗的云设施，按照此方法进行检测，对于不存在的源 IP 地址的访问进行阻止，实现对 DDoS 流量的清洗。DDoS 流量清洗设施的部署方式主要包括利用 DNS 进行解析引流以及利用策略路由的方式进行引流两种方案。

第一种是利用 DNS 重定向将请求数据流引流到 DDoS 清洗设备，如图 3-13 所示。

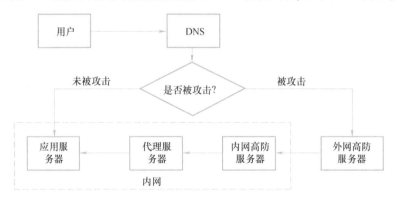

● 图 3-13　通过 DNS 解析引流实现 DDoS 流量清洗

第二种方式是通过策略路由的方式，修改路由表项，将请求数据流引流到 DDoS 清洗设备，如图 3-14 所示。

通常对于大型的网站，还可考虑部署一些 CDN 等专用的抗 DDoS 系统，从而有效防止各种类型的 DDoS 攻击，确保 Web 网站的可用性。

3.3.2　基于云的 Web 应用防护

在云应用中，常见的应用之一就是 Web 应用。当前，越来越多的企业选择将 Web 应用架设在云端。云端 Web 网站的防护与传统的 Web 网站防护基本类似，主要包括 Web 网页防篡改、DDoS 攻击防护以及传统的 Web 应用防护等。与传统的 Web 网站防护不同的是，云端 Web 网站的防护可依托云服务提供商的力量进行。

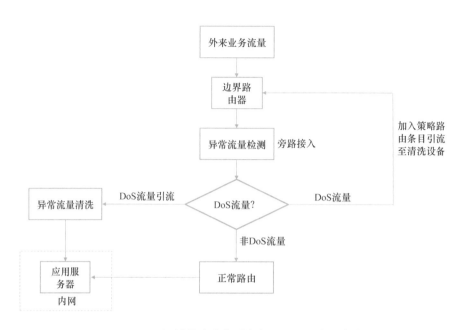

● 图 3-14　通过策略路由引流实现 DDoS 流量清洗

1. 网页防篡改技术

第一种网页防篡改方式称为外挂轮询技术，即首先备份网站，然后周期性扫描网站目录，一旦发现网页被篡改，立即利用备份网站的相关文件替换网站目录下的文件。

第二种方式是事件触发技术。这种方式对网站目录进行实时监控，拦截操作系统文件操作 API 对网站目录的写操作，一旦发现有对网站目录的写操作，立即启动文件比对，检查是否为非法篡改，相比外挂轮询，它改进了比对的实时性。

第三种方式是核心内嵌（数字水印）技术。其原理是用户请求访问网页之后，在系统将响应网页内容给用户之前，对每一个流出的网页进行完整性（即 Hash 值）检查，如果发现当前值和之前记录的值不同，则可断定该文件被篡改，然后阻止该响应内容继续流出，并调用恢复程序进行恢复。这种方式的优点是即使黑客通过各种手段篡改了网页文件，被篡改的网页文件也无法被访问。

第四种方式是文件驱动过滤技术。该技术是一种新兴的防篡改技术，它采用操作系统底层文件驱动过滤技术，拦截与分析 IRP（I/O Request Package）流，对所有保护的网站目录的写操作进行截断，在修改写入文件之前就阻止了写操作，可有效防止对网页的篡改操作。

第五种方式是利用缓存技术。它将网站内容缓存在网关类设备中，当发现缓存内容跟网站内容不同时则认为发生了篡改。随着网站的规模变大，还可利用 CDN 缓存 Web 页面内容（这种情况适用于网页大多数为静态页面的网站），来自客户端的请求大多数实际是由 CDN 进行处理的。缓存技术适用于一些静态网站或者大部分网页为静态的情况。不过需要注意的是，一旦用了 CDN，就需要确保云端服务器 IP 地址的保密性，否则攻击者仍然可绕过 CDN 直接攻击源服务器。现在大部分云服务提供商都提供弹性 IP 服务，可以动态挂载主机实例，定期更换云服务器的 IP 地址。

2. 云 WAF 技术

云 WAF 防护的实现是将云 Web 应用的数据流引流到云 WAF（也可同时设置备份云 WAF 形成主备关系），对请求中的关键字进行匹配，从而拦截恶意请求，保护 Web 应用安全。云 WAF 的逻辑关系如图 3-15 所示。

在 HTTP 报文中，恶意的数据可能位于请求头中，也可能位于请求体/响应体中。Web 应用在处理这些数据的时候，往往是解析为键值对的形式，因此可在 WAF 中对这些键值对进行检测、匹配，一旦发现匹配的数据包，就根据规则进行处理，可能是丢弃、拒绝或者记录等处理方式，没有匹配的数据包则认为是正常数据包，可通过 WAF 实现正常访问。

●图 3-15　云 WAF 示意图

采用云 WAF 进行防护时，需要在云 Web 服务器上设置白名单，仅允许来自云 WAF 的 Web 请求，否则黑客可能得知云 Web 的真实 IP 地址，而直接攻击云 Web 服务器。因此也需要对云 Web 的真实 IP 地址保密。

云 WAF 通常提供的安全防护功能如下。

（1）HTTP 协议规范性检查

检查提交的报文是否符合 HTTP 协议框架，如异常的请求方法、不同字段的合规性、特殊字符、重点字段的缺失、HTTP 方法控制、超长报文造成的溢出攻击以及对高危文件的访问等，在黑客使用非浏览器工具调试时可迅速拦截。

（2）文件检测

对用户上传的文件扩展名和文件内容进行全面检查，杜绝 Webshell 的上传和访问。

（3）注入攻击防护

对用户提交的 URL、参数、Cookie 等字段进行检查，采用 SQL 语义解析技术防止风险系数极高的 SQL 注入攻击，采用字符偏移技术对代码、命令、文件、LDAP、SSI 等注入攻击进行检测，有效地防护了对操作系统和应用的注入攻击。

（4）跨站脚本攻击防护

采用字符差分技术对用户提交的脚本进行检查，防止不合法跨站脚本。

（5）网页木马防护

对页面内容进行逐行扫描，检查是否存在网页木马，防止客户端被感染。

（6）信息泄露防护

对服务器响应状态码、服务器错误信息、数据库错误信息、源代码信息泄露进行过滤，防止服务器信息被黑客利用进行有效攻击。

（7）智能防护

采用行为识别算法有效识别扫描器或黑客持续性攻击，避免被扫描器实施持续猜测攻击或持续渗透攻击。

（8）第三方组件漏洞防护

对 Web 服务器容器、应用中间件、CMS 系统等漏洞进行有效防护。

（9）CSRF 跨站请求伪造防护

通过 Referer 算法和 Token 算法对 CSRF 攻击进行有效防护。

（10）防盗链

通过 Referer 和 Cookie 算法有效防止非法外链和对用户资源内容的盗链。

新一代的云 WAF 还结合了机器学习、深度学习以及 AI 技术，能够实现精准匹配，提高了云 WAF 的防护能力。虽然云 WAF 提供的防护功能比较全面，但是不能仅仅依赖于 WAF 提供的防护功能，因为往往一些恶意的攻击会进行各种编码和变形，云 WAF 也存在一些缺陷，需要从中间件层和 Web 应用层进行加固，以防止这种情况的出现。

3. Web 中间件防护

中间件是为云 Web 提供支持的一类应用，包括服务器软件、数据库软件以及一些编辑器和插件等。Web 中间件防护主要是及时打补丁并进行安全配置加固。

4. Web 应用层防护

在 Web 应用中，可内置一些功能模块，对出入 Web 应用的数据流进行检查过滤，发现危险的数据流即进行阻断，从而提升云 Web 应用的安全和客户端的安全。

3.3.3 远程接入安全防护

在云远程接入安全方面，主要涉及身份安全、终端安全、传输安全、权限安全、安全审计等环节，如图 3-16 所示。

安全接入防护措施主要有：一是采用云端多因子身份验证；二是采用 VPN 技术进行通信传输安全保护，防止敏感信息泄露；三是采用恶意代码查杀，确保客户端计算环境安全，防止登录信息从客户端泄露；四是进行日志审计。

从本质上来说，云端是一个公共区域。这些服务可以通过 HTTP（S）访问。对数据和服务的访问应该只有获取到授权的人才能进行。云环境中存在的远程访问问题主要如下。

- 认证。云服务提供商必须确保那些试图访问服务的人是经过认证的。没有经过认证的人员都不能访问数据。实体的身份必须经过确认，这意味着必须进行身份管理。

• 图 3-16　云远程接入安全要素

- 授权。一旦访问数据的实体身份被认证，云服务提供商就需要对这些被访问的数据进行控制和管理。经过认证的用户不能访问那些他们未被授权的数据。
- 废止。对个人数据访问的废止或对服务的禁止是一个重要的安全需求。其中，位置隐私、身份和授权这几个问题是云服务提供商应该解决的，服务的废止、对数据的分配和访问应该由用户自己决定。

采用 VPN 的传输保护方式主要包括单 VPN 为所有云虚拟机服务、多 VPN 服务于云虚拟机组以及 LAN-LAN 的桥接 VPN 服务 3 种类型。

3.3.4 云主机系统防护

1. 云主机系统防护概述

云主机系统防护主要包括云主机系统加固、网络设备加固、数据库加固、虚拟化平台加固以及API安全等方面。

主机系统加固方面主要包括及时安装补丁程序、修改配置文件、关闭不必要的服务和端口、升级操作系统、应用程序升级、文件系统加固等。

网络设备加固方面主要包括升级网络操作系统、关闭不必要的服务和端口、ACL变更、路由协议调整、采用安全连接等。

数据库加固方面主要包括安装补丁程序、口令密码策略加固、访问权限调整、存储过程加固，以及采用安全的网络协议、限制连接数等。

虚拟化平台加固方面主要包括虚拟机镜像加固、虚拟化平台配置修改、虚拟化平台的补丁程序安装、单虚拟机资源限制等。

API安全是指经过API接口建立起来的用户和服务之间的服务接口安全。目前大部分开放的API接口都属于REST（表述性状态传递）接口或者是SOAP（简单对象访问协议）接口。

2. API安全

REST API接口通过HTTP协议建立连接并使用TLS（传输层安全性）进行加密，确保在服务连接过程中数据被加密并防止数据被篡改。此外，REST API也可以利用JSON的数据传输格式进行文件的数据传输。

SOAP API接口通过Web服务安全性的内置协议建立服务连接并传输数据，并且支持W3C（万维网联盟）和OASIS（结构化信息标准促进组织）两个标准机构制定的标准。由于内置协议中自定义了加密和身份认证的规则集，所以使用SOAP API在安全措施上更受欢迎，但这也意味着使用SOAP API会带来更多在身份认证方面的管理和授权。由于REST API不需要存储或者对数据进行重新打包封装，所以REST API的数据传输速度比SOAP API会更快。但是在处理敏感数据比较多的场景下使用SOAP API会更加安全。

API安全防护措施可根据OWASP提出的拒绝服务攻击、窃取隐私数据、未授权访问等类型的API威胁，在以下方面进行应用或者提升，以保障用户的API服务使用体验。

1）使用令牌技术。通过令牌建立API接口的可信身份，然后使用属于可信身份的令牌才能够对服务和数据资源等进行访问及控制。

2）使用加密和签名技术。例如，在REST API中使用TLS等加密方式对数据进行加密，保证数据在传输过程中被加密并防止被篡改。使用签名技术可以保证只有拥有数据访问权限的用户才能够对数据进行解密并对数据进行修改。

3）主动识别API中的漏洞。通过对API安全进行检测并检查数据被泄露的情况，来确保在网络环境下API服务的安全性，实时追踪API接口是否被攻击以及漏洞被利用的情况。

4）使用API安全网关。目前API安全网关已经被作为防护API安全的一个关键技术。API安全网关可以用来控制和管理API接口的使用情况，同时也可以对使用API接口和服务的用户进行身份认证，因此在保护数据和API安全性上具备一定优势。

5）对API接口的访问频率进行限制。由于业务的不同，API接口被调用的情况也会不同，因此可以通过分析和监测API接口被访问和调用的频率来确保API接口未被攻击者攻击以及数据未被泄露。一般来说，被攻击的API接口会出现被调用次数增多或者频率与正常情况差异较大的现象，因此通过限制API接口被访问的情况、进行限流等方式可以防止API出现被攻击甚至拒绝服务的情况。

3. API 安全网关

API 安全可采用 API 安全网关的方式实现。如图 3-17 所示，所有来自客户端的请求首先通过 API 安全网关，从而在 API 安全网关上实现各种安全特性，如参数问题检测、冒用检测、超时检测以及合法检测等，然后将请求路由到适当的服务。对于返回的数据流，API 网关也实施检查。

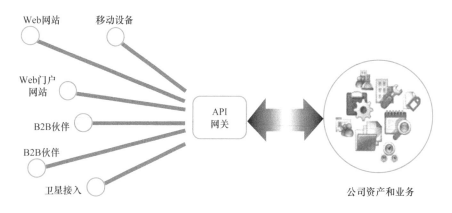

• 图 3-17 API 安全网关工作原理示意图

API 安全网关的一般功能包括管理访问配额和节流、缓存（代理语句和缓存）、API 健康监测（性能监测）、版本控制（可能自动化）等。尽管采用 API 安全网关可以提供一些安全特性，但是也存在一些不足，例如，API 网关可能导致单点故障或瓶颈、增加系统复杂性风险、导致应用迁移困难等。

1）访问控制是 API 安全网关的基本功能，它充当各种各样的管理器，以便组织管理谁可以访问哪些 API，并建立关于如何处理数据请求的规则。访问控制还可扩展，包括对某些来源的 API 的调用费率和调用频率进行限制等。

2）API 安全网关的白名单控制。可在 API 安全网关上对一些操作进行限制。例如，GET 请求可能读取实体，而 PUT 将更新现有实体，POST 将创建新实体，DELETE 将删除现有实体。对于云服务来说，根据需要限制允许的方法能够提高安全性。

3）API 安全网关还具有日志记录功能，详细记录哪些用户在何时调用了什么 API，返回数据状态等信息，便于对一些可疑用户进行追踪。

4）API 安全网关还可隐藏后端错误的详细消息，仅向用户提供标准化错误消息，可减小后端代码结构暴露的风险。

5）API 安全网关还可以实现数据输入校验，如数据格式检查、数据长度限制、特殊字符过滤等，这些功能也能在一定程度上提高 API 安全性。

6）API 网关的访问控制功能通常从身份验证机制开始，以确定所有 API 调用的实际源头。目前，最流行的 API 安全网关基于 OAuth 协议，它充当访问基于 Web 的资源的中介，而不向服务公开密码，并保留了基于键的身份验证，以减小企业丢失数据的风险。

7）API 的安全防护离不开业务层面上对 API 接口的开发和对 API 接口的管理。一般来说，API 接口的安全开发需要开发人员具备 API 安全开发的知识和意识，并遵照安全开发规范对 API 接口进行开发和部署。而 API 接口的管理可以通过管理平台对其进行安全防护。例如，使用基础的用户名密码方式进行身份验证，通过 API 密钥进行安全防护，基于 OAuth 框架进行用户身份信息验证以及基本信息校验。

3.4　云入侵检测

云入侵检测系统主要可分为云平台层面的入侵检测、云网络的入侵检测、云应用层的入侵检测等。也可根据实施入侵检测的角色在云租户和云服务提供商处分别实施入侵检测，如图 3-18 所示。

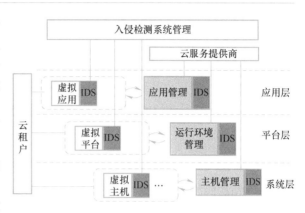

● 图 3-18　云入侵检测示意图

如果按照工作层面分类，入侵检测系统可分为监视层、检测层、告警处理层和响应层；如果按照响应类型分类，可分为主动响应型和被动响应型等。

入侵检测的方法目前有误用检测、异常检测、混合检测以及一些新出现的方法，如基于神经网络、机器学习、深度学习等。

3.4.1　云平台入侵检测

云平台层面的入侵检测主要是发现和阻止针对云平台的各种安全威胁，如账户暴力破解、虚拟化平台的攻击等，其工作架构如图 3-19 所示。

入侵检测系统的工作过程大概如下：首先，入侵检测引擎将规则库加载到缓存中，形成链表；然后，入侵检测系统从网络或保护对象处获取数据流并进行解码；接着，进行预处理，与规则库中的检测规则进行逐条匹配；最后，判断访问行为是否为恶意。

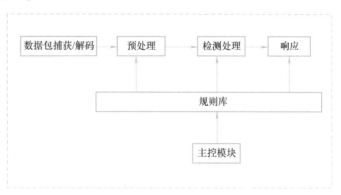

根据规则库的不同，入侵检测可分为误用检测和异常检测。

（1）误用检测

它也称为基于知识的检测，通过收集非正常操作的行为特征，建立相关的

● 图 3-19　云平台入侵检测系统示意图

特征库，当监测的用户或系统行为与库中的记录相匹配时，即认为这种行为是入侵。误用检测系统的特征库是根据已知入侵攻击的信息（知识、模式等）来检测系统中的入侵和攻击行为的，其前提是对所有入侵行为都能识别并提取其某种特征（攻击签名）。

误用检测的优点是误报率低，对计算能力要求不高，不足是只能发现已知攻击，对未知攻击无能为力，特征库难以统一且必须不断更新。

（2）异常检测

它也称为基于行为的检测，首先总结正常操作应该具有的特征（用户轮廓），当用户活动与正常行为特征有重大偏差时就被认为是入侵，即异常检测的特征库中存储的是用户正常操作的特征。

从技术实现上来讲，异常检测有 3 个关键：提取特征、阈值设置以及比较频率的选择。

- 提取特征：异常检测首先要建立用户的"正常"行为特征，这个正常模型选取的特征量既要能够准确体现用户行为特征又要能够使模型最优化，以最少的特征覆盖用户行为。
- 阈值设置：异常检测一般先建立正常的特征轮廓并以此作为基准，这个基准即为阈值。阈值选得过大，漏报率高；阈值选得过小，误报率高。
- 比较频率的选择：比较频率是指经过多长时间比较当前行为和已建立的正常行为特征轮廓来判断是否发生入侵行为，即所谓的时间窗口。经过的时间过长，检测的漏报率会高；经过的时间过短，检测的误报率会高。而且正常行为特征轮廓会不断更新，这也会影响比较频率。

为了提高入侵检测的准确率，还可将误用检测和异常检测结合使用。

3.4.2　云网络入侵检测

云网络层面的入侵检测主要是发现和阻止针对云网络的各种安全威胁，如非法隧道、DDoS 攻击、病毒传播等。云网络入侵检测与云平台入侵检测架构类似，不同之处在于云网络入侵检测的检测对象主要是网络流量，偏重于发现虚拟网络中各虚拟机之间的流量。

3.4.3　云主机入侵检测

云主机层面的入侵检测本质是一种 HIDS（基于主机的入侵检测系统），主要针对云主机上的各种安全威胁，如各种病毒、木马、蠕虫、后门、非法连接等。云主机层面的入侵检测典型架构如图 3-20 所示。

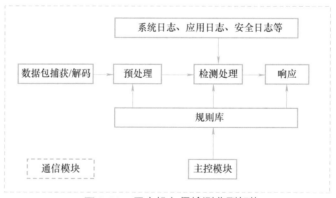

● 图 3-20　云主机入侵检测典型架构

主机入侵检测在虚拟机上运行，可以检测虚拟机上的系统日志、应用日志以及安全日志等，也可对一些恶意软件行为和加密流量进行检测，这些是网络入侵检测系统无法完成的。

因此，在云上可从云平台、云网络以及云主机等多个层面实施入侵检测，尽管这些不同层面的入侵检测系统具有不同的检测重点，但能够从多个层面实施防护，提高了云的安全性。

3.5　云恶意程序检测

云上恶意程序可能存在于云平台、云主机镜像以及云应用中，因此需要从以下几个方面着手对恶意程序进行检测和查杀。

（1）云主机镜像安全

在云端，绝大多数的虚拟机都是利用云服务提供商提供的镜像创建的，因此，确保虚拟机原始镜像的安全性，对于确保云上安全来说非常重要。在制作云端虚拟机的原始镜像时，必须非常小心，防止由于原始镜像中存在一些恶意程序而导致云端恶意程序的泛滥。

（2）虚拟机安全

虚拟机与传统的计算机具有一样的架构，因此也存在病毒、木马、蠕虫、后门等传统的安全威胁，云端虚拟机上的恶意代码防护也与传统计算机类似。

（3）云应用安全

在云上的很多应用是以 Web 应用的方式运行的，因此存在中间件安全、Webshell、数据泄露等安全问题。

3.5.1　恶意程序的分类

恶意程序可根据不同的方法进行分类。

1）按照运行和工作的平台位宽分为 32 位、64 位等。

2）根据运行的平台类型，可分为 Windows 平台、Linux 平台以及嵌入式平台等。

3）根据恶意程序的恶意功能，可分为木马、后门、蠕虫等类型。

4）按照目标系统分类，可分为 Win32 平台、Linux 平台、Android 平台、Mac 平台等类型。

5）按照传播方法分类，可分为蠕虫型、病毒型、Email 附件型、文件型以及 USB 摆渡型等。

6）根据恶意代码的功能，可分为远控型、后门型、拒绝服务型等。

7）按照恶意程序的结构不同，可分为可执行（PE 结构、COFF 结构等）型和脚本型等。

3.5.2　云上恶意程序结构及工作原理

云上恶意程序包括病毒、木马、窃听程序、僵尸网络程序等。有些恶意程序是可执行程序，其结构为 PE 文件结构或 COFF 文件结构。还有一些为脚本形式，如一句话 WebShell 木马、Linux 下的可执行脚本、Visual Basic 脚本等。下面以僵尸程序为例进行介绍。

常见的一种可执行恶意程序是僵尸程序，大量的僵尸程序可构成僵尸网络，也称为 Botnet。Botnet 包括控制端（客户端）和被控制端（服务端）以及控制命令等。被控制端通常运行在云主机上，控制端由黑客控制。黑客为了控制大量的僵尸主机，会将被控制端与正常软件进行捆绑，诱导用户下载使用。黑客往往为了隐藏踪迹，会通过第三方主机或云端主机作为跳板，甚至经过好几个跳板，才与僵尸主机进行通信。

僵尸被控制端的散播可通过邮件附件、与正常软件捆绑、伪装等方式进行。一旦传播到云主机，即可伺机进行安装、运行，进入待命状态或者与控制端（或者代理）建立连接，等待接收并执行控制端的命令。

Botnet 的工作过程包括传播、加入和控制三个阶段。

（1）传播阶段

Botnet 被控制端的传播方法主要包括以下方法。

- 主动攻击漏洞。其原理是僵尸程序内置了漏洞扫描和攻击模块，可通过攻击存在漏洞的系统来获得访问权，然后注入代码僵尸程序，将被攻击系统感染成为僵尸主机。攻击者还会将僵尸程序和蠕虫技术进行结合，从而使僵尸程序能够进行自动传播。

- 邮件病毒。僵尸程序还会通过发送大量的邮件病毒传播自身，通常表现为在邮件附件中携带僵尸程序以及在邮件内容中包含下载执行僵尸程序的链接，并诱使接收者执行附件或点击链接，或是通过利用邮件客户端的漏洞自动执行，从而使得接收者主机被感染成为僵尸主机。
- 即时通信软件。利用即时通信软件向通信录列表中的好友发送执行僵尸程序的链接，并通过社会工程学技巧诱骗其点击，从而实现被控制端的传播。
- 恶意网站脚本。攻击者在提供 Web 服务的网站 HTML 页面上绑定恶意的脚本，当访问这些网站时就会执行恶意脚本，使得受害主机自动到某个网址下载僵尸程序并自动执行。
- 特洛伊木马。伪装成有用的软件，诱骗用户下载并执行。

（2）加入阶段

当僵尸程序被激活以后，僵尸主机会自动加入到 Botnet 中，加入的方式根据控制方式和通信协议的不同而有所不同。在基于 IRC 协议的 Botnet 中，感染僵尸程序的主机会登录到指定的服务器和频道中，登录成功后在频道中等待控制者发来的恶意指令。

（3）控制阶段

攻击者通过僵尸控制端发送预先定义的各种控制指令，让被感染主机执行恶意行为，如推送广告、发起 DDoS 攻击、窃取主机敏感信息、更新恶意程序等。

还有一些恶意程序具有一定的发作条件，例如，WebShell 在 Web 环境下才能发作，宏病毒在 Office 环境下才能发作。

3.5.3 恶意程序检测

恶意程序的查杀是云安全的一个重要安全功能。恶意程序查杀的前提是发现恶意程序，因此需要对恶意程序进行检测。常用的检测方法包括基于文件特征的检测、基于行为的检测、基于网络流量的检测、基于虚拟执行的检测、基于机器学习的检测等。

（1）基于文件特征的检测

遍历虚拟机的所有磁盘文件，根据恶意文件的静态特征确定是否存在恶意文件。恶意程序特征码是一组字符串，由特定的规则组成，用于标识某一病毒文件的特征。通过一定规则的特征码匹配校验，可以确定某文件是否为病毒。特征码定义方式有很多种，比如根据文件特定位置的字节信息、根据 PE 文件格式使用的 API 组合、根据文件的节信息等，甚至于文件的 MD5 码也属于文件独有的特征码。往往进行特征检测时还需要一些其他信息，这些信息一起构成了一个恶意程序的特征，例如，某条特征包括恶意程序名称、偏移值（范围）、指定的特征字符串（可包含通配符、正则表达式）、清除方法等信息。

（2）基于行为的检测

可在云服务器或云主机的代理（Agent）上，通过检测主机的各种行为（函数调用、文件操作、进程变更、账户变更、网络通信等），根据程序的异常情况来判断是否存在恶意程序，从而进行处理。例如，非法调用系统敏感 API 函数、账户操作、防火墙规则操作等。

（3）基于网络流量的检测

可在云端部署探针程序，从网络流量中将检测对象（文件、邮件、URL 等）还原出来，根据相关文件特征确定是否为恶意程序。对于一些可疑程序，还可进一步采用虚拟执行方法进行检测。

（4）基于虚拟执行的检测

基于虚拟执行的检测将可疑程序放入沙箱等虚拟环境中运行，监测运行过程中的程序具体行为、系统调用等，然后根据一定的准则准确判断是否为恶意程序。开源的沙箱有 Noriben、Sandboxie 以及 Cuckoo 等，其中，Cuckoo 沙箱能对 Windows 可执行文件、DLL 文件、PDF 文件、Office 文件、URL 和 HTML 文件、PHP 脚本文件、CPL 文件、VB 脚本文件、ZIP 压缩包、JAR 文件、Python 脚本文件、APK 文件、ELF 文件等进行虚拟执行检测。

（5）基于机器学习的检测

沙箱等可控环境中仍然无法确定的疑似恶意程序可以采用机器学习、深度学习、神经网络算法引擎等进行分析判断，实施进一步判断。

机器学习的方法是通过对大量数据集的学习训练特定的模型算法，来完成对恶意程序一些特征的提取。这些（单个文件的）特征比基于特征检测方法中的特征要多得多，其文本特征包括可读字符串个数（平均可读字符串长度）、可读字符直方图、可读字符信息熵、注册表字符串个数、URL 字符串个数、访问域名，以及是否包含 debug 信息、导出函数的个数、导入函数的个数、是否包含资源文件、是否包含信号量、是否启用了重定向、是否启用了 TLS 回调函数、符号个数等，然后结合沙箱的一些动态特征进行判断。常见的恶意程序传播时会首先发送下载器，下载器安装完成后执行一些操作，然后下载真正的恶意软件。真正的恶意软件下载完成后，会在注册表中设置自动启动、关闭安全产品或将自身添加为可信，然后进入等待接收命令并执行的状态，还可下载其他插件或恶意软件等。

目前一些黑客组织还承接恶意程序开发及免杀服务，采用二进制重写、混淆等方式开发恶意程序之后，上传到 VirusTotal 网站进行反复测试，如果被确定为恶意程序，则由开发者修改，直至通过 VirusTotal 网站的测试，如图 3-21 所示。

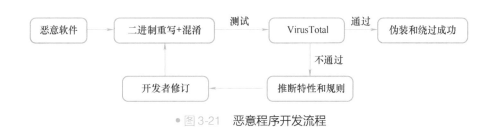

• 图 3-21　恶意程序开发流程

3.5.4　云上恶意程序检测

云上恶意程序检测的主要流程是预先建立恶意程序特征库。在入侵检测系统启动的时候，将这些特征库加载到缓存，然后由入侵检测引擎从指定的云获取流量信息或者指定的可疑文件作为检测对象，将其特征与特征库中的特征逐条进行匹配，如果与某一条匹配，则认为检测对象为恶意程序，否则认为是正常程序。工作原理如图 3-22 所示。

云上恶意程序检测可直接利用相关在线恶意程序检测网站的服务对云

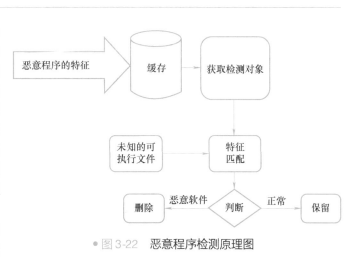

• 图 3-22　恶意程序检测原理图

上恶意程序进行查杀，具有较高的准确性。

3.6 镜像安全管理

虚拟机镜像安全是在云环境下特有的一种安全需求，它主要包括直接对镜像文件进行修复和加载镜像后执行修复两种方式。加载镜像后执行修复的过程如图 3-23 所示。

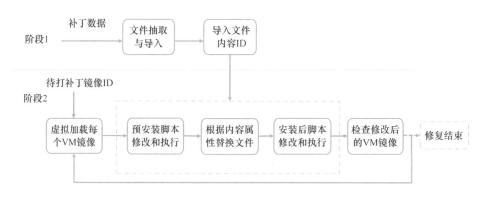

• 图 3-23　虚拟机镜像修复过程

阶段 1 是准备镜像的补丁数据，然后将补丁进行解包，抽取其中的相关文件，等待镜像加载之后执行文件的替换和更新。阶段 2 是将待修复的虚拟机镜像加载到虚拟机执行起来，然后执行预安装前的检查和准备工作，导入阶段 1 中准备好的补丁文件进行替换，执行安装后的脚本修改和执行，最后检查虚拟机镜像的修复效果。因为可能一个补丁适用于多个虚拟机镜像，所以可重复这个过程对多个不同的虚拟机镜像执行补丁安装。

3.6.1 批量修补镜像文件

虚拟机镜像更新的另一种方式是在加载虚拟机镜像前，通过虚拟机镜像更新管理子系统，检查对应虚拟机镜像的版本等信息，决定是否进行升级。

当有虚拟机开通请求到达的时候，虚拟机提供系统（Virtual Machine Provisioning System）选择对应的镜像，然后向镜像升级系统（Image Update System）查询待提供的镜像是否需要升级。此处可能还需要进行评估、查询升级补丁库等操作，如果有可升级的补丁，则由镜像升级系统为待提供的镜像安装补丁，完成镜像的升级以后提供升级后的镜像即可。

3.6.2 镜像文件安全防护

对于云虚拟机镜像的安全防护，其安全需求、防御攻击以及解决方案见表 3-1。

表 3-1　云虚拟机镜像文件安全防护解决方案

序号	安全需求	攻击	解决方案
1	虚拟机之间的隔离应该妥善实现	恶意程序使用隐蔽信道与其他虚拟机进行非法通信	监测系统能监控到虚拟机操作系统中的错误

（续）

序号	安全需求	攻　击	解决方案
2	定期更新操作系统并使用反病毒软件查杀并限制访问	恶意程序可以监视流量、窃取重要数据并篡改虚拟机功能	安全特性（如防火墙、主机 IPS、日志监控）必须提供给虚拟机
3	安全的引导（启动）客户虚拟机	攻击者可以篡改客户虚拟机引导过程	安全协议可以确保客户虚拟机的安全引导
4	必须限制虚拟机资源使用	虚拟机大量恶意使用系统资源，导致拒绝服务	管理员必须部署软件或限制虚拟机的资源授权额度

应实施虚拟机镜像中的隐蔽信道检测和防御。有些恶意软件会利用协议中的漏洞实施信息窃取。例如，对 HTTP 头部字段的大小写进行控制，将二进制编码与大小写关联，从而实现数据的缓慢渗出；还可以利用一些不可打印字符携带信息，这很难发现；还会利用 ICMP 协议、DNS 查询及特殊保留字段等实现数据的渗出。

3.6.3　镜像文件获取过程

存储在云端的虚拟机镜像可能包含了客户的数据或敏感信息，因此需要进行加密存储，而密钥就保存在与云隔离的密钥管理服务器上。当虚拟机启动的时候，会发送一个镜像请求，这个请求被镜像解密模块（Image Decryption Module，IDM）拦截，然后 IDM 根据请求的镜像 ID 等信息从密钥管理服务器获取对应的解密密钥，这个解密密钥是采用 SSL 保护传输给 IDM 的。接着 IDM 根据镜像 ID 等信息从镜像存储磁盘获取加密状态的虚拟机镜像，最后利用解密密钥对镜像进行解密，进而获得可启动的镜像。这个过程如图 3-24 所示。

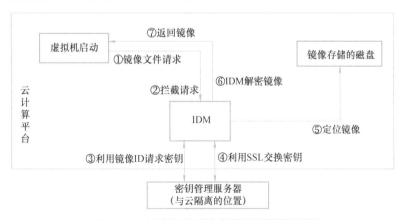

● 图 3-24　加密保护下的虚拟机镜像获取流程

3.6.4　OpenStack 与镜像文件

1. OpenStack 结构

OpenStack 是一个控制着大量计算能力、存储，乃至于整个数据中心网络资源的云操作系统，

OpenStack 为虚拟机提供并管理三大类资源：计算、网络和存储，通过 Dashboard 这个 Web 界面让管理员可以控制、赋予用户使用资源的权限。

OpenStack 架构如图 3-25 所示。

● 图 3-25　OpenStack 架构

OpenStack 支持虚拟机、容器、对象存储、文件存储以及块存储等功能，还提供了 API、监视以及工具等，可通过 Dashboard 进行管理。

OpenStack 是由一系列具有 RESTful 接口的 Web 服务实现的，是一系列组件服务的集合。图 3-26 所示为 OpenStack 的概念架构，这是一个典型的参考架构，用户可选取自己需要的组件，灵活构建 OpenStack 架构，搭建适合自己的云计算平台。OpenStack 项目并不是单一的服务，各子组件内由模块来实现各自的功能。

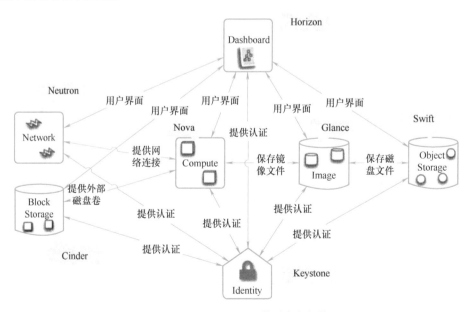

● 图 3-26　OpenStack 典型参考架构

OpenStack 包含了许多组件，主要组件及功能如下：Nova 组件主要提供计算服务；Keystone 组件主要提供认证服务；Glance 组件主要提供镜像服务；Neutron 组件主要提供网络服务（早期称为 Quantum）；Horizon 组件主要提供仪表板服务；Swift 组件主要提供对象存储服务，Cinder 组件主要提供块存储服务，Heat 组件主要提供编排服务，Ceilometer 组件主要提供监控服务；Trove 组件主要提供数据库服务；Sahara 组件主要提供数据处理服务等。

各个组件可以通过消息队列和数据库相互调用和通信。这样的消息传递方式解耦了组件、项目间的依赖关系，所以才能灵活地满足各种实际环境的需要。OpenStack 的成长是在生产环境中不断被检验，然后再将需求反馈给社区，由社区不断改进而获得的，因此 OpenStack 是与生产实际紧密结合的一种云计算实现。

2. OpenStack 中的镜像文件循环

在 OpenStack 中，镜像文件是存储在 Swift 对象存储服务器中的，可通过 Glance 镜像服务对虚拟机镜像进行查询、注册和传输等操作。Glance 本身并不实现对镜像的存储功能，它支持两种镜像存储机制，包括简单文件系统和 Swift 服务存储镜像机制。简单文件系统是指将镜像保存在 Glance 节点的文件系统中，这种机制相对比较简单，可靠性不高；Swift 服务存储镜像机制是指将镜像以对象的形式保存在 Swift 对象存储服务器中，由于 Swift 具有非常健壮的备份还原机制，所以可以降低因为文件系统损伤而造成的镜像故障情况。

Glance 服务支持多种格式的虚拟磁盘镜像，包括 raw/qcow2、VHD、VDI、VMDK、OVF、kernel 和 ramdisk 等，因此 Glance 可视作一个对象存储代理服务，通过 Glance 可存储任何格式的文件。

主要通过 Glance 和 Swift 以及密钥管理服务器即可实现镜像的保存、上传、删除、加密保存、获取、解密等操作，如图 3-27 所示。

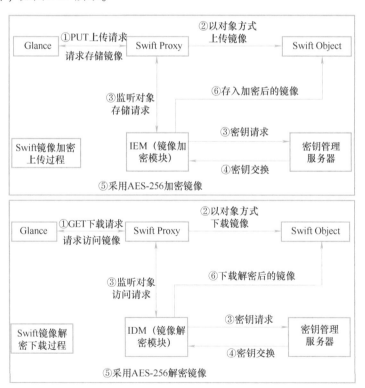

● 图 3-27　通过 Glance 和 Swift 的镜像加密、解密、上传与下载

- 镜像上传与加密。通过 Glance 服务向 Swift 代理提交上传镜像请求。当 Glance 向 Swift 上传镜像的时候，镜像加密模块（Image Encryption Module，IEM）监听镜像上传过程，同时向密钥管理服务器请求密钥，当上传完成进行存储的时候，IEM 执行加密过程。图 3-27 所示

过程采用的是 AES-256 加密/解密算法。
- 镜像解密与下载。当 Glance 服务向 Swift 代理提交下载请求时，IDM 监听镜像的访问请求，同时向密钥管理服务器请求密钥，下载完成后由 IDM 执行解密过程，即可得到明文的镜像。

3.7　本章小结

本章从云计算安全框架入手，详细介绍了云平台典型攻击、云端 IAM 机制、入侵检测、恶意程序检测以及云虚拟机镜像安全管理等内容。通过本章的学习，可使读者熟悉云平台和基础设施安全的主要风险及应对思路和方法，为全面了解云安全奠定基础。

习题

1. 云平台和基础设施面临的主要风险有哪些？
2. 云上身份访问管理包括哪几个方面？
3. 云上恶意程序有哪些类型？有哪些检测方法？
4. 云上典型攻击有哪些类型？有哪些相应的防护方法？
5. 云上入侵检测的方法有哪些？
6. 云上镜像安全管理过程是什么？
7. OpenStack 主要包括哪些组件？各功能是什么？
8. OpenStack 中镜像文件的加密、解密过程是怎样的？

参考文献

[1] 天诺科技. 云平台怎么理解？云平台概念讲解［EB/OL］.（2019-11-08）［2021-04-20］. http：//www.skinod.com.cn/news_dts.asp？id=311.

[2] McAfee. What Is Cloud Security Architecture？［EB/OL］.［2021-04-20］. https：//www.mcafee.com/enterprise/de-de/security-awareness/cloud/what-is-cloud-security-architecture.html.

[3] 启明星辰. 云计算安全［EB/OL］.［2021-04-20］. https：//www.venustech.com.cn/new_type/yjsaqjjfa/.

[4] InfoQ. Introduction to Cloud Security Architecture from a Cloud Consumer's Perspective［EB/OL］.（2011-12-07）［2021-05-20］. https：//www.infoq.com/articles/cloud-security-architecture-intro/.

[5] Jihong_CD. Windows Azure 的账户体系［EB/OL］.（2014-03-23）［2021-05-20］. https：//blog.csdn.net/zuojihong/article/details/21836989.

[6] 嘉为科技.【Azure】混合环境下的身份验证［EB/OL］.（2020-05-28）［2021-05-20］. https：//zhuanlan.zhihu.com/p/144278190.

[7] 好刚.8 分钟视频讲解 DDoS 攻击原理［EB/OL］.（2018-09-08）［2021-05-20］. https：//cloud.tencent.com/developer/news/310970.

[8] 天枢实验室. API 安全发展趋势与防护方案［EB/OL］.（2020-05-22）［2021-05-20］. https：//cloud.tencent.com/developer/article/1636077.

[9] 搜狐. CSA 发布 2020 最新版《云计算 11 大威胁报告》［EB/OL］.（2020-10-21）［2021-06-20］. https：//www.sohu.com/a/426238262_120347998.

[10] weixin_30710457. 开源沙箱 CuckooSandbox 介绍与部署［EB/OL］.（2019-09-19）［2021-05-20］. ht-

tps：//blog. csdn. net/weixin_30710457/article/details/102240787.

［11］ zourzh123. 机器学习方法检测恶意文件［EB/OL］. (2018-08-12)［2021-06-10］. https：//blog. csdn. net/ zourzh123/article/details/81607330.

［12］ wzlinux. OpenStack—原理架构介绍［EB/OL］. （2017-08-31）［2021-05-20］. https：//blog. 51cto. com/ wzlinux/1961337.

［13］ 虫子不懒. 以太网 VLAN 帧格式［EB/OL］. (2019-07-15)［2021-06-10］. https：//blog. csdn. net/weixin _40275691/article/details/96010372.

［14］ Microsoft. Azure 中 IaaS 工作负荷的安全性最佳实践［EB/OL］. （2021-07-16）［2021-06-10］. https：// docs. azure. cn/zh-cn/security/fundamentals/iaas.

［15］ 老马 . DDOS 攻击流量清洗的概念和基本方法［EB/OL］. （2015/06/01）［2021-05-20］. http：// www. lmyw. net. cn/？p = 538.

第4章 云数据安全

学习目标：

- 了解数据安全治理框架。
- 熟悉微软和 Gartner 的数据安全治理框架。
- 了解数据安全治理的一般步骤。
- 熟悉云数据存储架构和流程。
- 了解数据安全生命周期管理。
- 熟悉典型的云数据安全技术。

数据的重要性越来越突出，逐渐成为企业的核心资产，甚至上升到数据资本的高度，因此企业对于数据安全的重视程度越来越高。2020 年 5 月 19 日，美国电信巨头 Verizon 公司发布的 2020 年数据泄露调查报告（DBIR）显示，共 81 个国家参与调研的数据泄露事件中，有 55% 的泄露事件与犯罪组织相关，58% 的数据泄露涉及个人信息，72% 的数据泄露受害者为大型企业。

2020 年 2 月，某上市公司因员工恶意破坏公司线上生产环境及数据，导致其相关系统崩溃，直至 3 月 3 日才完成了全部的数据恢复上线。此次事件导致该公司股价下跌超 22%，股价缩水超 30 亿港元。可见，数据安全问题可能给企业带来很大的损失。

另外，大量的个人信息泄露可能危害到用户的生命或财产安全。个人信息泄露不只是隐私权被侵犯的问题，也可能被犯罪分子利用，从事违法犯罪活动，如电信和网络诈骗。

因此，数据安全已经引起各国的普遍重视。随着各国数据安全战略的部署，数据治理逐步上升到国家战略层面。2021 年我国陆续出台了《中华人民共和国数据安全法》《中华人民共和国个人信息保护法》等法律法规，以加强数据安全保护。

数据安全治理（Data Security Governance，DSG）的概念由 Gartner 提出，同时还提出了相应的原则与框架，2017 年 Gartner 全球安全大会中多位分析师在数据安全、信息安全治理的相关研究报告中多次提及并加以强调，并且认为数据安全治理已成为数据安全中的"风暴之眼"（The Eye Of Storm）。据 Gartner 预测，到 2022 年，90% 的企业将明确将数据作为企业关键资产，将数据分析作为必不可少的能力。

4.1 数据治理

数据治理是在组织数据资产的管理和使用中，按照一定的模型，遵循规定的过程，从而获得高质量的数据，提升数据资产的价值，消减数据安全风险，为组织的决策和业务服务。

4.1.1 数据治理概述

关于数据治理（Data Governance，DG），国际数据管理协会（Data Management Association，DAMA）给出的定义是组织在管理数据资产过程中行使权力和管控，包括计划监控和实施。DAMA 是一个全球性数据管理和业务专业志愿人士组成的非营利协会，致力于数据管理的研究和实践。国际数据治理研究所（DGI）给出的定义：数据治理是一个通过一系列信息相关的过程来实现决策权和职责分工的系统，这些过程按照达成共识的模型来执行，该模型描述了谁（Who）能根据什么信息，在什么时间（When）和情况（Where）下，用什么方法（How），采取什么行动（What）。

数据治理的目的是确保根据数据管理制度和最佳实践正确地管理数据，最终目标是通过数据的清洗和规范过程获得高质量的数据，提升数据资产的价值，消减企业决策风险。数据管理的出发点是保护组织的数据资产和确保组织可以从数据中获得收益。数据治理聚焦于如何制订有关数据的决策，以及人员和流程在数据治理方面的行为方式。数据治理的范围和重点与组织需求紧密相关。一般的数据治理项目都包含如下内容。

- 战略（Strategy）。定义、交流和驱动数据战略和数据治理战略的执行。
- 制度（Policy）。设置与数据、元数据的管理、访问、使用、安全和质量有关的制度。
- 标准和质量（Standards and Quality）。设置和强化数据质量、数据架构标准。
- 监督（Oversight）。在质量、制度和数据管理的关键领域提供观察、审计和纠正等措施，通常称为管理职责（Stewardship）。
- 合规性（Compliance）。确保组织可以达到数据相关的监管合规性要求。
- 问题管理（Issue Management）。识别、定义、升级和处理问题，主要针对数据安全、数据访问、数据质量、合规要求、数据所有权、制度、标准、术语或者数据治理程序等领域。

数据治理职能指导其他数据管理职能的执行。数据治理也是一套持续改善的管理机制，通常包括数据架构组织、数据模型、政策及体系制订、技术工具、数据标准、数据质量、影响度分析、业务流程、监督及考核等多个方面。

数据治理一般是由企业发起的，是关于如何制订和实施针对整个企业内部数据的管理、使用以及流转控制的一系列政策、流程和标准规范。

4.1.2 DMBOK 数据治理框架

DMBOK 是由 DAMA 发布的关于数据管理的专著《DAMA 数据管理知识体系指南（第 2 版)》，对于企业数据治理体系的建设有一定的指导性。DMBOK 对企业级数据治理提出了框架性建议。不同的行业、不同性质的企业、不同的信息化程度、不同的企业文化，其数据治理方案可根据该框架的建议因地制宜。

DMBOK 将数据治理划分为 10 个职能域，如图 4-1 所示。

- 数据架构管理：定义数据资产管理蓝图。
- 数据仓库和商务智能管理：实现报告和分析。
- 数据质量管理：定义、监测和提高数据质量。
- 元数据管理：元数据的整合、控制以及提供。
- 数据安全管理：确保隐私、保密性和适当的访问权限等。
- 数据建模和设计管理：数据的分析、设计、实施、测试、部署、维护等工作。
- 数据存储和操作管理：提供从数据获取到清除的技术支持。
- 参考数据和主数据管理：管理数据的黄金版本和副本。
- 文档和内容管理：管理数据库以外的数据。

- 数据集成和互操作管理：在数据管理和使用层面之上进行规划、监督和控制。

企业在实施数据治理的时候，应充分做好分析和评估。企业数据治理应考虑以下要素。

（1）数据治理的对象和范围

数据治理的对象是数据资产，而数据资产是无形的，其本质是数据作为一种经济资源参与企业的经济活动，减少和消除企业经济活动中的风险，为企业的管理控制和科学决策提供合理依据，并预期给企业带来经济利益。数据资产虽不具备实物形态，但是它必定是实物在网络世界映射的一种虚拟形态。

对于企业而言，人、设备、产品、物料、软件系统、数据库，以及任何使用文件作为载体的各类数据，都属于企业的数据资产。然而，不同行业的数据治理侧重点也不同。数据治理要理解行业需求、企业诉求，在

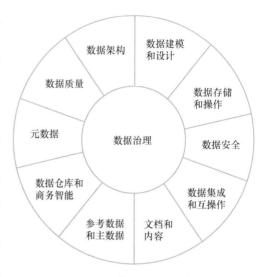

● 图 4-1　数据治理的职能划分

不同行业、不同企业应具有不同的差异化方案。企业在实施数据治理的时候，首先要进行数据资产的识别和定义，明确数据治理的对象和范围。

（2）数据治理的内容

数据治理是长期、复杂的工程，涉及组织体系、标准体系、流程体系、技术体系和评价体系五个方面，包含了数据标准、数据质量、主数据、元数据、数据安全等多个方面的内容。由于企业性质、业务特点、管理模式的不同，有必要建立符合企业现状、企业需求和企业发展愿景的数据治理框架，指导企业数据治理工作的开展。

（3）数据治理责任者

数据治理是对企业数据资产的治理，企业数据资产的生产、使用都有明确的责任部门，显然数据资产的生产及归属部门应该是业务部门。所以，企业数据治理应是由高层领导牵头，业务部门负责，信息化部门实施，企业全员参与的一项大工程。企业应培养全员的数据思维和数据安全意识，并且不断进行教育宣传，将其融入企业文化中。

4.2　数据安全治理

数据安全治理（Data Security Governance，DSG）是数据治理体系的一个子集，包括数据、业务、安全、技术、管理等多个方面。Gartner 认为数据安全治理不仅是一套用工具组合的产品级解决方案，而且是从决策层到技术层、从管理制度到工具支撑，自上而下贯穿整个组织架构的完整链条。组织内的各个层级之间需要对数据安全治理的目标和宗旨取得共识，确保采取合理和适当的措施，以最有效的方式保护信息资源。

数据安全治理就是在企业的主导下，利用技术、工具、管理等手段，规范数据在采集、传输、存储、处理、流转、使用和销毁等全生命周期实施的相应强度的安全保护，确保数据相关活动符合相关的法律法规要求和组织及合作方的业务及利益要求，促使数据在组织内部及合作方之间安全使用和流转。

1. 数据安全治理方法

数据安全治理涵盖了数据分类分级、数据资产梳理、数据安全风险评估、数据安全策略制订、数据安全防护实施、数据安全评估、数据安全运维等过程。

从数据安全治理实践来看，数据安全治理通常以数据分类分级为起点，以数据生命周期安全为主线，以合规性评估为支撑，以业务场景数据安全保护为主要应用。主线、支撑和应用分别从不同的角度进行需求分析和安全防护规划，共同构成统一的整体，基于数据安全治理框架，达到组织数据安全治理的目标。

（1）以数据分类分级为起点

对数据资产进行摸底，按照一定的策略和方法进行分类和标识，形成数据资产分类清单，明确数据安全主体责任及防护边界。综合分析数据的保密性、完整性、可用性和可控性等属性，进行数据的逐类安全定级和标识，并明确各级别、各类型的安全需求，配套相应保障措施，实现分类分级安全管理。

（2）以数据生命周期安全为主线

对数据生命周期定义了六个方面的数据活动：数据产生管理、数据存储管理、数据使用管理、数据传输管理、数据共享管理和数据销毁管理。同时根据需要，也可以以其他系统定义的数据生命周期为主线进行数据安全治理和管理规划。

（3）以数据安全合规性评估为支撑

随着法律法规对数据合规治理体系的日趋严苛，基于合规性的数据安全管理需求是企业组织急需落实的数据安全需求。基于合规性评估的数据安全治理，应当明确建设范围，给出合规性评估，进行规划设计，开展数据安全保护措施，以达到顺利验收评审。

（4）以业务场景数据安全保护为主要应用

业务场景涉及数据的采集、传输、存储、使用、处理和流动等环节，包括内部数据使用、内外交互场景、业务系统安全防护以及移动应用场景等。基于业务场景的安全治理就是结合相关的法律法规、标准规范，以及企业自身的数据安全策略，明确数据安全治理的范围，制订相应的数据安全保护制度，并实施数据安全保护相关的技术，达成数据安全治理的目标。

2．数据安全治理流程

数据安全治理一般流程包括需求分析、对象识别、风险评估、治理规划和持续改善等，每个流程阶段相关的内容见表 4-1。

表 4-1　数据安全治理一般流程

需求分析	对象识别	风险评估	治理规划	持续改善
数据合规要求 　外部法律合规需求：理解国内外相关法律法规，如网络安全法、网络安全等级保护、数据安全法、个人信息保护法等数据安全治理的合规要求 　内部管理提升需求：理解企业发展战略、业务和技术能力建设路线，识别企业对数据安全的主要需求，如数据完整性、数据保密性、数据可用性等 　合作伙伴的安全需求	数据资产保护对象 　数据资产盘点：识别企业存在的数据资产类型，以及其使用部门和角色授权、资产分布、使用量级、访问权限等数据使用情况 　数据资产分级分类：从数据资产清单中，依据安全保护原则，识别企业核心数据资产（个人信息/隐私、核心 IP、重要数据），按照资产属性（如类别、密级）制订不同管理和使用原则	数据安全风险 　数据生命周期安全评估：从组织、流程、人员、技术角度，依据数据安全能力成熟度模型评估数据生命周期各阶段的数据安全风险 　场景化数据安全评估：从数据应用场景出发，评估各类场景，如开发测试、数据运维、数据分析、应用访问、特权访问等数据使用/应用场景的安全风险 　安全风险矩阵设计：归集不同风险类型，进行差距分析，设定风险消除策略	数据保护能力规划 　组织结构：建立数据安全的决策机制、职能岗位、组织结构、合规监测流程、治理建议等 　制度规范：制订数据安全的方针政策、制度规范、操作标准、管理模板等 　技术架构：规划数据安全保护技术架构及系统方案	数据安全能力持续提升 　行为管控：结合业务流程加强数据访问、数据传输、数据存储、数据处理、数据共享、数据销毁等各环节的数据安全保护举措 　过程控制：明确数据安全过程化场景，如开发测试、数据运维、数据分析、应用访问、特权访问等，引入有效管理手段和监管技术工具 　闭环管理：从组织、流程、人员、技术维度设计持续完善策略，积极响应政策合规、管理规范等需求

4.2.1　微软数据安全治理框架

DGPC（Data Governance for Privacy，Confidentiality and Compliance Framework）是微软提出的数据安全治理框架。DGPC 侧重于隐私、保密和合规，其数据安全治理理念主要围绕"人员、流程、技术"三个核心能力领域的具体控制要求展开。

（1）人员

微软认为数据治理流程和工具的有效性取决于使用和管理它们的人员，所以框架首先围绕人员展开。建立一个由组织内部人员组成的 DGPC 团队，明确定义其角色和职责，提供足够的资源供他们执行相应的职责，以及对总体数据治理目标给予明确指导。

该团队实质上是个虚拟组织，其成员共同负责定义数据分类、保护、使用和管理过程中关键方面的原则、政策和过程。这些人（通常称为"数据安全管理员"）通常还会开发组织的访问控制配置文件，确定由什么构成符合策略的数据使用规程，建立数据泄露通知程序和升级路径，并监督其他相关数据管理领域的安全实施。

（2）流程

DGPC 工作人员应梳理必须满足的各种权威文件（法律、法规、标准以及公司政策和战略文件）中的相关要求，并理解这些法定要求、组织策略和战略目标是如何相互交叉并影响的，有助于组织将其业务和合规性数据需求（包括数据质量指标和业务规则）整合为一个协调的集合，而后定义满足这些需求的指导原则和策略。最后，组织应在特定数据流的背景下识别对数据安全、隐私和合规性的威胁，分析相关风险并确定适当的控制目标和控制活动。

（3）技术

微软提出了一种分析特定数据流的方法，以识别信息安全管理系统或控制框架甚至更广泛的保护措施都可能无法解决的残留的、特定流程的风险。这种方法包括完成一个称为风险/差距分析矩阵的表单，该表单主要围绕三个元素构建：信息生命周期、四个技术领域以及组织的数据隐私和机密性原则，如图 4-2 所示。

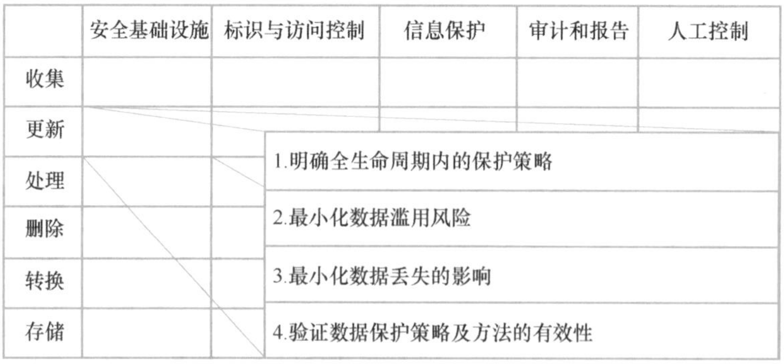

	安全基础设施	标识与访问控制	信息保护	审计和报告	人工控制
收集					
更新					
处理		1.明确全生命周期内的保护策略			
删除		2.最小化数据滥用风险			
转换		3.最小化数据丢失的影响			
存储		4.验证数据保护策略及方法的有效性			

● 图 4-2　DGPC 的风险/差距分析矩阵

DGPC 框架与企业现有的 IT 管理和控制框架（如 COBIT）以及 ISO/IEC 27001/27002 和支付卡行业数据安全标准（PCIDSS）等协同工作以实现治理目标。

4.2.2　Gartner 数据安全治理框架

Gartner 的数据安全治理框架主要包括如下五个步骤，如图 4-3 所示。

● 图 4-3　Gartner 的数据安全治理框架

第一步：平衡业务需求与安全风险。组织在数据安全治理工作开始前应就一些需求达成多方共识，主要包括经营策略、治理、合规、IT 策略和风险容忍度等五个维度的平衡。

第二步：识别、排序和管理数据集生命周期。对全生命周期的数据集进行识别和分类分级。后续的一些数据安全治理工作是基于分类分级展开的，不同级别的数据实施不同程度的保护策略。

第三步：定义数据安全策略。在分类分级基础上，明确被保护的数据对象、访问数据的人员及其对数据的操作行为，然后据此制订不同类别、不同级别的数据在全生命周期的安全策略，以及相应人员及其访问行为的安全管控策略等。

第四步：开发安全产品。通常组织的数据安全治理具有非常强的定制性，因此需要开发能够支撑组织自身数据安全策略的安全产品或工具。Gartner 在数据安全治理体系中提出了五类安全和风险控制工具，包括 Crypto、DCAP（Data Centric Audit and Protection）、DLP（Data Loss Prevention）、CASB（Cloud Access Security Broker）、IAM（Identity and Access Management）等。

第五步：协调所有产品的策略。最后为所有产品配置安全策略并保持策略适配，避免防护盲点，然后同步下发，策略覆盖的对象包括数据库管理系统、大数据、文件、云以及终端等方面。

4.2.3　数据安全治理的挑战

数据安全面临的威胁包括数据泄露、数据流转失控、敏感隐私数据保护不足、数据保护措施与保护强度不相称、数据安全保护制度不健全、数据安全意识不够、数据安全保护措施不齐全等。在技术方面，数据安全治理面临数据状况梳理、敏感数据访问与管控、数据安全审计和风险发现等三个方面的挑战，如图 4-4 所示。

数据状态梳理方面			敏感数据访问与管控方面					数据安全审计和风险发现			
敏感数据分布情况	敏感数据访问状况	账号和授权状况	敏感数据访问审批	黑客攻击防御	数据加密与访问授权	数据脱敏和业务仿真	数据分发	账号权限变更审计	泄露数据追踪溯源	数据访问异常行为发现	数据泄露丢失风险发现

● 图 4-4　数据安全治理面临的挑战

1. 数据安全状况梳理方面的挑战

组织需要确定敏感性数据在系统内部的分布及流转情况，难点在于从成百上千的数据库和存储文件中梳理敏感数据的分布；组织需要确定敏感性数据的访问方式，确定访问敏感数据的系统、进程、用户以及访问方式；组织需要确定访问保存敏感数据的数据库和业务系统的账号和授权状况，并以适当的方式监测访问敏感数据的账号和操作状况。

2. 敏感数据访问与管控方面的挑战

在敏感数据访问和管控技术方面的挑战，可细分为以下五个方面。

（1）敏感数据的访问审批需要在执行环节有效落地

对于敏感数据的访问、批量数据的下载要进行审批，这是数据治理的关键，但工单的审批若是在执行环节无法有效控制，访问审批制度就仅仅是空中楼阁。

（2）对突破访问控制规则的入侵行为进行防御

采用基于数据库的权限控制技术、PMI 特权管理设施技术，对涉及敏感数据的数据库和文件等数据。按照最小特权原则实施访问控制，并对支撑平台进行漏洞管理，防止黑客利用各种漏洞对系统进行入侵。

（3）实现存储层的加密与访问授权

将文件系统和存储加密与相关的权限控制体系进行结合，实现存储加密、权限控制、态势监测和快速检索为一体的整体解决方案，才能同时保证敏感数据的机密性、安全性和可用性。

（4）实现业务逻辑后的数据脱敏

当应用系统访问敏感数据的时候，需要进行模糊化或脱敏处理，防止发生敏感数据泄露。对于测试环境、开发环境和业务环境中的敏感数据需要进行模糊化，模糊化后的数据应保持相应系统对数据特性的一致性要求，防止模糊化或脱敏处理影响相关系统处理结果的正确性。

（5）实现数据提取分发后的管控

数据共享和数据复制也是敏感数据管控中的难题之一。需要采用一些技术和管理措施确保敏感数据分发后仍处于受控状态。可采取敏感数据标签技术、日志技术、水印技术或者可溯源技术等，来实现敏感数据分发后的安全管理。

3. 数据安全审计和风险发现方面的挑战

（1）对账号和权限变化进行跟踪

定期对账号和权限变化状况进行跟踪，保证对敏感数据的访问权限符合既定策略和规范；对大量业务系统和数据库的账号与权限变化状况进行跟踪，需要采用一些自动化方式进行。

（2）实现全面的日志审计

在《网络安全法》《数据安全法》颁布实施后，对数据安全的日志审计提出了更多、更严格的要求。例如，网络日志存储要求不少于 6 个月、云的提供商和用户都必须实现全面的日志记录。全面审计工作对各种通信协议、云平台的支撑，海量数据存储、检索与分析能力均形成挑战。全面审计是数据安全治理策略切实落地的关键。

（3）快速实现对异常行为和潜在风险的发现与告警

快速发现非正常的访问行为和系统中存在的潜在风险是数据安全治理中一个非常重要的任务。对敏感数据的访问行为建立合理的模型、及时发现和控制系统平台上的安全风险能够减少敏感数据泄露和滥用的安全风险。

4.2.4 数据安全治理步骤

数据安全治理的步骤主要包括对数据进行分类分级、对数据进行梳理并设置标签、实施数据安全防护措施、建立数据安全保护制度等。

数据安全治理工作从数据分类分级开始。数据分类可依据数据的来源、内容和用途进行；数据的分级可以按照密级进行，也可结合各企业自身实际，根据司法管辖权、重要性等进行分级。

1. 数据安全分类分级

数据安全分级分类是一种数据安全管理活动，根据特定和预定义的标准，对数据资产进行一致性、标准化的分类和分级，可将结构化和非结构化数据都纳入到预定义的类别中，然后根据数据的级别（类别）实施预定义的安全策略。

（1）数据安全分类分级的必要性

数据安全分类分级是对数据资产进行安全管理和合规管理的重要组成部分，其主要目的是确保各种数据（包括敏感数据、关键数据和受到法律保护的数据以及业务数据、客户数据和生产数据等）得到适当的保护，降低发生数据泄露、数据丢失、数据非法访问、数据破坏等数据安全事件发生的可能性。

通过对数据的分类分级，可识别数据对组织的具体价值，从而按照组织的数据安全方针确定不同类别、级别数据的保护策略、保护措施和安全运维要求，这样就避免了一刀切的粗放式数据管理，取而代之的是更加精细的措施，使数据在共享使用和安全使用之间获得平衡，确保数据在组织内部以及相关利益方之间的安全使用、共享和流通。

在对数据进行分类分级后，即可按照不同的类别和级别实施相应的保护措施以及数据安全运维策略，尽可能对数据做到有针对性的、适当强度的防护，从而实现数据在适当安全保护下的流动。

- 数据分类：根据组织数据的某种或多种属性或特征的组合，将其按照一定的标准和方法进行归类，并建立一定的分类体系，以便更好地管理和使用数据的过程。
- 数据分级：按照一定的分级标准对不同类别或重要程度不同的数据进行定级和跟踪维护，从而为组织的数据安全使用、共享和流通提供支撑。

（2）数据分类分级方法

一般来讲，数据的重要性越高、数据越敏感，数据的级别就越高，其保护要求也越高。

1）数据的分类。例如将组织的数据划分为监管合规类、业务功能类和项目类等。

- 监管合规类。不同业务的数据受到法律监管的程度不同，甚至会受到不同国家或地域的法律监管。组织可能基于特定国家/地域的法律进行分类，这种情况多适用于一些涉及外包的组织。
- 业务功能类。组织可针对不同用途或业务的数据进行分类，以便对某一类数据设置相应的类别。例如，将数据划分为运营类数据、财务类数据、客户类数据、宣传类数据等。
- 项目类。组织也可基于项目实施数据分类，按照相关的项目定义数据的集合。这类数据在项目完成以后，其访问量就会非常少，或者按照项目的要求实施管理即可。

2）数据的分级。

- 依据敏感性进行分级。这种方式多适用于涉密单位，如军方、政府等单位，将数据划分为绝密、机密、秘密、内部以及公开等不同的敏感级别。
- 按照司法管辖权进行分级。在云计算场景下，一些数据可能存储于不同的国家和地区，不同国家和地区具有不同的法律及隐私要求，因此需要在不同的司法管辖权下实施不同的安全策略。例如，位于欧盟国家的网站就必须按照欧盟的 GDPR 规定适当收集和保护公民的隐私信息。
- 按照重要性进行分级。这种方式适用于所有的组织，是一种通用的数据分级方式。例如，可将数据划分为对组织生存至关重要的数据、很重要的数据、一般重要的数据、需要保密的数据、公开数据等不同级别。数据分类分级的例子如图4-5所示。

信息类别	信息项	对三方价值	事故影响	分类定义
客户基本资料	政企客户资料	牟取暴利	造成政企客户流失、损失巨大	机密数据
	个人客户资料	价值较大	造成客户损失、损失大	敏感数据
	各类特殊名单	牟取暴利	造成投诉、损失大	敏感数据
身份鉴权信息	用户密码	牟取暴利	造成客户损失、损失巨大	机密数据
客户通信信息	详单	价值较大	造成投诉、损失大	敏感数据
	账单	价值一般	损失一般	普通数据
	客户当前位置信息	价值较大	损失一般	敏感数据
	客户消费信息	价值一般	损失一般	普通数据
	订购关系	价值低	无明显损失	普通数据
	增值业务订购关系	价值低	无明显损失	普通数据
	增值业务信息	牟取暴利	造成客户损失、损失大	敏感数据
客户通信内容信息	客户通信内容记录	牟取暴利	客户私密信息泄露，损失巨大	机密数据
	移动上网内容及记录	价值低	损失一般	普通数据
	增值业务客户行为记录	价值低	客户私密信息泄露，损失大	敏感数据
	领航平台交互信息	牟取暴利	损失一般	敏感数据

• 图4-5 数据分类分级实例

还有一个典型例子是美国政府数据和北约的分级。典型的美国政府数据安全分类分级方案中，按照敏感度进行分类，其分配的级别一般不超过三个。而对于结构极其复杂的组织，数据安全分类分级可采用多个级别。例如，北约的安全指导（Security Indoctrination）文档显示，其数据可以分为六个级别：宇宙绝密（Cosmic Top Secret）、北约机密（NATO Confidential）、北约秘密（NATO Secret）、北约限制（NATO Restricted）、北约非机密（NATO Unclassified）以及向公众公开的非敏感数据。可以看到北约是根据数据的敏感度进行分级的。

3）数据分类分级的要求。我国工业和信息化部于2020年发布的《工业数据分类分级指南（试行）》（工信厅信发〔2020〕6号），根据不同类别工业数据遭篡改、破坏、泄露或非法利用后造成的潜在影响或后果，将工业数据分为一级、二级、三级。其中的第九条、第十条和第十一条提出了分级方法。

第九条 潜在影响符合下列条件之一的数据为三级数据：

（一）易引发特别重大生产安全事故或突发环境事件，或造成直接经济损失特别巨大；

（二）对国民经济、行业发展、公众利益、社会秩序乃至国家安全造成严重影响。

第十条 潜在影响符合下列条件之一的数据为二级数据：

（一）易引发较大或重大生产安全事故或突发环境事件，给企业造成较大负面影响，或直接经济损失较大；

（二）引发的级联效应明显，影响范围涉及多个行业、区域或者行业内多个企业，或影响持续时间长，或可导致大量供应商、客户资源被非法获取或大量个人信息泄露；

（三）恢复工业数据或消除负面影响所需付出的代价较大。

第十一条 潜在影响符合下列条件之一的数据为一级数据：

（一）对工业控制系统及设备、工业互联网平台等的正常生产运行影响较小；

（二）给企业造成负面影响较小，或直接经济损失较小；

（三）受影响的用户和企业数量较少、生产生活区域范围较小、持续时间较短；

（四）恢复工业数据或消除负面影响所需付出的代价较小。

可以看到，《工业数据分类分级指南（试行）》是根据数据的重要性进行分类的。

4）数据标签。数据标签可以是数据的敏感性等级、数据类别、数据合规要求、数据所属项目等，或者采用组合的方式进行设置。

一些组织往往在完成数据的分类分级之后，还会为不同类别、不同级别的数据设计并分配标签，便于按照标签设计和实施不同的数据安全保护策略；接着可进行数据的识别，同时为识别到的数据进行类别、级别和标签的设置；数据识别完成以后，即可按照组织的数据安全治理策略在不同的业务流程中实施相应的安全措施，对不同级别的数据实施相应程度的保护。

需要注意的是，数据的级别可能随着时间而发生变化，特别是一些项目类的数据、人力资源数据、技术类的数据以及科研类的数据；也可能一些数据被纳入新的项目，而随着项目的级别发生变化。因此，对于数据的级别，需要按照一定的周期进行更新，同时需要根据新的级别实施保护措施。

在对数据进行分类的时候，也可分为结构化和非结构化数据，从而可采用相应的数据安全防护工具，对数据生命周期中各种数据活动实施相应的数据安全防护措施。

2. 数据安全策略与流程制订

在整个数据安全治理的过程中，最重要的是制订并正确实施数据安全策略。组织的数据安全策略经常以《某某数据安全管理规范》等形式进行发布，所有工作流程和技术都是围绕着此规范来制订和落实的。

规范的出台往往需要经过大量的工作才能完成，这些工作通常包括以下几个部分。

1）梳理出组织需要遵循的数据安全合规要求、外部政策，以及与数据安全管理相关的内容。

2）根据该组织的数据价值和特征，梳理出核心数据资产，并对其进行分级分类。

3）厘清核心数据资产的使用流程和状况（收集、存储、使用、流转）。

4）分析核心数据资产面临的威胁和使用风险。

5）明确核心数据资产访问控制的目标和访问控制流程。

6）制订组织数据安全实施规范和安全风险定期核查策略。

（1）数据安全治理合规性

在我国，数据安全治理同样需要遵循国家的安全法律法规标准和行业内的安全政策。国家安全法律法规标准包括《数据安全法》《网络安全法》《网络安全等级保护基本要求》等，涉密系统需要遵循 BMB17-2006《涉及国家秘密的信息系统分级保护技术要求》等标准。行业内的安全政策及标准包括《中央企业商业秘密保护暂行规定》《企业内部控制基本规范》等，以及金融、电力、石油等不同行业的标准及规定。组织在制订自身的数据安全治理策略时，应当兼顾国家标准和行业标准要求。

（2）数据资产状况的梳理

1）数据使用部门和角色梳理。在数据资产的梳理中，需要明确数据的存储方式，数据被哪些部门、系统、人员使用以及数据的使用方式。对于使用数据的部门和人员角色的梳理，可在管理规范文件中说明，同时明确不同角色在数据安全治理中的分工和职责。组织的安全管理部门及其职责一般如下。

- 安全管理部门：主要职责包括制度制订、安全检查、技术导入、事件监控与处理。
- 业务部门：主要职责包括业务人员安全管理、业务人员行为审计、业务合作方管理。
- 运维部门：主要职责包括运维人员行为规范与管理、运维行为审计、运维第三方管理。

- 其他部门：主要是第三方外包、人事、采购、审计等管理部门。

数据治理的角色及其分工主要如下。

- 安全管理部门：安全制度和安全政策的制订者，实施安全策略的检查与审计管理。
- 业务部门：根据单位的业务职能划分，对产生的数据按规范进行标记。
- 安全运维部门：制订并实施数据安全策略，部署维护数据安全措施，处理数据安全应急事件等。

2）数据的存储与分布梳理。明确敏感数据的存储要求，如隔离、加密算法、加密强度、密钥生命周期、传输加密等。

熟悉敏感数据的分布是进行管控的前提，然后根据安全策略对这些数据实施相应的安全管控措施，并对相关的业务人员和运维人员实施相应的管控。

明确敏感数据脱敏策略，如模糊化、删除敏感数据、替换为不可读符号等。

3）数据的使用状况梳理。在清楚了数据的存储分布后，还需要掌握数据的访问需求，才能更准确地制订对敏感数据访问的权限策略和管控措施。例如，某运营商对敏感信息使用情况梳理，如图4-6所示。

业务支撑	BOSS	政企客户资料、个人客户资料、各类特殊名单、用户密码、详单、账单、客户消费信息、基本业务订购关系、增值业务（含数据业务）订购关系、增值业务信息、统计报表、渠道及合作伙伴资料、资源数据
	EDA	政企客户资料、个人客户资料、各类特殊名单、用户密码、详单、账单、客户消费信息、基本业务订购关系、增值业务（含数据业务）订购关系、增值业务信息、统计报表、渠道及合作伙伴资料、资源数据
	客户服务平台	可获取的信息：详单、客户资料
	网管系统	可获取的信息：位置信息
通信系统	短信网关	短信记录，短信内容
	ISAG	彩信记录，彩信内容
	HLR	客户当前位置信息、用户状态
	WAP网关	客户上网记录、彩信记录
	端局	原始话单文件、位置信息
	关口局	原始话单文件
业务平台	ISMP-BMW	订购关系
	终端自注册平台	终端型号信息
	天翼Live	通信记录
	协同通信平台	通信记录
	基地平台	订购关系、行为

● 图4-6 某运营商的敏感信息使用情况梳理

从图4-6中可以看出，通过对数据的梳理可得出不同业务系统对这些敏感数据的访问需求和基本特征，如访问的频度、IP、访问次数、操作行为类型、批量数据操作行为等，基于这些基本特征可进行数据管控策略的制订。

（3）数据安全策略的制订

针对数据使用的不同方式，需要制订数据使用的原则和控制策略，一般包括数据访问账户及权限管理、数据使用过程中的相关原则、数据共享及存储安全策略等。

对数据的访问权限可分为对数据属性的读、写、修改以及删除操作，对数据的读、写、备份、恢复以及删除操作，对数据文件及其所在目录的读、写、删除、属性修改、移动等操作，对数据所在分区/磁盘的访问权限等。

数据访问的账号和权限管理相关原则和控制内容包括专人账号管理、账号独立原则、账号授权审批、最小授权原则、账号回收管理、管理行为审计记录、定期账号核查等。

数据使用过程管理中，相关原则和控制内容包括业务需要访问原则、批量操作审批原则、高敏感访问审批原则、批量操作和高敏感访问指定设备、IP原则、访问过程审计记录、开发测试访问模糊化原则、访问行为定期核查等。

数据共享（提取）管理的相关原则和控制内容包括最小共享和模糊化原则、共享（提取）审批原则、最小使用范围原则、责任传递原则、定期核查原则等。

数据存储管理的相关原则和控制内容如下。

- 不同敏感级别的数据应区分存储的网络区域，低级别区域不存储高级别数据。
- 敏感数据存储加密。
- 敏感数据专用设备备份，低级别存储设备不存储高等级数据。
- 移动存储设备严格管理。
- 存储设备的销毁管理。

组织还需要针对数据安全管理制订相关的管理制度和数据安全管理规范，按照合规要求、业务要求和相关合作方要求，对不同级别的数据采用不同的安全措施，并实施安全运维，持续优化数据安全的技术防护和管理，确保数据的安全采集、安全传输、安全处理、安全存储、安全使用以及安全共享和安全销毁等数据全生命周期的安全。

（4）定期核查策略

定期的核查是保证数据安全治理规范正确实施的关键，也是信息安全管理部门的重要职责，包括合规性检查、操作监管与稽核和风险分析、发现与处置等，确保数据安全策略的正确执行。

1）数据安全合规方面的内容如下。

- 符合《网络安全法》、《数据安全法》和《个人信息保护法》等相关法律要求。
- 符合合作方或当地的数据安全相关要求。
- 符合组织的业务数据安全要求。

2）操作监管与稽核方面的内容如下。

- 数据访问账号和权限审核，临时账号、离职员工账号及时删除。
- 账号和权限的使用及权限变更报告。
- 业务单位和运维部门数据访问过程的合法性监管与稽核。
- 定义异常访问行为特征。
- 对数据的访问行为能进行完全的记录和分析。

3）风险分析与发现。主要对数据访问日志进行综合分析，发现潜在异常行为，在数据使用过程中进行渗透攻击以测试数据保护措施的安全能力是否达到相关要求。

在整个数据安全治理中，制订的数据安全策略性文件和系列实施文件等数据安全纲领性文件要覆盖数据安全治理的需求目标和重要环节，针对所有与敏感数据有关的账号权限进行定义，对数据访问权限及过程设计相应的控制流程。

在数据安全管理中，也可采用一些数据安全可视化工具进行辅助管理。例如，可按照数据分级分类结果形成资产分布视图、数据安全态势视图等，便于发现数据安全风险，辅助数据安全治理工作。

3. 数据安全治理步骤

数据安全治理是为达成数据安全管理目标而采取的战略、组织、政策的总和。数据安全管理则是在数据安全治理所设定的战略方向、组织架构、政策框架下所采取的行政事务管理和日常例行决策的集合。数据安全管理和数据安全治理的对比见表4-2。

表4-2　数据安全管理与数据安全治理对比

对比要素	数据安全管理	数据安全治理
决策者	职能部门内最高级别的主管	董事会或各领域风险管理委员会（集体决策）
角色定位	被授权，在政策框架内以及职能部门内执行战术层面的决策（执法）、业务合规、沟通与报告	战略方向决策、制订政策、给合适的人选授权（用于执行战术决策）以及监督与问责
改进方法	面向目标，使用技术手段、业务手段、团队激励与考核方法进行调整	面向战略，组织架构调整与权责的重新划分（部门整合、裁撤等）、部门管理者调整（轮岗、调岗等）、跨部门流程

（1）建立数据安全治理机构

数据安全治理首先要成立专门的数据安全治理机构，以明确数据安全治理的政策，落实和监督具体的负责部门和领导，确保数据安全治理的有效落实。某运营商的数据安全治理组织架构如图4-7所示。

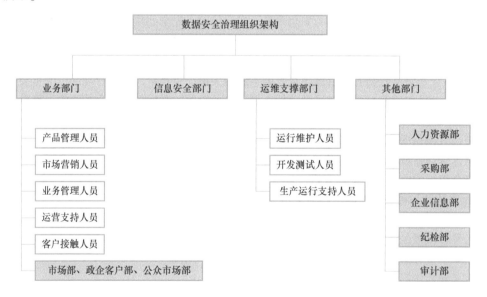

● 图4-7　某运营商的数据安全治理组织架构

在图4-7中，深色表示具体的部门，浅色表示具体角色。该机构覆盖了业务、安全、运维和企业的相关管理支撑部门。

（2）制订数据安全管理规范

在整个数据安全治理的过程中，最为重要的是制订并实施数据安全策略和流程。通常在企业或行业内以《某某数据安全管理规范》进行发布，所有的工作流程和技术支撑都是围绕着此规范来制订和落实的。

数据安全管理规范主要包括数据安全管理角色与职责、数据安全分类分级标准、组织的数据类型及级别、不同级别的数据安全管理要求、不同级别的数据安全保护措施及安全运营要求等。

同时在数据安全管理规范中，还应当声明对重要数据及系统的备份方法、备份间隔、数据恢复测试等内容。

（3）建立数据安全管理技术支撑框架

数据安全管理技术支撑框架涵盖了数据采集、数据传输、数据存储、数据共享、数据交换、数据使用以及数据销毁等全生命周期中涉及的数据安全、应用安全、系统安全和网络安全等的管理与控制支撑。我国数据安全服务商安华金和提出的数据安全管理技术支撑框架如图 4-8 所示。

数据资产梳理技术				数据使用安全控制技术						数据安全审计与稽核技术		
数据静态梳理技术	数据动态梳理技术	数据状态可视化呈现技术	数据资产存储系统的安全评估技术	业务系统数据访问安全管控技术	数据安全运维管控技术	开发测试环境数据安全使用技术	业务影响分析数据安全管控技术	数据分发管控技术	数据内部存储安全技术	行为审计与分析技术	权限变化监控	异常行为分析技术

● 图 4-8　数据安全管理技术支撑框架

安华金和提出的数据安全管理技术支撑框架主要包括数据资产梳理技术、数据使用安全控制技术和数据安全审计与稽核技术三类。

1）数据资产梳理技术。数据资产梳理是数据安全管理的前提和基础，通过对数据资产的梳理，可以确定敏感数据在系统内部的分布状况、敏感数据如何被访问、相关的账号和授权状况。数据资产梳理技术主要包括静态梳理技术、动态梳理技术、数据安全状态可视化呈现技术以及数据资产存储系统的安全现状评估技术等。

数据资产梳理是根据本单位的数据价值和特征以及分级分类和安全管理要求，梳理出本单位的数据资产，并对其分级分类，为实施数据安全技术、落实相关管理措施奠定基础。

2）数据使用安全控制技术。数据使用安全控制技术的选择和部署需要厘清不同级别的数据在企业内部的流动路径及其传输、处理环境，从而确定相应的安全控制措施。在数据使用过程中，按照数据流动路径及使用需求，数据流经的具体场景主要包括通过业务系统访问数据、数据运维调整、开发测试时使用数据、BI（商业智能）分析时使用数据、面向外界分发数据、内部高权限人员使用数据等典型应用。在数据使用的各个环节中，需要通过不同的技术手段对各个场景下的安全风险进行有效控制和规避，如图 4-9 所示。

3）数据安全审计与稽核技术。数据安全稽核是安全管理部门的重要职责，以此保障数据安全管理策略和规范的有效实施，确保快速

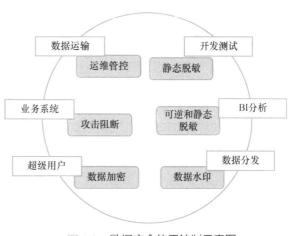

● 图 4-9　数据安全使用控制示意图

发现异常行为和潜在的安全风险。数据所面临的安全威胁与风险是动态变化的，因此数据安全防护措施也应该不断更新，控制这些威胁。完善的审计与稽核能力能帮助组织及时掌握威胁与风险的变化，明确数据安全防护的重点方向，并优化防御策略，强化防御薄弱点，使防护能力保持在一定的水平。

数据安全审计与稽核技术主要包括行为审计与分析、权限变化监控和异常行为分析等三种技术。

（4）数据安全应急响应准备

在数据安全管理中，制订数据安全事件应急预案是应对数据安全事件的重要手段。当发生数据安全事件的时候，应急处置人员可依据数据安全事件应急预案进行相应的处理，确保数据不丢失、敏感数据不泄露、数据违规访问不发生，同时确保业务系统快速恢复。

数据安全应急响应预案包括对数据安全事件的分级、组织准备、技术准备、文档准备、工具准备以及应急处置流程准备等内容，不同组织可根据自身实际进行制订，并及时进行更新，确保应急预案与业务、组织和人员等资源保持同步。

4.2.5 数据安全管理

数据安全管理是根据组织的数据安全治理战略和数据安全管理策略，建立数据安全管理体系和制度，为维护组织数据在采集、传输、存储、处理、共享、交换以及销毁等全生命周期内的安全而采取各种管理措施和管理活动。

数据安全治理与数据安全管理二者既有区别，也有联系，如图 4-10 所示。一是在范畴方面，数据安全治理的范畴大于数据安全管理。数据安全治理通常既包含董事会、高级管理层制订的组织数据安全方针及策略，也包含数据安全管理活动。二是数据安全治理属于组织的战略层面，而数据安全管理则偏重具体的实施层面。三是数据安全治理和数据安全管理都属于组织的数据治理框架。

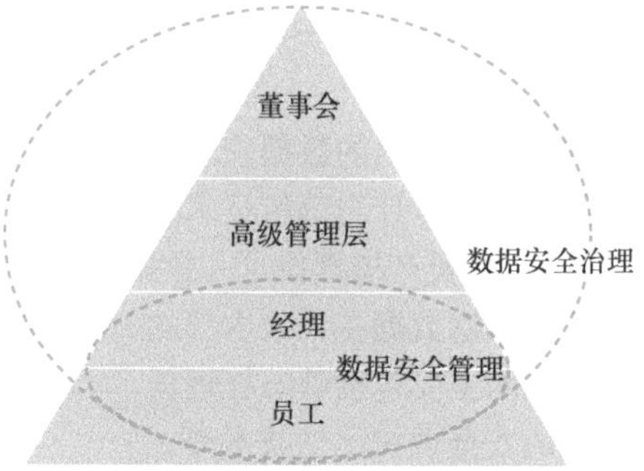

● 图 4-10　数据安全治理与数据安全管理的关联

（1）数据安全管理策略

数据安全管理策略是依据数据安全合规要求和组织的业务安全要求，依据相关法律法规对组织的数据资产进行分类分级，并确定数据安全保护的措施及强度。

（2）数据安全管理体系

依据数据安全相关法律法规及标准要求和组织自身的数据安全管理策略而建立的包括数据安全管理机构、管理制度、数据安全技术措施以及数据安全监管等在内的管理体系架构。

（3）数据安全合规性管理

建立数据安全管理制度和相关人力资源、技术措施以满足数据安全相关法律法规及标准要求的管理活动。数据安全合规性管理主要包括数据安全相关法律法规标准、公民个人信息保护相关要求，以及相关利益方和组织自身的数据安全基线要求，实施并维持数据安全技术措施，确保数据安全保护强度满足组织的数据安全目标。

4.3 云数据存储

云存储是一个由服务器、存储设备、网络设备、应用软件及客户端程序等构成的复杂存储系统。各部分以物理存储设备为基础，通过网络和虚拟化等技术对外提供数据存储和数据访问管理等服务。云存储体系结构可分为四层，从上到下依次为访问层、应用接口层、基础管理层和存储层，如图4-11所示。

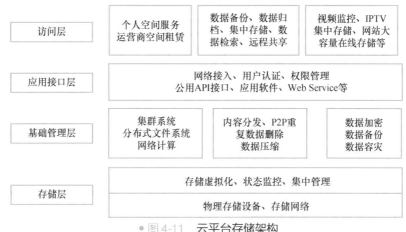

● 图 4-11　云平台存储架构

1）存储层是云存储的基础部分。主要负责存储用户的数据，向用户提供一个抽象的存储空间。存储层所包含的存储设备通常数量巨大且分布在不同的地理区域，彼此间通过互联网连接。在硬件存储设备之上是一个存储设备管理系统，用于实现对硬件存储设备的集中管理、虚拟化、状态监控、故障检测与维护和多链路冗余管理等功能。存储设备类型多样，包括光纤通道（FC）存储设备、SAN、NAS 和 iSCSI 等。

2）基础管理层是云存储系统的核心。基础管理层通过集群、分布式文件系统和分布式计算等技术，实现云存储中多个存储设备之间的协同工作，使多个存储设备可以对外提供同一种服务，并提供更好的数据访问性能。在保证数据安全性方面，云存储除了使用可以保证数据不会被非法用户所访问的数据加密技术外，还为同一份数据存储多个副本，同时使用合理的副本布局策略将其尽可能地分散存储，从而提高数据的可靠性。数据加密技术保证云存储中的数据不会被未授权的用户访问，数据压缩技术可以对数据进行有效压缩，既能保证不丢失信息又能缩减存储空间，提高传输和存储效率。数据备份和容灾技术可以保证云存储中的数据不会丢失，提高了数据存储的可靠性。

3）应用接口层是云存储结构中最灵活的部分。不同的云存储服务提供商根据不同的业务类型，为使用者提供不同的应用服务接口，提供不同的服务，并提供用户认证、权限管理等功能，如视频监控、视频点播应用平台、网络硬盘、远程数据备份应用等。

4）访问层是云存储服务运营商提供给用户的客户端应用程序，通过此类客户端程序，任何授权的用户都可以登录云端存储系统，享受云存储服务。云存储服务运营商提供的应用服务和接入方式不同，其访问方式也不同。

4.3.1　云数据存储方式

从逻辑上可将云数据存储划分为块存储、文件存储和对象存储等三种。

1. 块存储

块存储直接将磁盘空间（虚拟磁盘空间）提供给系统使用，是在物理层面提供服务，没有文件和目录树的概念，更注重高效的传输控制。使用块存储方式时，上层系统可用自己的文件系统格式，这种采用块存储方式的存储设备是被系统独占使用的。

块存储的主要操作对象是磁盘和 RAID 阵列，可提供很高的随机读写性能和高可靠性，通常使用块存储的都是软件系统，并发访问要求不高，甚至一套存储只服务一个应用系统。块存储的典型设备包括磁盘阵列、硬盘等。块存储方式不能共享存储块。

2. 文件存储

文件存储是在文件系统层面对外提供服务，外部系统或用户都可以通过接口访问文件系统。文件系统采用不同的文件系统格式对物理存储介质进行格式化，对外提供存储服务，可便捷地实现数据共享。文件存储的主要操作对象是文件和文件夹。文件存储的服务对象是应用程序和用户。文件存储可提供共享，但是其读写性能比块存储方式低。

例如 FAT32、NTFS 等文件系统，是直接将文件与其元数据一起存储的。存储过程先将文件按照文件系统的最小块大小进行存储（如一个 4MB 的文件，假设文件系统的簇大小为 4KB，那么就将文件写入 1000 多个簇中）。这种情况下读写速度很慢。

3. 对象存储

对象存储的核心思想是将数据属性的访问通路和对数据的访问通路分离。对象存储也是在文件系统层面对外提供服务，并且对文件系统进行了优化，采用扁平化方式，将数据存储在一个池中，所有数据都位于同一个层级。它弃用了文件系统中采用的目录树结构，转而采用文件池的方式，便于进行共享和高速访问。

对象存储将元数据（数据的属性信息）独立了出来。通过对元数据的访问，首先获得对象的相关属性，包括文件的名称、类型、大小、修改时间、存储路径、访问权限等信息，然后再直接访问对象的数据，提高了访问效率，而且支持共享特性。

对象存储系统的结构主要包括对象存储设备（Object Storage Device，OSD）、元数据服务器（Metadata Server，MDS）和访问客户端。对象存储系统结构示意图如图 4-12 所示。

（1）对象

对象是系统中数据存储的基本单位。一个对象实际上就是文件的数据和一组属性（称为元数据）的组合。这些属性信息可以包括文件的 RAID 参数、数据分布和服务质量等。对象通过与存储系统通信来维护自己的属性。在存储设备中，所有对象都有一个标识，通过对象标识 OSD 命令访问该对象。系统中通常有多种类型的对象。存储设备上的根对象标识存储设备和该设备的各种属性，组对象是存储设备上共享资源管理策略的对象集合。

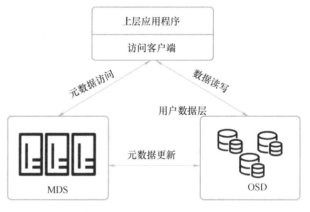

● 图 4-12 对象存储系统示意图

（2）对象存储设备

OSD 有自己的 CPU、内存、网络和磁盘系统。OSD 的主要功能是进行数据存储和提供安全访问。OSD 提供了三个主要功能：一是进行数据存储。OSD 管理对象数据，并将它们存储在标准的磁盘系统上。OSD 不提供块访问方式接口。客户端请求数据时采用对象 ID、偏移进行数据读写；二是智能分布。OSD 利用自身的 CPU 和内存优化数据分布，并支持数据的预读取，从而可以优化磁盘的性能；三是对每个对象的元数据进行管理。OSD 管理存储在其上的对象元数据。这些元数据通常包括对象的数据块和对象的长度。对象存储架构系统中由 OSD 来完成元数据的管理工作。

（3）元数据服务器

MDS 主要负责存储对象的元数据（包括文件的名称、类型、大小、修改时间、存储路径、访问权限等信息），并提供服务器功能以及对象存储管理功能。MDS 为客户端提供了与 OSD 进行交互的参数，控制着客户端与 OSD 的通信。主要功能包括进行对象存储、提供文件和目录访问管理等。

对象存储访问是 MDS 通过构造、管理描述每个文件分布的视图，允许客户端直接访问对象。MDS 为客户端提供访问该文件所含对象的能力，OSD 在接收到每个请求时会先验证该能力，然后才可以访问具体的对象数据。

· 文件和目录访问管理。MDS 基于存储系统上的文件系统构建一个文件结构，提供空间限额控制、目录和文件的创建和删除、访问控制等能力。

（4）访问客户端

客户端通过一定的接口访问 MDS 和 OSD，为上层的应用程序提供服务。MDS 和 OSD 为客户端提供了遵循一定接口协议的服务，便于进行交互，不同的对象存储系统提供的接口协议可能不一样。

4. 存储方式对比

通过对块存储、文件存储和对象存储方式的分析可以发现，这三种存储方式各有优缺点。

1）块存储方式可提供低层次的访问，访问性能很高，而且是系统独占的使用方式，但不能共享访问。

2）文件存储方式提供文件系统层次的访问，访问性能较低，可提供共享能力，可扩展性较差。

3）对象存储方式提供文件系统层次的访问，访问性能较高，可提供较强的共享能力，具有很强的可扩展能力。

4.3.2　云数据存储模型

云平台存储了大量的数据，并且对共享的需求很大，因此更适合采用对象存储的方式，不仅可提供很高的读写性能，而且可支持共享特性。目前，云平台已经基本采用了基于对象的存储方式。

云存储是在对物理存储进行虚拟化以后，通过虚拟化平台，向运行其上的虚拟机提供存储服务的一种方式。其参考结构如图 4-13 所示。

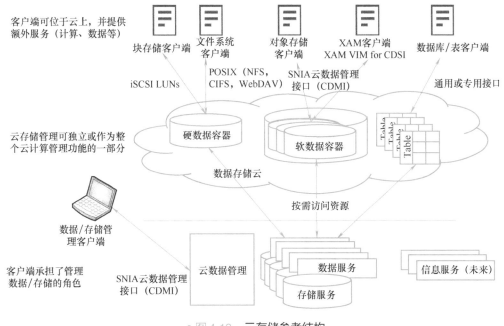

● 图 4-13　云存储参考结构

云存储虚拟化的主要功能包括存储服务、数据服务、云数据管理服务、存储信息服务，向云提供存储虚拟化服务接口等，供平台进行调用。

由于云存储的特点，大量的操作是进行分布式大文件、对象等的读写，而小文件的读写相对较少，同时还需要支持快速的存储弹性扩展，因此需要不同于普通计算机采用的 NTFS、EXT4 等常见文件系统，而应该采用对象存储方式。常见的云文件系统 GFS、HDFS 等即采用了对象存储的方式。

4.3.3　云数据存储关键技术

1. 存储虚拟化技术

通过存储虚拟化方法，可以把不同厂商、型号、通信技术、类型的存储设备互联起来，将系统中各种异构的存储设备映射为一个统一的存储资源池。存储虚拟化技术能够对存储资源进行统一分配管理，又可以屏蔽存储实体间的物理位置以及异构特性，实现资源对用户的透明性，降低构建、管理和维护资源的成本，从而提升云存储系统的资源利用率。存储虚拟化技术虽然在不同设备与厂商之间略有区别，但总体来说，可概括为基于主机虚拟化、基于存储设备虚拟化和基于存储网络虚拟化三种技术。

2. 分布式存储技术

分布式存储是通过网络使用服务商提供的各个存储设备上的存储空间，并将这些分散的存储资源构成一个虚拟的存储设备，将数据分散存储在各个存储设备上。目前比较流行的分布式存储技术为分布式块存储、分布式文件系统存储、分布式对象存储和分布式表存储。

3. 数据缩减技术

为应对数据存储的急剧膨胀，企业需要不断购置大量的存储设备来满足不断增长的存储需求。权威机构研究发现，企业购买了大量的存储设备，但是利用率往往不足 50%，存储投资回报率水平较低。通过云存储技术不仅满足了存储中的高安全性、可靠性、可扩展、易管理等存储的基本要求，同时也利用云存储中的数据缩减技术，适应海量信息爆炸式增长趋势，一定程度上节约了企业存储成本，提高了效率。比较流行的数据缩减技术包括自动精简配置、自动存储分层、重复数据删除、数据压缩。

4. 数据备份技术

在以数据为中心的时代，数据的重要性毋庸置疑，如何保护数据是一个永恒的话题，即便是现在的云存储发展时代，数据备份技术也非常重要。数据备份技术是将数据本身或者其中的部分在某一时间的状态以特定的格式保存下来，以备原数据因出现错误、被误删除、恶意加密等各种原因而不可用时，可快速准确地将数据进行恢复的技术。数据备份是容灾的基础，是为防止突发事故而采取的一种数据保护措施，根本目的是数据资源重新利用和保护，核心工作是数据恢复。

5. 内容分发网络技术

内容分发网络是一种新型网络构建模式，主要是针对现有的 Internet 进行改造。其基本思想是尽量避开互联网上由于网络带宽小、网点分布不均、用户访问量大等影响数据传输速度和稳定性的弊端，使数据传输更快、更稳定。通过在网络各处放置节点服务器，在现有互联网的基础之上构成一层智能虚拟网络，实时地根据网络流量、各节点的连接和负载情况、响应时间、到用户的距离等信息将用户的请求重新导向离用户最近的服务节点上。

6. 存储加密技术

存储加密是指当数据从前端服务器输出，或在写进存储设备之前通过系统为数据加密，以保证存放在存储设备上的数据只有授权用户才能读取。目前云存储中常用的存储加密技术包括全盘加密、虚拟磁盘加密、卷加密、文件/目录加密技术等。全盘加密的全部存储数据都是以密文形式存放写的；虚拟磁盘加密是在存放数据之前建立虚拟的磁盘空间，并通过加密磁盘空间对数据进行加密；卷加密中的所有用户和系统文件都被加密；文件/目录加密是对单个的文件或者目录进行加密。

7. 存储阵列技术

RAID（Redundant Array of Independent Disks）即独立磁盘冗余阵列，简称为磁盘阵列。RAID 技术可方便地实现大容量、高性能存储，是云计算常用的一种底层存储结构。RAID 是一种由多个独立的高性能磁盘驱动器组成的磁盘子系统，用于提供比单个磁盘更高的存储性能和/或数据可靠性的技术。RAID 是一种多磁盘管理技术，向主机环境提供了成本适中、数据可靠性高的高性能存储。

RAID 可基于软件或硬件实现。基于软件的 RAID 系统需要操作系统来管理阵列中的磁盘，会降低系统的整体性能。基于硬件的 RAID 系统通常更高效、更可靠。

根据工作模式，可将 RAID 划分为 RAID0，RAID1，RAID4，RAID5，RAID10 等多种工作模式。

（1）RAID0 工作模式

RAID0 是把多块硬盘连成一个容量更大的硬盘群，可以提高磁盘的性能和吞吐量。RAID0 没有冗余或错误修复能力，成本低，要求至少两块磁盘，一般适用于对数据安全性要求不高的情况。RAID0 结构如图 4-14 所示。

RAID0 将数据平均分为 n 份（n 为磁盘数量），每个磁盘存放 $1/n$ 的数据量，这样大大提高了数据读写能力，每个磁盘都存放着有效的数据，所以磁盘的利用率很高。但是，由于数据在磁盘中只有一份，当阵列中任何一个磁盘损坏时，数据都无法恢复。

（2）RAID1 工作模式

RAID1 称为磁盘镜像，是把一个磁盘的数据镜像到另一个磁盘上，在不影响性能的情况下最大限度地保证系统的可靠性和可修复性，具有很高的数据容错能力，但磁盘利用率最高为 50%，故成本较高，多用在保存关键性数据的重要场合。RAID1 结构如图 4-15 所示。

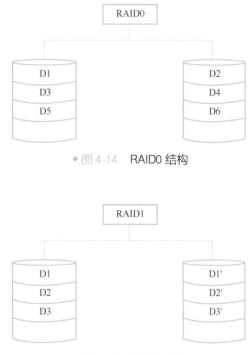

● 图 4-14　RAID0 结构

● 图 4-15　RAID1 结构

在 RAID1 机制下，当数据要存往磁盘上时，所有数据都会存往一个磁盘，然后在另一个磁盘上存放该数据的镜像。若两个磁盘中有一个磁盘损坏，数据不会受到影响；若数据被误删，那么两个磁盘中的数据都会被删除。RAID1 机制大大提高了磁盘的容错能力，但是使数据的读写性能下降，磁盘的利用率较低。RAID1 适用于存放重要数据，可防止因磁盘损坏而导致的意外。

（3）RAID4 工作模式

RAID4 将数据分开存储，利用一个磁盘专门存储数据的校验信息，具有一定的纠错和恢复能力。RAID4 结构如图 4-16 所示。

RAID4 阵列中至少需要三块磁盘，当数据需要存放在磁盘上时，数据被等分为 n-1 份（n 为磁盘总数），有一个磁盘专门存储校验信息。第一个数据块存放在

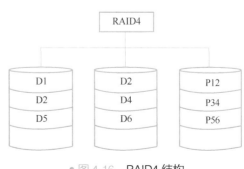

● 图 4-16　RAID4 结构

第一块磁盘中，第二个数据块存放在第二块磁盘中，第三块磁盘存放第一块磁盘和第二块磁盘的数据校验码（假设 $n=3$），这样即使其中一个存放数据的磁盘损坏，也可以通过数据校验码和其他数据恢复出丢失的数据。该机制具有一定的容错能力，磁盘的利用率最大是 $(n-1)/n*100\%$。但是，该机制使数据的读写性能都有所下降，每次读写数据都需要操作至少两个磁盘，同时，存放校验码的磁盘访问量过大，造成该磁盘的压力过大，磁盘的负载不均衡。

（4）RAID5 工作模式

RAID5 比 RAID4 有所改进，将校验信息分布在各个磁盘上，如图 4-17 所示。

RAID5 阵列至少也需要三块磁盘，同时存数据的时候也会存放数据的校验码，不过，RAID5 对于校验码的存放采用不同磁盘，分为左对称存放和右对称存放，左、右对称的不同是根据数据校验码的存放磁盘位置不同来划分的。图 4-19 为 RAID5 的左对称存储。左对称指第一次，1 盘存数据 D1，2 盘存数据 D2，3 盘存 D1、D2 数据的校验码 P12；第二次，1 盘存数据 D3，3 盘存数据 D4，2 盘存数据 D3、D4 的校验码 P34；第三次，2 盘存数据 D5，3 盘存数据 D6，1 盘存数据

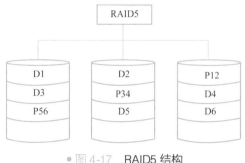

● 图 4-17　RAID5 结构

D5、D6 的校验码 P56。这种存储机制的容错能力比较强，同时，各个盘的访问负载基本一致，磁盘的利用率与 RAID4 一致，但是，它的读写能力都有所下降。

（5）RAID10 工作模式

RAID10 是 RAID1 与 RAID0 的组合运用，如图 4-18 所示。

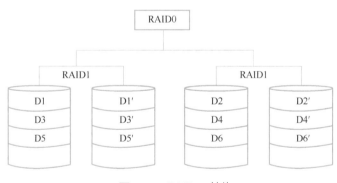

● 图 4-18　RAID10 结构

RAID10 阵列的底层以 RAID1 将磁盘两两一组做镜像，然后再将各个磁盘组以 RAID0 的方式结合起来。从数据存储方式来看，当数据需要存储时，先采用 RAID0 机制将每个数据分别存储在不同磁盘组，再采用 RAID1 对所存储的数据在同一磁盘组中做数据镜像。该种机制不允许在同一磁盘组的两个磁盘同时故障。

（6）RAID01 工作模式

RAID01 是 RAID0 与 RAID1 的组合运用，如图 4-19 所示。

RAID01 阵列的底层使用多个磁盘一组做成 RAID0，然后再以 RAID1 做该磁盘组的镜像组。从数据存储方式来看，当数据需要存储时，先采用 RAID1 对传入数据做镜像，然后将数据和做好的镜像数据保存在不同的磁盘组，再在磁盘组内采用 RAID0，将数据均分保存在不同的磁盘中。这种机制不允许不同磁盘组中保存相同数据和数据镜像的两个磁盘同时损坏。

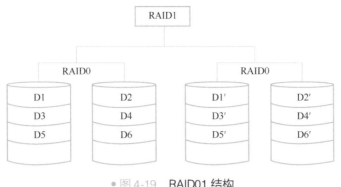

● 图 4-19　RAID01 结构

（7）RAID50 工作模式

RAID50 是将 RAID5 和 RAID0 组合应用，如图 4-20 所示。

● 图 4-20　RAID50 结构

　　Raid50 阵列将三块或三块以上的磁盘以 RAID5 阵列组织在一起，然后再将这些磁盘组以 RAID0 阵列组合在一起。从数据存储方式来看，当数据需要存储时，先采用 RAID0 将数据分成 n 份，保存在不同的磁盘组，在磁盘组内部再采用 RAID5，对所存入的数据均分然后存储校验码。这种机制不允许同一个磁盘组损坏两个或者两个以上的磁盘。

4.3.4　云数据存储系统架构

1. GFS 系统架构

　　GFS 文件系统是谷歌推出的一种文件系统。GFS 文件系统能够很好地支持对象存储方式。它将整个系统的节点分为三类角色：客户端（Client）、主服务器（Master）和数据块服务器（Chunk Server）。Client 是 GFS 提供给应用程序的访问接口，应用程序直接调用这些库函数，并与该库链接在一起。Master 是 GFS 的管理节点，在逻辑上只有一个，它保存系统的元数据，负责整个文件系统的管理。Chunk Server 负责具体的存储工作。数据以文件的形式存储在 Chunk Server 上。Chunk Server 可以有多个，其数目直接决定了 GFS 的规模。GFS 将文件按照固定大小（默认是 64MB，可修改）进行分块，每一块称为一个 Chunk（数据块），每个 Chunk 都有一个对应的索引号（Index）。GFS 文件系统结构如图 4-21 所示。

　　客户端在访问 GFS 时，首先访问 Master 节点，获取将要与之进行交互的 Chunk Server 信息（图 4-21 中的①~④步），然后直接访问这些 Chunk Server 完成数据存取（图 4-21 中的⑤、⑥步）。GFS 的这种设计方法实现了控制流和数据流的分离。Client 与 Master 之间只有控制流（图 4-21 中的①~⑤步），而无数据流，降低了 Master 的负载（控制流只传送小数据量的指令和状态信息）；Client 与

Chunk Server 之间直接传输数据流（图 4-21 中的第⑥步）。另外，由于文件被分成多个 Chunk 进行分布式存储，Client 可以同时访问多个 Chunk Server，从而使得整个系统的 I/O 高度并行，系统整体性能得到提高。

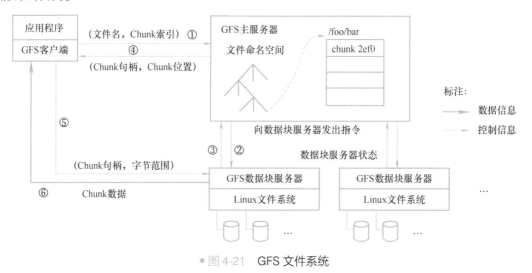

● 图 4-21　GFS 文件系统

GFS 通过容错和多备份方式确保文件系统的可靠性。
- Master 容错。Master 上保存着 GFS 文件系统的三种元数据，包括命名空间（Name Space，也就是整个文件系统的目录结构），Chunk 与文件名的映射表，Chunk 副本的位置信息，每一个 Chunk 默认有三个副本。
- Chunk Server 容错。GFS 采用副本的方式实现 Chunk Server 的容错。每一个 Chunk 有多个存储副本（默认为三个），分别存储在不同的 Chunk Server 上。副本的分布策略需要考虑多种因素，如网络的拓扑、机架的分布、磁盘的利用率等。对于每一个 Chunk，必须将所有的副本全部写入成功，才视为成功写入。如果相关的副本出现丢失或不可恢复等状况，Master 会自动保持副本个数达到指定值。GFS 中的每一个文件被划分成多个 Chunk，Chunk 的默认大小是 64MB。Chunk Server 存储的是 Chunk 的副本，副本以文件的形式进行存储。每一个 Chunk 以 Block 为单位进行划分，大小为 64KB，每一个 Block 对应一个 32bit 的校验和。

GFS 写入操作稍微复杂，这里仅介绍数据读取流程。GFS 数据读取流程主要有以下几步。

1）应用程序调用 GFS Client 提供的接口，表明要读取的文件名、偏移、长度。

2）GFS Client 将偏移按照规则转换为成 Chunk 序号，向 Master Server 发送信息。

3）Master 将 Chunk ID 与 Chunk 的副本位置告诉 GFS Client。

4）GFS Client 向最近的持有副本的 Chunk Server 发出读请求，请求中包含 Chunk ID 与范围等信息。

5）Chunk Server 读取相应的文件，然后将文件内容发给 GFS Client，完成文件读操作。

6）如果缓存的元数据信息已过期，则需要重新到 Master 去获取。

2. HDFS 系统架构

Hadoop 分布式文件系统（Hadoop Distributed File System），简称为 HDFS。HDFS 也能够很好地支持对象存储方式，是一种为大容量存储而设计的存储系统。

HDFS 是一个由 Apache 基金会开发的分布式系统基础架构，参考了 Google 的 GFS 文件系统。HDFS 还引入了虚拟文件系统机制。HDFS 是 Hadoop 虚拟文件系统的一种具体实现。Hadoop 还实现了很多其他文件系统。

HDFS 的设计主要考虑以下几个特征：一是超大文件读写，最大能支持 PB 级别；二是流式数据访问，可一次写入、多次读取；三是通过多备份的方式，实现了在故障率高的商用硬件上具有较高的运行可靠性。HDFS 的不足主要是不适用于低时延的数据访问，不适用于大量小文件的读写操作等。

（1）HDFS 分布式文件系统结构

HDFS 分布式文件系统由计算机集群中的多个节点构成，这些节点分为两类：一类是主节点（MasterNode）或者名称节点（NameNode）；另一类是从节点（Slave Node）或者数据节点（DataNode）。

通常两台 NameNode 形成互备，一台处于 Active 状态，称为主 NameNode，另外一台处于 Standby 状态，为备用 NameNode，只有主 NameNode 才能对外提供读写服务。

JournalNode 类似共享存储服务，保存了 NameNode 在运行过程中所产生的 HDFS 元数据，负责两个 NameNode 之间的数据同步，保证元数据一致性。

ZKFailoverController（ZKFC）对 NameNode 的主备切换进行总体控制。ZKFC 能及时检测到 NameNode 的健康状况，在主 NameNode 故障时借助 Zookeeper 实现自动的主备选举和切换。

DataNode 负责存储数据，执行数据读取和写入，并向 NameNode 上报心跳及数据块信息。

典型的 HDFS 系统架构如图 4-22 所示。

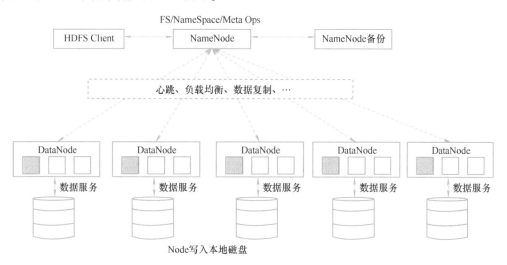

● 图 4-22　HDFS 文件系统架构

在一个 HDFS 集群中，有且仅有一台计算机可做 NameNode，有且仅有另一台计算机可做 SecondaryNameNode（第二名称节点），其他机器都是数据节点 DataNode。NameNode，SecodaryNameNode 和 DataNode 也可由同一台机器担任。

NameNode 是 HDFS 的管理者。SecondaryNameNode 是 NameNode 的辅助，帮助 NameNode 处理一些合并事宜，但不是 NameNode 的热备份，它的功能跟 NameNode 是不同的。DataNode 以数据块的方式分散存储 HDFS 的文件。HDFS 将大文件分割成数据块，每个数据块是 64MB（默认为 64MB，也可修改），然后将这些数据块以普通文件的形式存放到数据节点上，为了防止 DataNode 意外失效，HDFS 会将每个数据块复制 3 份（默认值，可修改）放到不同的数据节点。

客户端与 HDFS 的逻辑关系如图 4-23 所示。

（2）HDFS 读写文件操作

HDFS 读文件操作包括以下几个步骤，如图 4-24 所示。

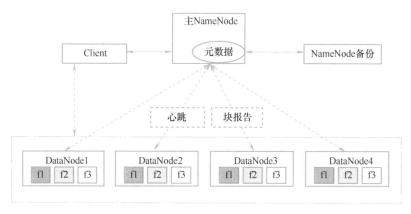

● 图 4-23　HDFS 结构图

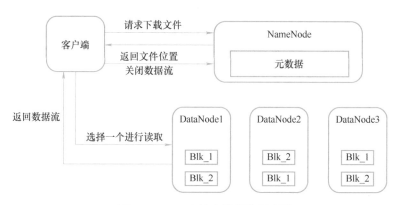

● 图 4-24　HDFS 读文件操作示意图

1）客户端与 NameNode 通信查询元数据，找到文件块所在的 DataNode 服务器。

2）挑选一台 DataNode（按照就近原则或随机挑选一台）服务器，请求建立输入流。

3）DataNode 开始读取并发送数据，从磁盘里面读取数据放入流，以 Packet（默认大小为 64KB）为单位来做校验。

4）客户端以 Packet 为单位接收，先在本地缓存，然后写入本地目标文件。

5）读取完成之后，通知 NameNode 关闭流。

HDFS 写文件操作过程如图 4-25 所示。

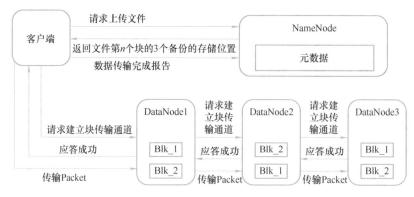

● 图 4-25　HDFS 写文件操作示意图

1）客户端通过 Distributed FileSystem 模块向 NameNode 请求上传文件，NameNode 检查目标文件是否已存在、父目录是否存在。

2）NameNode 返回是否可以上传。

3）客户端请求第一个 Block（默认大小为 64MB）上传到哪几个 DataNode 服务器上。

4）假设 NameNode 返回 3 个 DataNode 节点，分别为 dn1、dn2、dn3。表示采用这 3 个节点储存数据。

5）客户端通过 FSDataOutputStream 模块请求 dn1 并上传数据，dn1 收到请求会继续调用 dn2，然后 dn2 调用 dn3，将这个通信管道建立完成。

6）dn1、dn2、dn3 逐级应答客户端。

7）客户端开始往 dn1 上传第一个 Block（先从磁盘读取数据放到一个本地内存缓存），然后以 Packet（默认大小为 64KB）为单位上传，dn1 收到一个 Packet 就会传给 dn2，dn2 传给 dn3；dn1 每传一个 Packet 就会放入一个应答队列等待应答。

8）当一个 Block 传输完成之后，客户端再次请求 NameNode 上传第二个 Block 的服务器（重复执行 3）～7）步，直到传输完毕。

4.4　云数据安全保护技术

云数据安全是指数据在云上全生命周期的安全，包括数据的传输、处理、存储、共享、销毁等方面的安全。云端数据的安全要求可以用信息安全基本三要素"CIA"来概括，即机密性（Confidentiality）、完整性（Integrity）和可用性（Availability）。

- 机密性指受保护数据只可以被合法的（或预期的）用户访问，其主要实现手段包括数据的访问控制、数据防泄露、数据加密和密钥管理等手段。
- 完整性是保证数据的完整性不被破坏，主要通过在数据的传输、存储和修改过程中采用校验算法和有效性验证方法来实现。
- 数据的可用性主要体现在云平台的可靠性、云服务（存储系统、网络通路、身份验证机制和权限校验机制等）的可用性和云应用的可用性等方面。

2020 年云安全联盟（CSA）发布的《12 大顶级云安全威胁》中，提到了云数据安全威胁包括数据泄露和数据丢失。除此之外，在云数据处理的时候，还存在敏感数据泄露、密文检索、密文去重、数据迁移安全、数据可靠删除等方面的安全需求。

4.4.1　数据安全能力成熟度模型

《信息安全技术　数据安全能力成熟度模型》（GB/T 37988—2019）中提出的数据安全能力成熟度模型（Data Security Capability Maturity Model，DSMM）包括数据安全能力、数据安全过程和能力成熟度等级等三个维度，其架构如图 4-26 所示。

- 数据安全过程维度：围绕数据生命周期，以数据为中心，针对数据生命周期各阶段建立的相关数据安全过程域体系。
- 数据安全能力维度：明确组织机构在各数据安全阶段具备的能力维度，从组织建设、制度流程、技术工具和人员能力四个方面进行描述。
- 能力成熟度等级维度：基于统一的分级标准，数据安全能力成熟度划分为五个能力级别，包括非正式执行级、计划跟踪级、充分定义级、量化控制级和持续优化级。

DSMM 规定了不同级别数据安全能力成熟度等级的组织，在数据全生命周期的不同阶段，在组织建设、制度流程、技术工具和人员能力方面应当执行的数据安全活动，如图 4-27 所示。

数据安全能力维度
组织建设
制度流程
技术工具
人员能力
数据生命周期安全
数据采集安全
数据传输安全
数据存储安全
数据处理安全
数据交换安全
数据销毁安全
通用安全
数据安全过程维度
5级：持续优化
4级：量化控制
3级：充分定义
2级：计划跟踪
1级：非正式执行
能力成熟度等级维度

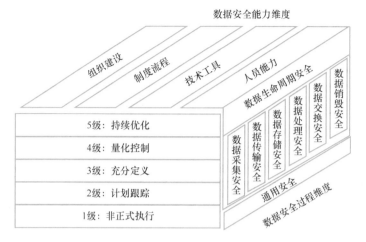

图 4-26　数据安全能力成熟度模型架构

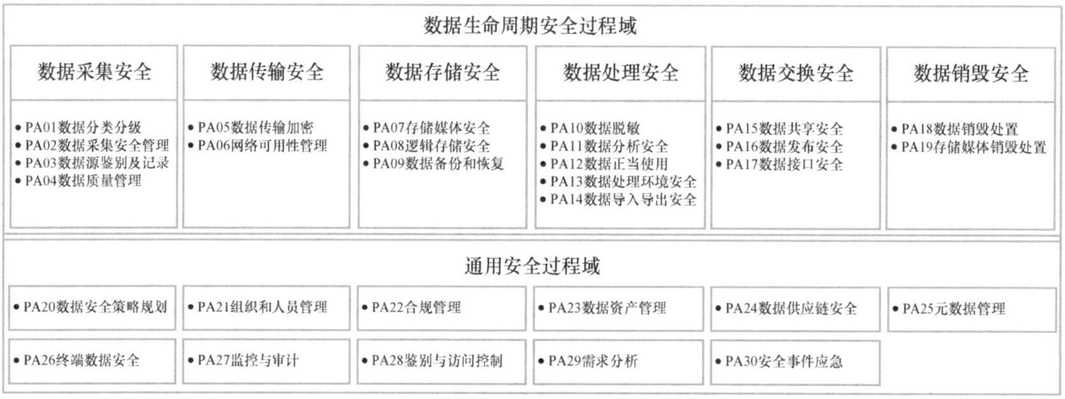

数据生命周期安全过程域
数据采集安全
• PA01数据分类分级
• PA02数据采集安全管理
• PA03数据源鉴别及记录
• PA04数据质量管理
数据传输安全
• PA05数据传输加密
• PA06网络可用性管理
数据存储安全
• PA07存储媒体安全
• PA08逻辑存储安全
• PA09数据备份和恢复
数据处理安全
• PA10数据脱敏
• PA11数据分析安全
• PA12数据正当使用
• PA13数据处理环境安全
• PA14数据导入导出安全
数据交换安全
• PA15数据共享安全
• PA16数据发布安全
• PA17数据接口安全
数据销毁安全
• PA18数据销毁处置
• PA19存储媒体销毁处置
通用安全过程域
• PA20数据安全策略规划
• PA21组织和人员管理
• PA22合规管理
• PA23数据资产管理
• PA24数据供应链安全
• PA25元数据管理
• PA26终端数据安全
• PA27监控与审计
• PA28鉴别与访问控制
• PA29需求分析
• PA30安全事件应急

图 4-27　数据全生命周期安全过程域体系

DSMM 将数据全生命周期划分为 30 个 PA（过程区域），分别确定各 PA 的级别，然后根据整体情况确定组织的数据安全能力成熟度等级。

DSMM 通过对组织各数据安全过程应具备的安全能力进行量化，来评估每项安全过程的实现能力。

1. 组织建设方面

组织建设方面，重点关注数据安全组织的设立、职责分配和沟通协作，主要从承担数据安全工作的组织应具备的组织建设能力角度，从以下三个方面进行能力等级划分。

1）数据安全组织架构对组织业务的适用性。

2）数据安全组织承担的工作职责的明确性。

3）数据安全组织运作、沟通、协调的有效性。

2. 制度流程方面

制度流程方面，重点关注组织数据安全领域的制度和流程执行，主要从数据安全制度流程建设以及执行情况的角度，从以下三个方面进行能力等级划分。

1）数据生存周期关键控制节点授权审批流程的明确性。

2）相关流程制度制订、发布、修订的规范性。

3）制度流程实施的一致性和有效性。

3. 技术工具方面

技术工具方面，重点关注通过技术手段和产品工具落实安全要求或自动化实现安全工作的情况，主要从安全技术、应用系统和工具出发，从以下两个方面进行能力等级划分。

1）数据安全技术在数据全生命周期中的使用情况，应对数据全生命周期安全风险的能力。

2）技术工具对数据安全工作的自动化支持能力，对数据安全制度流程固化执行的实现能力。

4. 人员能力方面

人员能力方面，重点关注执行数据安全工作的人员的安全意识及相关专业能力，主要从组织承担数据安全工作的人员应具备的能力出发，从以下两个方面进行能力等级划分。

1）数据安全人员所具备的数据安全技能是否能够满足实现安全目标所需的能力要求（对数据相关业务的理解程度以及数据安全专业能力）。

2）数据安全人员的数据安全意识以及对关键数据安全岗位员工数据安全能力的培养。

4.4.2 云服务用户数据保护能力

面对云数据安全市场存在的乱象和在数据安全上的切实需求，加速建设云计算用户数据保护标准架构与信任体系势在必行。国内权威云计算评估体系可信云发布了《云服务用户数据保护能力参考框架》《云服务用户数据保护能力评估方法 第1部分：公有云》《云服务用户数据保护能力评估方法 第2部分：私有云》等几项重磅标准。

《云服务用户数据保护能力参考框架》从用户角度提出云服务用户数据保护能力参考框架，从事前防范、事中保护、事后追溯全生命周期流程，抽象提炼出了数据安全的基本属性，构建了18大类共38项数据安全保护能力指标，打造了云服务用户数据保护能力"行业公约"，助力云服务商在达到数据"可信"的基础之上，实现对数据"安全"保护能力的全面提升。

《云服务用户数据保护能力评估方法 第1部分：公有云》与《云服务用户数据保护能力参考框架》配套使用，针对公有云用户数据安全保护"痛点"，对云服务商在提供公有云服务时应具备的用户数据安全保护能力要求和评估方法进行规范。

《云服务用户数据保护能力评估方法 第2部分：私有云》对私有云服务提供商所提供的私有云产品应具备的用户数据安全保护能力要求和评估方法进行了全面规范，通过多种评估手段，公正客观地考察云服务商各项数据保护能力指标的完备性、规范性和真实性，为用户选择较高数据保护能力的私有云提供了依据。

《云服务用户数据保护能力评估方法 第2部分：私有云》针对事前防范、事中保护、事后追溯全流程，制订了全面详尽的能力评估标准。针对事前防范，标准设置了十个用户数据保护能力指标类别，分别是数据持久性、数据私密性、数据隐私性、数据知情权、数据防窃取性、数据可用性、数据访问安全性、数据传输安全性、数据迁移安全性和数据销毁安全性。针对事中保护阶段，标准设计了两大能力指标类别，分别是入侵防范和恶意代码防范。针对事后追溯这个阶段，标准设置了三大能力类别，分别是安全审计、售后服务与技术支持和服务可审查性。

根据云服务用户数据安全的属性，将指标分为三类，一是基础属性，包括保密性、可用性、完整性；第二类是云服务特有的属性，包括持久性、隐私性、知情权、迁移安全性、销毁安全性等；第三类是一些扩展的属性，包括数据访问安全性、入侵防范、恶意代码防范、安全审计、数据防窃取性和服务可审查性等。

本节参考中国信通院云计算与大数据研究所对《云服务用户数据保护能力评估方法　第2部分：私有云》的标准解读来介绍一下云服务用户数据保护能力评估方法。

（1）基础能力构建

私有云服务用户数据保护能力的基础属性包括保密性、可用性、完整性。

基础能力里面的保密性包含了五个评估点：第一，隔离安全性是指云服务商需要具备有效的隔离手段，来保证同一资源池用户数据互不可见，从技术上保证租户不能访问、获取或者篡改其他租户的数据；第二是存储的保密性，指云服务商应采用加密技术和其他的保护措施来实现用户鉴别信息的保密性，支持用户数据加密；第三，加密算法可配置，是要支持用户对加密算法强度方式等参数的可选配置；第四，加解密性能，是保证用户加解密操作的效率，单位为每秒加解密的次数或者加解密数据量；第五，传输保密性是指采用必要的技术措施，保证用户鉴别信息传输的保密性，并应承诺支持用户实现对重要数据传输进行加密。

基础能力构建里面的可用性是指在合同期内用户对数据的上传、修改、删除、查找等各项操作的成功概率，在具体操作中是将云主机可用性、数据库可用性和存储可用性三者概率值的最低值作为整个云平台的数据可用性。

基础能力构建里面的完整性又包括存储完整性和传输完整性。存储完整性是指数据完整性不被破坏，并且在检测到完整性错误的时候要采取必要的恢复措施。传输完整性是指云服务商能够检测数据在传输过程中的完整性是否受到破坏，并且在检测到完整性错误时采取必要的恢复措施。

（2）云数据特有能力构建

特有能力的构建首先是持久性，包括存储持久性、本地备份和恢复、异地备份和恢复、双活数据中心的建设和异地实时备份。

特有能力构建中的隐私性是指未经用户授权，云服务商不得获取和查看用户数据，不得将用户数据用于机器学习、大数据分析等二次利用。除政府监管部门监察审计需要外，不得将数据提供给第三方。

特有能力构建中的知情权是指用户有权利了解数据存储的位置、拷贝数量、使用程度等一些跟用户数据密切相关的信息。

特有能力构建中的迁移安全性又包括数据迁移安全性和业务连续性两个指标。数据迁移安全性是指用户能够控制数据的迁移，保证用户弃用该服务的时候，数据能够迁入和迁出。业务连续性是指云服务商保证用户数据在不同虚拟机之间迁移时不影响业务的连续性。

特有能力构建中的销毁安全性包括数据可销毁性和禁止数据恢复。

（3）扩展能力构建

扩展能力构建中的数据访问安全性包括数据访问授权、访问权限最小化、身份鉴别、暴力破解防范和异常行为监测等。

扩展能力构建中的入侵防范包括云主机镜像更新和入侵攻击行为监测两个指标。云主机镜像更新指云服务商应对云主机镜像提供漏洞补丁更新管理功能。入侵攻击行为监测指应在系统边界处部署安全防御设备或技术措施，有效抵御和防范各种攻击，并对网络入侵和攻击行为进行监测。

扩展能力构建中的恶意代码防范包括宿主机恶意代码防范和用户主机恶意代码防范。恶意代码防范责任的认定需要综合考虑云服务商和云租户的实际情况来决定。

扩展能力构建中的安全审计包括常规安全审计和自动化审计。

扩展能力构建中的数据防窃取性是指应该提供有效的磁盘保护方法和数据碎片化存储措施，保证即使磁盘丢失，磁盘获得者也无法获取有效的数据。

扩展能力构建中的服务可审查性是指在必要的条件下，由于合规或安全取证调查等原因可以按用户要求提供相关的信息，如关键组件的运行日志、运维人员的操作记录，并遵守国家相应的法律法规，配合政府监管部门的监管审查。

4.4.3　云数据安全技术

1. 数据加密技术

（1）保密通信模型

典型的保密通信模型如图 4-28 所示。

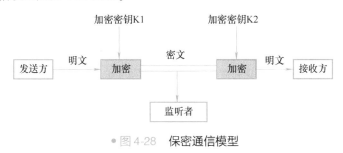

● 图 4-28　保密通信模型

通信的参与者包括消息发送方、消息接收方和潜在的密码分析者。密码分析者试图攻击发送方和接收方的信息安全服务。发送方将要传递的消息（明文）使用事先约定好的方法，用加密密钥加密以后发送给接收方。接收方接收到加密的消息（密文）后使用解密密钥和解密算法将密文解密，恢复出明文消息。密码分析者对双方传递的密文消息进行监听，并采用一些方法进行破译，如概率统计法、穷举法等。

（2）对称加密算法与公钥加密算法

根据加密算法中加密密钥与解密密钥是否相同，可将加密算法分为对称加密算法（Symmetric Cryptosystem）和非对称加密算法（Asymmetric Cryptosystem），非对称加密算法也称为公钥加密算法。

对称加密算法的加密密钥和解密密钥相同，或实质上等同，即从一个易于推导出另一个。利用对称算法加密信息，需要发送者和接收者在安全通信之前协商一个密钥。对称算法的安全性依赖于密钥。

对称加密算法的优点是加密速度快、效率高，适合加密数据量大、明文长度与密文长度相等的情况。它也存在一些缺点。

1）通信双方要进行加密通信，需要通过安全信道协商或者传输加密密钥，而这种安全信道可能很难实现。

2）在有多个用户的网络中，任何两个用户之间都需要有共享的密钥。当网络中的用户数量很大时，需要管理的密钥数目非常大，密钥管理成为难点。

3）对称加密算法无法解决对消息的篡改、否认等问题。

非对称加密算法的加密密钥和解密密钥不同，而且很难从一个推导出另一个。非对称加密算法的密钥由公开密钥和私有密钥组成。公开密钥与私有密钥成对使用，一个用于加密，另一个用于解密。典型的非对称加密算法包括 RSA 算法、DH 算法以及 ECC 算法等。

下面以 DH 算法的数学原理为例，介绍其基本思想。

假设通信双方 R1 和 R2 提前约定一个大素数 p（prime）及与 p 互质的一个数 g（generator），p 和 g 不需要绝对保密。双方的密钥交换包括以下几个步骤，如图 4-29 所示。

1）双方约定一个大素数 p 和与其互质的 g。

2）双方随机产生两个数 a 和 b，并分别计算 $c = g^a \bmod p$ 和 $d = g^b \bmod p$。

3）交换 c 和 d，双方分别计算 $d^a \bmod p$ 和 $c^b \bmod p$（可证明 $d^a \bmod p = c^b \bmod p = g^{ab} \bmod p$）。

4）双方将结算结果作为对称加密的密钥。

非对称加密的特点是加解密运算效率比较低，优点是可以采取一些特殊算法，实现密钥的自动分发或密钥的自动协商，密钥管理比较方便。

不同的密码算法具有不同的安全性，影响密码系统安全性的基本因素包括密码算法复杂度、密钥

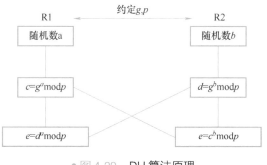

● 图 4-29　DH 算法原理

机密性和密钥长度等。密码算法本身的复杂程度或保密强度取决于密码设计水平、破译技术等，它是密码系统安全性的保证。1883 年柯克霍夫（Kerckhoff）在其名著《军事密码学》中提出：密码系统中的算法即使被密码分析员所知，也应该无助于用来推导出明文或密钥。这一原则已被后人广泛接受，称为柯克霍夫原则，并成为密码系统设计的重要原则之一。简而言之，柯克霍夫原则的主要内容就是密文的安全性仅取决于密钥的安全性。

（3）其他的密码服务

除了对数据进行加密保护的密码算法以外，还有一些可对数据完整性以及可鉴别性进行保护的密码服务，主要包括 Hash 算法、数字证书以及数字签名算法等。

1）Hash 算法。Hash 算法也称为哈希函数或者单向散列函数，其主要用途是对消息完整性进行保护。使用 Hash 函数可以计算消息的"指纹"，通过对比"指纹"就可以检查消息的完整性，判断消息是否被篡改。

Hash 函数接受一个消息作为输入，产生一个叫 Hash 值的输出，也可称之为散列值或消息摘要（MD）。Hash 函数是将任意有限长度的输入映射为固定长度的输出，可用于检测对信息的修改。

安全的 Hash 函数需要满足以下性质：单向性、弱抗碰撞性和强抗碰撞性。

常见的 Hash 函数包括 MD5 和 SHA-1。MD5 算法也就是消息摘要算法，可将一个任意长度的消息作为输入，输出 128bit 的消息摘要。SHA-1 算法可将任意长度的输入转换为 160bit 的 Hash 值输出。SHA 家族还有一些其他的算法。

2）消息认证码。消息认证码也称消息鉴别码（MAC），它利用密钥来生成一个固定长度的短数据块，并将该数据块附加在消息之后。假定通信双方（比如发送方 A 和接收方 B）共享密钥 K。若 A 向 B 发送消息时，则 A 计算 MAC，它是消息和密钥的函数，即 MAC = C（K，M），其中，M 是输入的消息，C 是 MAC 函数，K 是共享密钥，MAC 表示消息认证码。消息和 MAC 一起被发送给接收方。接收方对收到的消息用相同的密钥 K 进行相同的计算得出新的 MAC，并将接收到的 MAC 与其计算出的 MAC 进行比较，若相同，则表示消息未被修改，否则消息已被修改。

在实际的应用中可对明文信息计算 MAC，也可对加密后的密文计算 MAC，还可对明文计算 MAC 后再进行加密。为了实现防重放、防乱序等功能，还可在消息后附加时间戳、序号等信息后再计算 MAC 值。

通常可将非对称算法与对称算法、密码服务结合使用，以非对称算法实现密钥的自动分发或协商，然后利用对称算法对传输的信息进行保护，以密码服务对信息的完整性进行保护。

（4）PKI 体系与数字证书

公钥基础设施（Public Key Infrastructure，PKI）也称公开密钥基础设施，它是遵循国际电联 ITU 制定的 X.509 标准，"PKI 是一个包括硬件、软件、人员、策略和规程的集合，用来实现基于公钥密码体制的密钥和证书的产生、管理、存储、分发和撤销等功能。"PKI 的本质是解决了大规

模网络中的公钥分发问题，为大规模网络中的信任建立基础。PKI 是一种遵循标准，利用公钥加密技术提供安全基础平台的技术和规范，是能够为网络应用提供信任、加密以及密码服务的一种基本解决方案。

1）PKI 架构。PKI 体系架构一般包括证书签发机构 CA（Certificate Authority）、证书注册机构 RA（Registration Authority）、证书库和终端实体等部分，如图 4-30 所示。

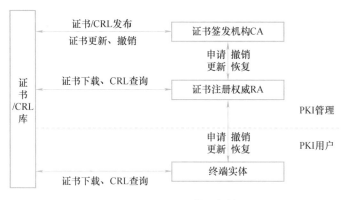

● 图 4-30　PKI 体系架构

图中主要元素说明如下。

- CA：证书签发机构，也称数字证书管理中心，它作为 PKI 管理实体和服务的提供者，管理用户数字证书的生成、发放、更新和撤销等工作。
- RA：证书注册机构，又称数字证书注册中心，是数字证书的申请、审核和注册中心，同时也是 CA 的延伸。在逻辑上 RA、CA 是一个整体，RA 主要负责提供证书注册、审核以及发证功能。
- 证书/CRL 库：主要用来发布、存储数字证书和证书撤销列表 CRL（Certificate Revocation List），供用户查询、获取其他用户的数字证书和系统中的证书撤销列表。
- 终端实体：指拥有公私密钥对和相应公钥证书的最终用户，可以是人、设备、进程等。

2）数字证书。数字证书是一段电子数据，是经 CA 签名的、包含拥有者身份信息和公开密钥的数据体。由此，数字证书和一对公私钥相对应，而公钥以明文形式放到数字证书中，私钥则为拥有者所秘密掌握。因为经过了 CA 的签名，确保了数字证书中信息的真实性，所以数字证书可以作为终端实体的身份证明。在电子商务和网络信息交流中，数字证书常用来解决相互间的信任问题。可以说，数字证书类似于现实生活中由国家公安部门发放的居民身份证。

X.509 定义一个规范的数字证书格式，是 PKI 技术体系中应用最广泛，也是最基础的一个国际标准。许多与 PKI 相关的协议标准（如 PKIX、S/MIME、SSL、TLS、IPsec）等都是在 X.509 基础上发展起来的。

在 X.509 标准中，目前普遍使用的版本为 V3。数字证书主要包括基本部分和扩展部分。基本部分包括版本号、序列号、签名算法、签发者、有效期、主体、主体公钥、主体公钥算法、签名值等内容，如图 4-31 所示。数字证书扩展部分则包括以下三方面的内容。

- 密钥和策略信息：包括机构密钥识别符、主体密钥识别符、密钥用途（如数字签字、不可否认性、密钥加密、数据加密、密钥协商、证书签字、CRL 签字等）、密钥使用期限等。
- 主体和发证人属性：包括主体代用名、发证者代用名、主体检索属性等。
- 证书约束：包括基本约束，指明是否可以做证书机构。

数字证书可用于信息加密通信、数字签名以及身份核验等，也可用于对称加密的密钥协商等。

针对云计算的特殊环境，还出现了一些新的数据安全保护方法，包括内容感知加密和保格式加密等。

字段名	说明
版本号	X.509 V3/V4
序列号	颁发机构内唯一
签名算法	证书采用的签名算法
签发者	签发者标识
有效期	有效期起始-终止日期
主体	主体标识
主体公钥	公钥值
主体公钥算法	主体公钥算法标识
签名值	CA对证书的签名

● 图 4-31　数字证书基本部分结构

- 内容感知加密：在云应用中，在某些特殊的应用场景下，需要在识别不同的文件类型后，根据安全策略实施不同的加密方法，这就是内容感知加密。内容感知加密一般用于数据防泄露，由内容感知软件识别并理解数据或文件格式，并基于策略设置加密方法，其加密过程不需要用户的干预即可对数据安全进行保障，例如，在使用 Email 发送信用卡号时会自动进行加密。

- 保格式加密：保格式加密是通过检测数据的敏感程度来决定是否加密及维持数据格式和类型，其特点是加密一个消息后产生的结果与输入的原始消息格式一致，且加密后的密文结果可以像原始明文一样存储在相同数据类型的文件中。保格式加密的主要挑战是加密大规模的明文数值，如存储在云中的虚拟机镜像文件。

(5) 云环境下的数据安全

数据安全在云上的要求可以用"CIA"来概括，即机密性（Confidentiality）、完整性（Integrity）和可用性（Availability）。这里主要关注数据的机密性。针对云上数据安全，云服务商提出了许多解决方案，下面以阿里云提出的云原生全链路加密方案为例进行介绍。

"全链路"指的是数据传输（in transit，也叫 in-motion）、计算（runtime，也叫 in-process），存储（in storage，也叫 at-rest）的过程，而"全链路加密"指的是端到端的数据加密保护能力，即从云下到云上和云上单元之间的传输过程，到数据在应用运行时的计算过程（使用/交换），再到数据最终被持久化存储过程中的加密能力，如图 4-32 所示。

● 图 4-32　阿里云提出的全链路加密

在数据传输加密环节，可采用数据通信加密、微服务通信加密、应用证书和密钥管理等技术；在数据计算加密环节，可采用运行时安全沙箱机制（runV）、可信计算安全沙箱机制（runE）等；在数据存储加密环节，可采用云原生存储的 CMK/BYOK（Customer-Managed-Key/Bring-Your-Own-Key）加密支持、密文/密钥的存储管理、容器镜像的存储加密、容器操作/审计日志安全等。

全链路加密包括前端加密、传输加密、存储加密等几个方面。

- 前端加密：即在数据上云之前，由客户端根据数据安全要求对数据实施的加密行为，用户可自选加密算法以及自行进行密钥管理。

- 传输加密：是在数据从客户端到云上的链路上，对数据进行加密传输的过程。这种加密传输通常基于 HTTPS、SSH 等安全传输通道。

- 存储加密：包括对用户配置数据加密、容器镜像加密以及支持不同的加密算法及密钥管理等。

在云环境下可采用 VPC/安全组、密文/密钥的安全管理服务 KMS，以及通过 SSL 协议对南北向流量和 RPC/gRPC 通信流量实现 HTTPS 加密保护，通过 VPN 或智能接入网关实现安全访问链路。

而云原生安全传输场景中，单一集群允许多租户同时共享网络、系统组件权限控制、数据通信加密、证书轮转管理，及多租户场景下东西向流量的网络隔离、网络清洗；云原生微服务场景下的应用/微服务间通信加密和证书管理；云原生场景下密钥、密文的独立管理和三方集成，KMS 与 Vault CA、fabric-ca、istio-certmanager 等的集成。

数据处理阶段可采用安全沙箱来实现数据的安全保护，图 4-33 所示为阿里云采用安全沙箱实现数据处理保护的框架流程。

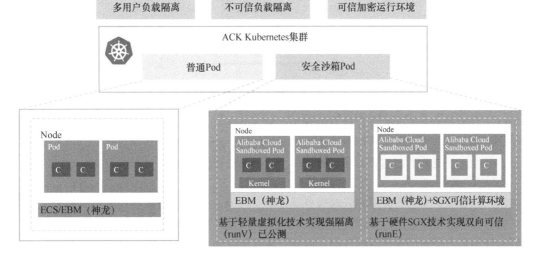

● 图 4-33　阿里云采用安全沙箱实现数据处理保护

数据存储安全包括云存储加密、云数据服务加密、容器镜像存储加密、审计日志与应用日志加密、三方集成安全加密要求，以及对密文密码的不落盘存储支持。

云存储加密方式可分为客户端加密和服务端加密，包括数据加密算法、用户密钥或主密钥等要素。

云存储加密应注意在服务端实现加密，包括安全的密钥管理 KMS/HSM（Key Management Service/Hardware Security Module）、安全的加密算法。在数据加密服务方面，云服务厂商应支持国密算法、对称加密、非对称加密以及 Hash 算法等密码服务。

云存储加密应该支持以下存储方式和内容：弹性块存储（Elastic Block Store，EBS）云盘以及云虚拟机内部使用的块存储设备（即云盘）的数据落盘加密、对象存储服务（Object Storage Service，OSS）加密、可通过透明数据加密（Transparent Data Encryption，TDE）或云盘实例加密的 RDS（Relational Database Service）数据库的数据加密、开放表格服务（Open Table Service，OTS）加密、网络附加存储（Network Attached Storage，NAS）加密以及操作日志、审计日志的安全存储等。

云原生的存储加密也应支持块存储、文件存储、对象存储加密以及 RDS、OTS 等其他类型的加密。其中主要包括用户容器镜像/代码加密（支持企业容器镜像服务，OSS CMK/BYOK）、云原生存储卷 PV（支持云存储的 CMK/BYOK 以及数据服务层的加密）、操作日志和审计日志加密、密文密码加密保护等。

2. 密钥管理服务

云上密钥管理的一种模型是 KMaaS（Key Management as a Service）模型。在 KMaaS 模型中，用户的密钥被分为几个片段，分别存储在不同的云上（由管理员进行配置）。当用户需要访问云上数据的时候，自动从存储密钥的云上获得所有的密钥片段，并自动组合为真实的解密密钥，用户即可利用此密钥对云上加密态的数据进行解密，然后实现对云上数据的安全访问，原理如图 4-34 所示。

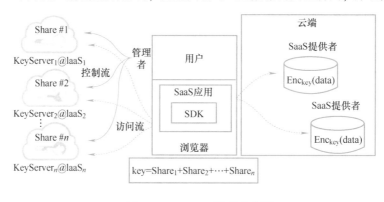

● 图 4-34　KMaaS 原理示意图

KMaaS 可用于快速配置基于云计算的服务。根据云 KMaaS 产品的不同，可以通过密钥管理互操作协议，使用云服务商提供的存根模块的 REST API 来请求密钥，如使用密钥管理服务的公钥加密标准。其优点是规范了密钥管理机制的接口，使用基础密钥管理器的应用程序移植性会更好。

3. 密文检索技术

当用户数据以密文形式保存在云端服务器上时，可以确保敏感信息具有一定的安全性，但是，数据使用者在对这些数据进行处理时，需要对数据进行频繁存取和加解密，这样就极大地增加了云服务商和使用者之间通信和计算的时间。因此，如果能快速地对密文数据进行检索和处理，将对云数据安全具有一定的实用价值。针对密文的操作可使用可搜索加密（SE）技术。其工作原理为用户首先使用 SE 机制对数据进行加密，并将密文存储在云端服务器；当用户需要搜索某个关键字时，可以将该关键字的搜索凭证发到云端服务器；服务器接收到搜索凭证后将对每个文件进行试探匹配，如果匹配成功，则说明该文件中包含该关键字，然后云端将所有匹配成功的文件发回给用户。在收到搜索结果之后，用户只需要对返回的文件进行解密即可。

同态加密（Homomorphic Encryption）是一种支持密文处理的技术。同态加密允许对密文进行处理，得到的结果仍然是密文，即对密文直接进行处理后得到的结果跟对明文进行处理后再对处理结果进行加密得到的结果是相同的。

同态加密可以实现数据处理者在无法访问真实数据的情况下对数据进行处理的目的，可以用于对密文进行检索和计算。

同态性是代数领域的概念，一般包括四种类型：加法同态、乘法同态、减法同态和除法同态。同时满足加法同态和乘法同态，则意味着是代数同态，称为全同态（Full Homomorphic）。同时满足四种同态性，则称为算术同态。

对于计算机操作来讲，实现了全同态意味着对于所有处理都可以实现同态性。只能实现部分特定操作的同态性，称为特定同态（Somewhat Homomorphic）。

仅满足加法同态的算法有 Paillier 算法和 Benaloh 算法。仅满足乘法同态的算法有 RSA 算法和 ElGamal 算法。全同态的加密方案主要包括三种类型，分别是基于理想格（Ideal Lattice）的方案、基于整数近似 GCD 问题的方案和带错误学习（Learning With Errors，LWE）的方案。

- 基于理想格的方案。由 Gentry 和 Halevi 在 2011 年提出，基于理想格的方案可以实现 72bit 的安全强度，对应的公钥大小约为 2.3GB，刷新密文的处理时间为几十分钟。
- 基于整数近似 GCD 问题的方案。由 Dijk 等人在 2010 年提出，采用了更简化的概念模型，可以降低公钥大小至几十 MB 量级。
- 带错误学习的方案。由 Brakerski 和 Vaikuntanathan 等在 2011 年左右提出，Lopez-Alt A 等在 2012 年设计出多密钥全同态加密方案，接近实时安全多方计算（Secure Multi-Party Computation，SMC）的需求。目前，已知的同态加密技术往往需要较高的计算时间或存储成本，相比传统加密算法的性能和强度还有差距，但是这一领域的研究非常受关注。

SMC 用于解决一组互不信任的参与方之间保护隐私的协同计算问题，SMC 要确保输入的独立性、计算的正确性、去中心化等特征，同时不泄露各输入值给参与计算的其他成员。它主要是针对无可信第三方的情况下，如何安全地计算一个约定函数的问题，同时要求每个参与主体除了计算结果外不能得到其他实体的任何输入信息。SMC 在电子选举、电子投票、电子拍卖、秘密共享、门限签名等场景中有着重要的作用。

SMC 最早是由华裔计算机科学家、图灵奖获得者姚启智教授通过百万富翁问题提出的。该问题表述为两个百万富翁 Alice 和 Bob 想知道他们两个谁更富有，但他们都不想让对方知道自己财富的任何信息，在双方都不提供真实财富信息的情况下，如何比较两个人的财富多少，并给出可信证明。

一个 SMC 协议如果对于拥有无限计算能力的攻击者而言是安全的，则称为信息论安全的或无条件安全的；如果对于拥有多项式计算能力的攻击者是安全的，则称为密码学安全的或条件安全的。已有的结果证明了在无条件安全模型下，当且仅当恶意参与者的人数少于总人数的 1/3 时，安全的方案才存在；而在条件安全模型下，当且仅当恶意参与者的人数少于总人数的一半时，安全的方案才存在。

4. 身份认证技术

身份认证技术是系统要求访问它的所有用户出示其身份证明，并检查其真实性和合法性，以防止非法用户冒充合法用户对系统资源进行访问的技术，又称为身份鉴别技术。身份认证常常被视为信息系统的第一道安全防线，可以将未授权用户屏蔽在信息系统之外。

身份认证是授权控制的基础，具有两方面的含义：一是识别，即对系统所有合法用户具有识别功能，任何两个不同的用户不能有相同的标识；二是鉴别，即系统对访问者的身份进行鉴别，以防非法访问者假冒。因此，在用户进入信息系统之前，对其身份进行鉴别，确保合法的用户进入指定的系统，是保证信息安全的重要手段。主要鉴别方法包括基于用户所知、基于用户所有、基于生物特征等鉴别方法。

（1）身份认证协议

身份认证是通过复杂的身份认证协议来实现的，身份认证协议是一种特殊的通信协议，它定义了参与认证服务的所有通信方在身份认证过程中需要交换的所有消息的格式和这些消息发生的次序以及消息的语义，常用的身份认证协议是 Kerberos 认证协议。

Kerberos 使用被称为密钥分配中心（Key Distribution Center，KDC）的"可信赖第三方"进行认证。KDC 由认证服务器（Authenticator Server，AS）和票据授权服务器（Ticket Granting Server，TGS）两部分组成，它们同时连接并维护一个存放用户口令、标识等重要信息的数据库。Kerberos 实现了集中的身份认证和密钥分配，用户只需输入一次身份验证信息就可以凭借此验证获得的授权凭证访问多个服务或应用系统。

Kerberos 认证过程包括获取票据许可票据（Ticket Granting Ticket，TGT）、获取服务许可票据（Service Granting Ticket，SGT）和获取服务三个步骤。Kerberos 认证的工作过程如图 4-35 所示。

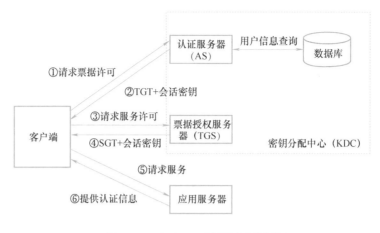

● 图 4-35　Kerberos 认证的工作过程

在协议工作之前，客户与 KDC、KDC 与应用服务之间就已经商定了各自的共享密钥、Kerberos 认证的具体过程如下。

1）客户向 Kerberos 认证服务器发送自己的身份信息，提出"授权票据"请求。

2）Kerberos 认证服务器返回一个 TGT 给客户，这个 TGT 用客户与 KDC 事先商定的共享密钥加密。

3）客户利用这个 TGT 向 Kerberos 票据授权服务器请求访问应用服务器的票据。

4）票据授权服务器将为客户和应用服务生成一个会话密钥，并将这个会话密钥与用户名、用户 IP 地址、服务名、有效期、时间戳一起封装成一个票据，用 KDC 之前与应用服务器之间协商好的密钥对其加密，然后发给客户。同时，票据授权服务器用其与客户共享的密钥对会话密钥进行加密，随同票据一起返回给客户。

5）客户将上一步收到的票据转发给应用服务器，同时将会话密钥解密出来，然后加上自己的用户名、用户 IP 地址打包后用会话密钥加密后，也发送给应用服务器。

6）应用服务器利用它与票据授权服务器之间共享的密钥将票据中的信息解密出来，从而获得会话密钥和用户名、用户 IP 地址等，再用会话密钥解密认证信息，也获得一个用户名和用户 IP 地址，将两者进行比较，从而验证客户的身份。应用服务器返回时间戳和服务器名来证明自己是客户所需要的服务。

（2）数字签名

数字签名技术通过数字证书和公钥算法可实现对通信双方身份的认证。数字签名是指附加在数据单元上的一些数据，或是对数据单元所做的密码变换，这种数据或变换能使数据单元的接收者确认数据单元的来源和数据单元的完整性，并保护数据，防止被人伪造。数字签名是非对称加密算法与数字摘要技术的综合应用。

数字签名采用公钥算法。信息发送者采用自己的私钥对信息进行签名，接收者收到信息后，获取发送者的数字证书，从中提取发送者的公钥信息和签名算法，然后利用这些信息对接收到的信息签名进行验证，从而实现对信息发送者的身份鉴别。

数字签名有不可伪造性、不可否认性和消息完整性等安全属性。

按照对消息的处理方式，数字签名可分为两类：一种是直接对消息签名，它是消息经过密码变换后被签名的消息整体；另一种是对压缩消息的签名，它是附加在被签名消息之后或某一特定位置上的一段签名信息。

若按明文和密文的对应关系划分，以上每一类又可以分为两个子类：一类是确定性数字签名，其明文与密文一一对应，对一个特定消息来说，签名保持不变，如 RSA、Rabin 签名；另一类是随机化或概率式数字签名，同一消息的签名是变化的，取决于签名算法中随机参数的取值。一个明文可能有多个合法数字签名，如 ElGamal 签名。

5. 访问控制技术

信息系统需要对用户身份进行鉴别，用户在通过身份认证进入系统后，不能毫无限制地对系统中的资源进行访问。用户能够访问哪些资源，一般要通过授权进行限定，确保用户能够按照权限访问资源，访问控制技术就是这一安全需求的有力保证。

（1）访问控制模型

访问控制模型是对安全策略所表达的安全需求的简单、抽象和无歧义的描述，可以是非形式化的，也可以是形式化的，它综合了各种因素，包括系统的使用方式、使用环境、授权定义、共享资源和受控思想等。访问控制模型主要由主体、客体、访问操作以及访问策略四部分组成，如图 4-36 所示。

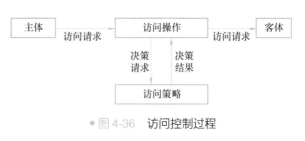

● 图 4-36　访问控制过程

1）主体。主体指访问活动的发起者。主体可以是普通的用户，也可以是代表用户执行操作的进程。通常而言，作为主体的进程将继承用户的权限，即哪个用户运行了进程，进程就拥有哪个用户的权限。

2）客体。客体指访问活动中被访问的对象。客体通常是被调用的进程以及要存取的数据记录、文件、内存、设备、网络系统等资源。主体和客体都是相对于活动而言的，用来标识访问的主动方和被动方。这也意味着主体和客体的关系是相对的，不能简单地说系统中的某个实体是主体还是客体。

3）访问操作。访问操作指的是对资源各种类型的使用，主要包括读、写、修改、删除等操作。

4）访问策略。访问策略体现了系统的授权行为，表现为主体访问客体时需要遵守的约束规则。合理的访问策略目标是只允许授权主体访问被允许访问的客体。

（2）自主访问控制

自主访问控制是指由客体资源的所有者自主决定哪些主体对自己所拥有的客体具有访问权限，以及具有何种访问权限。自主访问控制是基于用户身份进行的。当某个主体请求访问客体资源时，需要对主体的身份进行认证，然后根据相应的访问控制规则赋予主体访问权限。信息资源的所有者在没有系统管理员介入的情况下，能够动态设定资源的访问权限。但是，自主访问控制也存在一些明显的缺陷，例如：资源管理过于分散，由资源的所有者自主管理资源，容易出现纰漏；用户之间的等级关系不能在系统中体现出来；自主访问控制提供的安全保护容易被非法用户绕过。

（3）强制访问控制

强制访问控制与自主访问控制不同，它不允许一般的主体进行访问权限的设置。在强制访问控制中，主体和客体被赋予一定的安全级别，普通用户不能改变自身或任何客体的安全级别，通常只有系统的安全管理员可以进行安全级别的设定。系统通过比较主体和客体的安全级别来决定某个主体是否能够访问某个客体。例如，在信息系统中，主体和客体可按照保密级别从高到低分为绝密、机密、秘密三个级别，当主体访问客体时，访问活动必须符合安全级别的要求。

下读和上写是在强制访问控制中广泛使用的两个原则。下读原则，即主体的安全级别必须高于或者等于被读客体的安全级别，主体读取客体的访问活动才被允许；上写原则，即主体的安全级别必须低于或者等于被写客体的安全级别，主体写客体的访问活动才被允许。下读和上写两项原则限定了信息只能在同一层次传送或者由低级别的对象流向高级别的对象。

强制访问控制能够弥补自主访问控制在安全防护方面的很多不足，特别是能够防范木马等恶意程序进行的窃密活动。从木马防护的角度看，由于主体和客体的安全属性已确定，用户无法修改，木马程序在继承用户权限运行以后，也无法修改任何客体的安全属性。此外，强制访问控制对客体的创建有严格限制，不允许进程随意生成共享文件，能够防止进程通过共享文件将信息传递给其他进程。

（4）基于角色的访问控制

自主访问控制和强制访问控制都属于传统的访问控制策略，需要为每个用户赋予客体的访问权限。采用自主访问控制策略，资源的所有者负责为其他用户赋予访问权限；采用强制访问控制策略，安全管理员负责为用户和客体授予安全级别。如果系统的安全需求动态变化，授权变动将非常频繁，管理开销高昂，更主要的是在调整访问权限的过程中容易出现配置错误，造成安全漏洞。

基于角色的访问控制核心思想就是根据安全策略划分不同的角色，资源的访问许可封装在角色里，系统中的用户根据实际需求被指派一定的角色，用户通过角色与许可相联系，确定对哪些客体可以执行何种操作。

基于角色的访问控制中，用户、角色（鉴别与授权）、操作（访问控制）以及客体等基本元素的关系如图4-37所示，操作覆盖了读、写、执行、拒绝访问等各类访问活动；许可将操作和客体

● 图4-37 用户和角色之间的关系

联系在一起，表明允许对一个或者多个客体执行何种操作；角色进一步将用户和许可联系在一起，反映了一个或者一组用户在系统中获得许可的集合。

在基于角色的访问控制中，一个用户可以拥有多个角色，一个角色也可以授予多个用户；一个角色可以拥有多种许可，一种许可也可以分配给多个角色。若一个用户拥有多个角色，当权限发生冲突时，可根据系统规则选择较大权限或较小权限（常用）。

基于角色的访问控制中，许可决定了对客体的访问权限，角色可以看作用户和许可之间的代理层，解决了用户和访问权限的关联问题；用户的账号或者ID之类的身份标识仅对身份认证有意义，真正决定访问权限的是用户拥有的角色。

除了自主访问控制、强制访问控制和基于角色的访问控制，在云计算环境中还经常使用基于属性的访问控制、基于特征的访问控制等。

6. 数据脱敏技术

（1）数据脱敏要求

数据脱敏技术是解决数据模糊化的关键技术，通过脱敏技术来解决生产数据中的敏感信息的安全问题。数据脱敏通常需要遵循以下两个原则：一是脱敏后的数据尽量为处理脱敏数据的应用保留具有特定意义的信息；二是能够最大程度地避免对脱敏后的信息实施逆向还原。

云安全联盟在《云计算关键领域安全指南》中建议对敏感数据应该采取以下措施。

1）加密以确保数据隐私，使用认可的算法和较长的随机密钥。

2）先进行加密，然后从企业传输到云提供商。

3）无论在传输中、静态还是使用中，都应该保持加密。

4）确保云提供商及其工作人员无法获得解密密钥。

（2）数据脱敏方法

数据脱敏的具体做法是对某些敏感信息通过脱敏规则进行数据变形，实现对敏感隐私数据的可

靠保护。脱敏处理可以降低数据敏感性等级，可使敏感数据保留某些特定的属性，确保应用程序在开发与测试过程中和其他非生产环境中使用脱敏数据正常运行，而且可在云计算环境中安全地使用或对外提供脱敏后的真实数据集，而不产生敏感数据泄露的风险。

数据脱敏的关键技术包括数据含义的保持、数据间关系的保持、增量数据脱敏等处理方式。应针对不同敏感度确定不同的脱敏处理方法。也可结合特定的应用场景对不同敏感度的数据实施不同的脱敏处理方法。常见的脱敏处理方法包括以下几种。

- 不显示。对于一些敏感字段，如非必要，可采取不显示的策略。
- 掩码处理。例如，将"610123"变化为"6xxxx3"，保留了部分信息，并且保持信息的长度不变，辨识度较高，可见于火车票上对身份证号的脱敏处理。
- 替换处理。例如，统一将女性用户的性别显示为男性。这种方法可结合其他信息进行还原。
- 乱序处理。将输出的数据按照一定的规律打乱。例如，可将序号"abcde"重排为"bcade"。这种方式下，一旦被用户了解了乱序的规律，则容易被还原。
- 加密处理。加密处理的安全程度取决于加密算法和密钥的选择。通常这种方法的可辨识度较低。
- 截断处理。这种方法通过舍弃部分敏感信息来对数据进行模糊处理，可辨识度较低。例如，对手机号码的处理，将"18611111111"处理为"18611111"。
- 数据偏移。通过采用一定的算法对敏感数据进行偏移处理，实现脱敏。如对数字地图的处理，对日期时间的处理等。这种方式下，一旦数据偏移算法被破译，则脱敏后的数据容易被还原。

7. 数据防泄露技术

数据防泄露技术（Data Leakage Prevention，DLP）是以数据资产为核心，采用加密、隔离、内容智能识别和上下文关联分析等多种不同技术手段，防止数据在采集、存储、处理、传输、共享以及销毁等数据流转环节和具体应用场景下发生泄露以及被非法访问的技术的总称。DLP 保护的强度通常与数据的敏感度和重要程度相关。

（1）数据分级分类

DLP 的实现通常以数据分类分级为起点，针对不同级别、类别、敏感度及重要性的数据，通过规则匹配在数据流转的不同阶段实施不同的防护规则，从而达到预防数据泄露的目的。

企业中的所有敏感数据和个人信息都应受到保护。在《数据安全法》和《个人信息保护法》中也有相关的规定。企业需要对所拥有的数据进行分类分级，确定哪些数据是敏感数据，必要时可对敏感数据进一步进行级别划分，对不同级别的敏感数据实施不同程度的防护，然后再识别敏感数据并根据预定的保护措施实施适当的保护，防止发生数据泄露。组织涉及的敏感信息主要包括员工姓名、性别、员工身份证号、民族、住址、IP 地址、MAC 地址、手机号、银行卡号、电话号码、车牌号、军官证号、邮箱地址、护照号、港澳通行证号码、数据库连接字符串、车辆识别代码等。这些敏感信息可根据其敏感程度及使用场景确定其分类和等级。

组织可依据数据的来源、内容和用途等要素对数据进行分类，按照数据的价值、内容敏感程度、数据泄露产生的影响和数据分发范围大小等对数据进行敏感度级别划分。

（2）识别敏感数据

组织中的信息存在的主要形式包括文本、图片、视频以及数据库存储方式等，通常的做法是对图片和视频中的文本信息进行提取，然后进行匹配。对于视频和图像信息，则需要根据特定模型进行图像匹配。

对这些敏感数据的识别主要包括基于规则的匹配方法、数据库指纹匹配技术、文件精确匹配技术、部分文档匹配技术、概念/字典技术、预置分类法以及统计分析法等。

- 基于规则（Rule-based）的匹配方法。最常用的包括正则表达式、关键字和模式匹配技术等，这些方法适用于对结构化数据的识别，如银行卡号、身份证号和社会保险号等。基于规则的匹配可以有效地识别具有一定组成规则的数据是否包含敏感数据，可用于对数据块、文件、数据库记录等进行处理。

- 数据库指纹匹配（Database Fingerprinting Matching）技术。该技术可用于对从数据库加载的数据进行精确匹配，可以实现对多字段的处理，如包含了姓名、银行卡号和 CVV 等多个字段的组合内容。这种技术比较耗时，但准确率比较高。

- 文件精确匹配（Exact File Matching）技术。该技术采用文件的 Hash 值进行比较，并监视任何与精确指纹匹配的文件。它很容易实现，并且可以检查文件是否被意外地存储或以未经授权的方式传输。但是比较容易绕过。

- 部分文档匹配（Partial Document Matching）技术。该技术对受保护文档进行部分或全部匹配。它对文档不同部分使用多个 Hash 值，可查找特定文件的完整或部分匹配，如对不同用户填写的多个版本的表单进行处理。

- 概念/字典（Conceptual/Lexicon）技术。综合采用了字典、规则等多种方法，适用于对那些超出简单分类的非结构化数据进行处理，这种方法需要进行 DLP 解决方案定制。

- 预置分类（Pre-built Categories）法。通过内置常见敏感数据类型分类及字典和规则对数据进行匹配，如银行卡号等数据。

- 统计分析（Statistical Analysis）法。采用机器学习或贝叶斯等统计学方法检测安全内容中的策略违规。这种方法需要扫描大量数据，而且数据越多越好，否则容易出现误报和漏报。

（3）数据状态检测与分类

DLP 的另一个维度是对数据进行状态分类，将数据分为静止数据、流转数据和使用中的数据三种状态。在不同的状态下，可采用不同的防护措施。

DLP 采用的检测技术可分为基础检测技术和高级检测技术两类。

- 基础检测技术主要包括正则表达式检测、关键字检测和文件属性检测。正则表达式和关键字检测这两种方法可以对明确的敏感信息进行检测；文件属性检测主要是针对文件的类型、大小、名称、敏感度等级等属性进行检测。

- 高级检测技术主要包括精确数据匹配（EDM）、指纹文档匹配（IDM）、支持向量机（SVM）等方法。EDM 适用于结构化格式的数据，如客户或员工数据库记录。

IDM 可确保准确检测以文档形式存储的非结构化数据，如 Word 文档、PPT 文档、PDF 文档、财务、并购文档，以及其他敏感或专有信息。IDM 会创建文档指纹特征，以检测原始文档的已检索部分、草稿或不同版本的受保护文档。

IDM 首先学习和训练，得到敏感特征，再对敏感文件进行语义分析，提取出需要学习和训练的敏感信息文档的指纹模型，然后利用同样的方法对被测的文档或内容进行指纹抓取，将得到的指纹与训练的指纹进行比对，根据预设的相似度去确认被检测文档是否为敏感信息文档。这种方法可让 IDM 具备极高的准确率与较大的扩展性。

SVM 是建立在统计学习理论的 VC 维（Vapnik-Chervonenkis Dimension）理论和结构风险最小化原理基础上的，利用有限样本所提供的信息对模型复杂性和学习能力寻求最佳的折中，以获得最好泛化能力的一种算法。SVM 的基本思想是把训练数据非线性地映射到一个更高维的特征空间（Hilbert 空间）中，在这个高维的特征空间中找到一个超平面，使得正例和反例两者间的隔离边缘被最大化。SVM 的出现有效解决了传统的神经网络结果选择、局部极小值、过拟合等问题，并且在小样本、非线性、数据高维等机器学习问题中表现优异。IDM 和 SVM 适用于非结构化的数据。

敏感数据的特征通常先由企业标识出来，然后再由 DLP 判别其特征，以进行精准的持续检测。

经过检测后即可按照预设的数据防护强度采取针对性的防护措施，在发生数据泄露事件以后，也可在不同的级别进行应急处置。

8. 数字水印技术

数字水印（Digital Watermark）技术是用信号处理的方法在数字化的数据中嵌入隐蔽或明显的标记，以实现特定的目的。显式数字水印主要用于云上数据和知识产权的标识和保护，如视频标识、文档水印等。隐式数字水印主要用于云上数据跟踪、版权保护、信息隐藏、票据防伪、数据篡改提示等。

不同用途的数字水印，其算法是不同的。总体来说，数字水印是通过在数字媒体中加入标记来实现水印信息的添加；通过专用的检测工具，可检测出加入的数字水印（或者检测到数字媒体是否被修改）。根据添加信息的方式，数字水印可分为时域添加和变换域添加，包括 DCT 变换域、小波变换域或傅里叶变换域添加等。

数据水印技术在数据安全治理中的应用主要是为了实现对分发后数据的追踪。在数据泄露行为发生后，可通过检测数字水印的方式来实现对数据泄露源头的追踪。通过在分发数据前加入水印（其中记录了分发信息），数据泄露后，当拿到泄密数据的样本时，检测水印信息即可追溯到数据泄露源。

9. 数据删除技术

云上数据安全删除的实现方式主要包括两种：一种是数据从存储介质被彻底删除无法恢复；另一种是数据以密文的形式分布式存储在云端，然后销毁密钥。只要加密密钥足够长、满足一定的复杂度要求，即可确保数据无法恢复。

（1）传统数据删除

对于传统的文件删除方法，如直接删除文件，系统都没有抹去磁盘区域中的文件内容，仅仅是在磁盘文件系统的文件表中将该文件标记为删除。在快速格式化或者普通格式化磁盘时，系统也是仅将存储文件信息的文件表初始化，而存储数据的区域没有任何改变，因此使用文件恢复工具检索文件表中标记为删除的项目，即可轻松地恢复文件。

以 NTFS 文件系统为例。在 NTFS 文件系统中，Windows 系统将文件名称、用户权限等元数据信息以及文件在磁盘中存储的位置等记录在主控文件表（Master File Table，MFT）中，该文件是一个隐藏文件，只有系统能够管理。

当删除一个文件的时候，系统在 MFT 中将该文件标记为已删除状态，而文件的内容仍然保留在磁盘上。因此，可通过数据恢复工具对 MFT 进行分析来找到已被删除的文件，然后进行恢复。即使在 MFT 中找不到被删除文件的信息，也可以通过检索磁盘尽可能地利用保存在磁盘中的数据来恢复被删除文件。所以要安全地删除文件，就必须彻底地清除文件存储区域的数据。

（2）磁盘数据删除

磁盘数据删除可通过多次复写存储区域或利用随机数覆盖存储区域的方法来实现数据可靠删除。

奥克兰大学彼得·古特曼（Peter Gutmann）教授提出的古特曼复写法（The Gutmann Method）使用随机和结构化数据模式覆盖原数据存储区域 35 次，能够使硬盘上存储的数据无法恢复，其缺点是大容量存储处理非常耗时，而且对硬盘寿命影响很大。

为适应大容量存储需求，古特曼教授推荐了新的随机数据覆盖删除方法，科学家克雷格赖特（Craig Wright）通过专业的测量仪器在磁盘表面对该方法进行了测试。结果显示，在最新的硬盘上，只需用零完整地覆盖文件的原数据存储区域，基本上就不可能再次还原完整的文件，为了更可靠地删除数据，还可进行多次覆写。因此，这种数据覆盖法也获得了美国国家技术标准协会（NIST）的认可，得到了广泛的应用。

（3）固态硬盘数据删除

闪存的使用寿命有限，因而固态硬盘（SSD）以及一些闪存盘的控制器特别为此进行了优化，从缓存以及磁盘存取等多方面入手，尽可能地减少擦写闪存颗粒的次数，并将需要写入的数据均匀地分配给所有的闪存单元，这就导致了安全删除工具通过系统发出的数据覆盖指令无法被有效地执行，虽然数据依然被写入了闪存设备，但是未必能够写入目标存储区域，使得清除目标数据的操作失败。

同样，对支持 TRIM（也叫 Disable Delete Notify，是一种 SSD 操作指令，可提高 SSD 删除数据的效率）的 SSD 虽然可以尝试通过指令来擦写指定的闪存单元，但是仍然无法确定控制器是否已经执行了所需操作。因而，要确保完整清除 SSD 设备上的数据，唯一的方法是全盘擦写，这可利用各厂商提供的全盘初始化工具。

在云存储中，通常同时使用 SSD 和磁盘这两种存储设备，因此需要区别对待。一般 SSD 用来存储云平台运行需要用到的一些文件，而磁盘（阵列/集群）存储的是客户数据。

在云平台进行数据可信删除时，还需要考虑到重复数据和关联数据的可信删除问题。

4.4.4 云数据隐私保护

隐私数据保护也称为个人信息保护。在《网络安全法》附则中规定："个人信息，是指以电子或者其他方式记录的能够单独或者与其他信息结合识别自然人个人身份的各种信息，包括但不限于自然人的姓名、出生日期、身份证号、个人生物识别信息、住址、电话号码等。"《个人信息保护法》中，规定了个人信息处理规则、个人信息跨境提供、公民个人在个人信息处理活动中的权利、个人信息处理者的义务、履行个人信息保护职责的部门以及相关法律责任等内容。

云计算在给大众带来便利的同时，也对公民的个人信息安全提出了严峻的挑战。云计算带来的根本问题是用户不再对数据和环境拥有完全控制权，云计算的出现彻底消除了地域的概念，数据不再存放于某个确定的物理节点，而是由服务商动态提供存储空间，这些空间有可能是现实的，也可能是虚拟的，甚至可能分布在不同国家及区域。云计算时代的数据存储和处理，对于用户而言，变得非常不可控。

近年来，云计算领域发生了多次数据泄露、服务中断、系统瘫痪等事件，这也令社会各界对云计算多了几分担心。特别是利用云计算进行相关个人信息的存储、处理和提供相关服务的时候，对个人隐私的保护问题越来越受到大众的关切。因此，应当采取法律法规以及管理、技术等手段对云计算中涉及的个人信息及相关功能进行保护和增强。

法律法规方面，为应对云计算、大数据、移动互联网及跨境数据处理等应用场景对个人隐私带来的新挑战，2016 年欧盟通过了新的隐私保护法案《通用数据保护条例》（General Data Protection Regulation，GDPR）并于 2018 年生效，取代先前制定的《个人数据保护条例》，旨在为加强欧盟区居民的隐私数据保护，特别是对儿童信息使用和准许的保护，提供更加坚实的框架，并指导跨欧盟个人数据的商业使用。同时，GDPR 对于国际间的数据流动引入了新的职责和限制，并包括广泛的与隐私相关的要求，将对组织的立法、合规、信息安全、市场、工程和人力资源管理产生巨大影响。GDPR 实施两年，共开出近 300 张罚单，总额约 35 亿美元。一方面，数据泄露事件层出不穷，非法获取个人数据的行为日益猖獗，人们对隐私的担忧与日俱增；另一方面，欧洲各国加大处罚力度，受罚企业不断增多，个人隐私保护状况有所改善。并且，全球多个国家或地区也以 GDPR 为参考，制定或补充了不同的数据保护细则。客观上，GDPR 的发布实施，对于促进全球的隐私信息保护具有积极意义。

我国在 2021 年也相继发布了《数据安全法》《个人信息保护法》。在标准方面，我国推出了

《GB/T 35273—2020 信息安全技术 个人信息安全规范》，其中明确了个人信息的定义、收集、保存、使用以及个人信息的委托处理、共享、转让、公开披露和个人信息安全事件处理等方面的内容，对于推进公民个人信息保护具有积极意义。

在技术方面，也出现了一些适合公民个人信息保护的技术措施，主要包括保格式加密存储、访问控制、密文检索、同态加密技术、差分隐私保护技术等，这些技术的出现和成熟应用对于加强云上公民隐私信息保护、普及云计算应用非常重要。

4.5　本章小结

本章对数据治理、数据安全治理模型与框架进行了介绍，从云存储模型框架与关键技术入手，介绍了云存储的基本模型与 RAID 技术，以及典型的 GFS 文件系统和 HDFS 文件系统，接着阐述了《云服务用户数据保护能力评估方法》对用户数据安全的要求，最后介绍了数据的全生命周期管理和数据安全保护技术。

习题

1. 一般的数据治理项目都包含哪些内容？
2. DMBOK 将数据治理划分为哪 10 个职能域？
3. 微软 DGPC 框架的核心是什么？
4. Gartner 数据安全治理框架包括哪几个步骤？
5. 典型的数据安全治理方法模型包括哪些要素？
6. GB/T 37988—2019《信息安全技术　数据安全能力成熟度模型》包括哪几个维度？各包括哪些要素？
7. DSMM 提出的数据安全生命周期包括哪几阶段？
8. 数据安全治理包括哪几个步骤？
9. 云存储架构包括哪几层？
10. 云存储中的 HDFS 文件系统读写过程是怎样的？
11. 数据安全防护技术包括哪些？各有什么作用？

参考文献

[1] 数世咨询. 企业数据安全分级分类实践指南 [EB/OL].（2020- 04-10）[2021- 04- 05]. https：//www. secrss. com/articles/18539.

[2] 知乎. 什么是数据安全治理 [EB/OL].（2020-12-30）[2021- 04- 05]. https：//www. zhihu. com/question/395798708.

[3] DAMA 国际. DAMA 数据管理知识体系指南 [M]. 北京：机械工业出版社，2020.

[4] MR 王峰. 数据安全治理体系建设 [EB/OL].（2019-11-15）[2021-04-05]. https：//blog. csdn. net/a59a59/article/details/103078524.

[5] 中国软件评测中心，网络空间安全测评工程技术中心. 电信和互联网行业数据安全治理白皮书 [EB/OL].（2020-06-30）[2021-03-29]. https：//www. cstc. org. cn/info/1202/1611. htm.

[6] TTL. 政务大数据安全技术体系建设 [EB/OL]. (2020-04-21) [2021-04-05]. https：//zhuanlan. zhihu. com/ p/134174445.

[7] 郑云文. 数据安全架构设计与实战 [M]. 北京：机械工业出版社, 2019.

[8] 徐保民, 李春艳. 云安全深度剖析：技术原理与应用实践 [M]. 北京：机械工业出版社, 2016.

[9] 陈兴蜀, 葛龙, 云安全原理与实践 [M]. 北京：机械工业出版社, 2017.

[10] 安华金和. 数据安全治理的技术挑战 [EB/OL]. [2021-04-05]. http：//www. youxia. org/2018/12/ 43261. html.

[11] SEPIOR. Key Management as a Service（KMaaS）[EB/OL]. [2021-04-05]. https：//sepior. com/solutions/ kmaas-key-management-as-a-service.

[12] Tomaso Vasella. DATA ENCRYPTION IN THE CLOUD [EB/OL]. (2020-11-05) [2021-04-05]. https：// www. scip. ch/en/? labs. 20201105.

[13] 云上笛暮. 何为数据安全治理 [EB/OL]. (2020-09-25) [2021-04-05]. https：//blog. csdn. net/peng-pengjy/article/details/108804639.

[14] 大超. 数据安全怎么做：数据分类分级 [EB/OL]. (2020-08-20) [2021-04-05]. https：// www. freebuf. com/articles/database/247305. html.

[15] 安华金和. 数据安全治理的技术支撑框架 [EB/OL]. (2018-12-11) [2021-04-05]. https：// www. freebuf. com/company-information/191735. html.

[16] 云上笛暮. 数据安全治理方法导论 [EB/OL]. (2020-11-25) [2021-05-05]. https：//blog. csdn. net/peng-pengjy/article/details/110149341.

[17] 阿里巴巴云原生. 不一样的双 11 技术：阿里巴巴经济体云原生实践 [Z/OL]. (2019-11-27) [2021-03-21]. https//developer. aliyun. com/article/728327.

[18] 安华金和. 数据安全的必由之路——数据安全治理 [EB/OL]. (2017-05-04) [2021-05-05]. https：// zhuanlan. zhihu. com/p/26707158.

[19] Rainbow Chen. 云存储的底层关键技术有哪些？ [EB/OL]. (2017-04-19) [2021-04-05]. https：// www. zhihu. com/question/25834847/answer/158290286.

[20] gloud.《云计算》教材试读：Google 文件系统 GFS [EB/OL]. (2010-06-12) [2021-05-05]. https：// blog. csdn. net/gloud/article/details/5667549.

[21] 乐章. Hadoop4-HDFS 分布式文件系统原理 [EB/OL]. (2019-11-15) [2021-04-05]. https：// www. cnblogs. com/zhangxingeng/p/11819418. html.

[22] 豌豆猫喵喵喵. 大数据 Hadoop 读写数据流程解析 [EB/OL]. (2020-03-26) [2021-05-05]. https：// blog. csdn. net/qq_15724113/article/details/105108359.

[23] 星辰大海-sdifens. Hadoop 体系架构 [EB/OL]. (2018-09-25) [2021-05-05]. https：//www. cnblogs. com/ sdifens/articles/9700276. html.

[24] jackwangmail. DLP 数据防泄漏之正确概念 [EB/OL]. (2014-12-22) [2021-04-05]. http：// blog. itpub. net/28982101/viewspace-1376052/.

[25] Sanjay Ghemawat, Howard Gobioff, Shun-Tak Leung. The Google File System [EB/OL]. (2003-10-19) [2021-05-25]. https：//pdos. csail. mit. edu/6. 824/papers/gfs. pdf.

[26] 暮雨潇潇 2131. 罚款 35 亿, 我们分析了 GDPR2 年近 300 起罚款事件 [EB/OL]. (2020-07-31) [2021-04-05]. https：//baijiahao. baidu. com/s? id =1668183370703573788.

[27] 唐鹏, 黄征, 邱卫东. 深度学习中的隐私保护技术综述 [J]. 信息安全与通信保密, 2019 (06)：55-62.

[28] liuhuiteng. 美团数据仓库-数据脱敏 [EB/OL]. (2020-07-14) [2021-08-10]. https：//blog. csdn. net/ a934079371/article/details/108839676.

第5章 云应用安全

学习目标：

1. 了解软件安全开发的基本知识。
2. 熟悉云应用开发的一般流程。
3. 熟悉软件安全开发的典型模型。
4. 熟悉云应用安全设计流程。
5. 熟悉云 Web 应用安全测试方法。

云应用安全是云安全的重要内容之一，云应用安全涉及云应用的整个生命周期，包括规划、设计、实现、测试、部署、安全运维以及停服等。在云应用开发中采用适当的安全开发模型，在云应用整个生命周期的不同阶段，采用适当的安全措施是云应用安全的基本思想。

5.1 软件安全开发概述

软件安全开发是按照一定的安全开发模型，不断挖掘软件的安全需求，在软件中引入适当的安全措施，将软件安全需求转化为软件安全能力的过程。

5.1.1 软件开发过程

软件包括与计算机系统操作相关的计算机程序、规程、规则，以及开发和使用过程中可能产生的文件、文档及数据等。

软件开发的一般流程包括软件定义、软件设计和实现、软件运行维护、废止等几个步骤。

软件生命周期也称为软件生存周期，是软件从设计直至废止的整个时间历程。

软件定义阶段的主要任务是确定软件开发工程必须完成的总目标、确定工程的可行性、导出实现工程目标应该采用的策略及系统必须完成的功能、预估完成该项工程需要的资源和成本，并制订工程进度表。该阶段通常划分为三个子阶段，即问题定义、可行性研究和需求分析。

软件设计和实现是在软件定义阶段输出的软件规格的约束下，对软件进行实现的过程。它通常包括软件总体设计（概要设计）、详细设计、软件编码和软件测试等步骤。

软件运行维护时期的主要任务是使软件安全连续地满足用户需要，主要包括软件交付、部署和软件运行维护。

5.1.2 软件开发模型

软件开发一般都有一定的共性，将这些共性进行高度总结，就形成了一些软件开发模型。典型的模型包括瀑布模型、迭代模型、螺旋模型、增量模型、快速原型模型等。

1. 瀑布模型

瀑布模型（Waterfall Model）的核心思想是按工序将问题简化，将功能的实现与设计分开，便于分工协作，即采用结构化的分析和设计方法将逻辑实现与物理实现分开。它将软件生命周期划分为系统需求分析、软件需求分析、初步设计、详细设计、编码调试、测试和运行维护七个基本活动，并且规定了它们自上而下、相互衔接的固定顺序，形如瀑布流水，逐级下落，如图 5-1 所示。

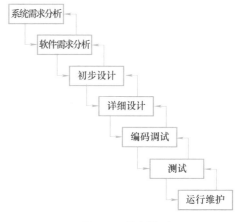

● 图 5-1　瀑布模型

瀑布模型只允许开发人员后退一个阶段纠正相关问题，对于跨阶段发现的问题，无法进行纠正。瀑布模型的改进是在每个阶段增加了确认和验证步骤，能在一定程度上减少问题的出现。

2. 迭代模型

迭代包括实现产品发布（稳定、可执行的产品版本）的全部开发活动和要使用该发布必需的所有其他外围元素。在某种程度上，开发迭代是一个完整地经过所有工作流程的过程，至少包括需求工作流程、分析设计工作流程、实施工作流程、测试工作流程和部署工作流程。

迭代模型可以理解为多个小型瀑布模型的链接，所有的阶段都可以细分为迭代，每一次迭代都会产生一个可以发布的产品，如图 5-2 所示。

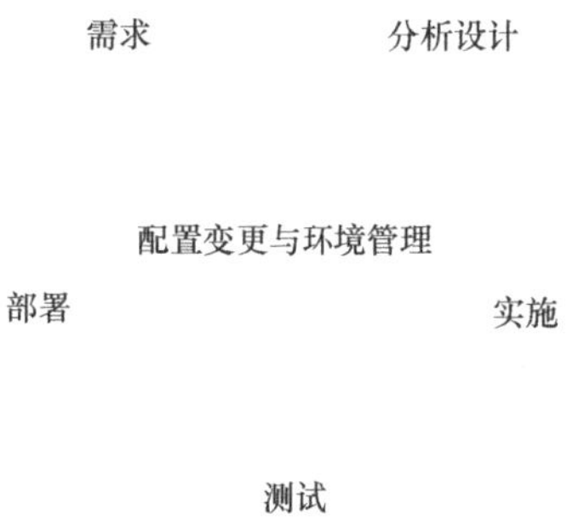

需求　　　　　　　分析设计

配置变更与环境管理

部署　　　　　　　实施

测试

● 图 5-2　迭代模型

3. 增量模型

增量模型融合了瀑布模型和迭代模型的特征，该模型采用随着日程时间进展而重叠的线性序列，每一个线性序列产生软件的一个可发布的"增量"。当使用增量模型时，第一个增量往往是核心的产品，即第一个增量实现了基本的需求，但很多补充的特征还没有发布。客户对每一个增量的使用和评估都作为下一个增量开发的新需求，这个过程不断重复，直到产生最终的完善产品。

增量模型与迭代模型本质上都是迭代的，但是增量模型每一个增量的开发过程有交叠的过程，而迭代模型则是一个版本发布后才进入下一个版本的开发。增量模型的开发过程如图 5-3 所示。

● 图 5-3　增量模型开发过程

4. 快速原型模型

快速原型模型又称原型模型。它是在开发真实系统之前构造一个原型，在该原型的基础上逐渐完成整个系统的开发工作。快速原型模型的第一步是建造一个快速原型，实现客户或未来用户与系统的交互；用户或客户对原型进行评价，进一步细化待开发软件的需求，通过逐步调整原型使其满足客户的要求，开发人员可以确定客户的真正需求是什么。第二步则是在第一步的基础上开发客户满意的软件产品。

快速原型是利用原型辅助软件开发的一种思想。经过简单快速分析，快速实现一个原型，用户与开发者在使用原型过程中加强通信与反馈，通过反复评价和改进原型来减少误解，弥补漏洞，适应变化，最终提高软件质量。

5. 螺旋模型

螺旋模型兼顾了快速原型的迭代以及瀑布模型的系统化与严格监控的特征。螺旋模型最大的特点在于引入了风险分析过程，使软件在无法排除重大风险前有机会停止，以减小损失。螺旋模型是通过在每个迭代阶段构建原型来减小风险的，如图 5-4 所示。

● 图 5-4 螺旋模型

瀑布模型适用于开发需求明确的软件，增量模型适用于软件的版本升级过程，快速原型模型适用于核心需求明确而其他需求不太明确的软件，螺旋模型适用于开发大型软件。

在这些模型当中，并没有强调软件的安全性。因此需要新的软件开发模型来将软件的安全性融入软件的开发中。

5.1.3　软件安全开发模型

软件安全开发是在软件的需求、设计、实现和运行维护等整个生命周期中，将安全作为软件必需特性的软件开发模式。业界已提出了一些软件安全开发的思想和模型，包括 SDL 模型、DevSec-Ops 模型、BSI 模型、SSE-CMM 模型以及 SAMM 模型等。

1. SDL 模型

微软的 SDL（Security Development Lifecycle）是软件安全开发的经典模型。SDL 模型的核心思想是在软件开发各阶段引入安全措施和隐私保护措施，从而确保最终的软件安全性。SDL 将软件开发划分为培训、需求、设计、实施、验证、发布以及响应等七个阶段，并在每一个阶段设置了一些安全活动，如图 5-5 所示。

①培训	②需求	③设计	④实施	⑤验证	⑥发布	⑦响应
安全培训	确认安全需求 创建质量门/Bug栏 安全和隐私风险评估	确认安全要求 分析攻击面 威胁建模	使用批准的工具 弃用不安全的函数 静态分析	动态分析 模糊测试 攻击面评审	事件响应计划 最终安全评审 发布存档	执行事件响应 计划

● 图 5-5　微软 SDL 模型及主要安全活动

微软 SDL 是为了在设计、编码和文档等与安全相关的方面将漏洞减到最少，在软件开发的生命周期中尽早发现安全威胁、解决相关威胁而建立的流程框架，各组织可以借鉴微软 SDL 的流程框架，建立符合自身的安全开发规程。

1）培训。培训软件开发人员的安全意识，帮助开发人员建立体系化的安全思想，将安全作为软件必不可少的特性，具体包括安全开发原则、安全设计规范、典型安全机制、安全编码规范、需要规避的危险函数、安全的函数调用方式、安全测试原则等。

2）需求。根据软件部署环境和业务要求，形成软件的安全标准和安全要求等。

3）设计。通过威胁建模方式分析软件的攻击面，梳理软件面临的各种威胁，提出安全措施进行消减，同时评估安全措施对软件的影响，择优选择，并在软件工作的各个环节将安全措施与软件模块进行融合设计。

4）实施。根据安全设计方案，遵循安全设计原则和编码规范等，按照开发环境、编程语言等确定条件编写具体的代码，实现软件的功能和安全特性。主要包括采用批准的工具、弃用不安全函数以及实施静态分析等活动。

5）验证。根据软件设计文档，验证软件的功能和安全特性是否与设计相符。安全测试的方法包括静态分析和动态分析，可采取代码审查、模糊测试、渗透测试等方法对软件的安全性进行测试。

6）发布。通过功能测试和安全测试的软件即可进行发布。发布的同时应该说明软件的功能、安全特性等。

7）响应。软件部署在客户的生产环境以后，承载了具体的业务，根据客户的业务要求和应急响应预案实施应急响应，确保客户业务的连续性，尽力减小用户损失。

SDL 共内置了 17 项安全活动。其中，SDL 要求前 6 个阶段的 16 项安全活动为开发团队必须成功完成的必需安全活动，这些必需活动由安全和隐私专家确认有效，并且会作为严格的年度评估过程的一部分，不断进行有效性评析。

传统软件安全开发生命周期工作流程包括采购 SDL 顾问咨询服务，并执行全员培训；建立安全流程相关的部门，为 SDL 实施提供组织保障；招聘大量安全专业人员，为 SDL 推行提供专业支持；建立标准与规范，含设计规范、开发规范、部署规范等，为 SDL 推行提供技术依据；建立项目管理流程和项目管理 IT 系统；建立与规范对应的 Checklist 模板、测试用例等，作为流程执行过程中的交付件；将安全要素嵌入项目管理流程各个阶段的关键活动中（需求确认、同行评审、方案评审、验收等），从而确保软件得到安全实现。

2. 云 SDL 开发模型

在云上应用 SDL 模型进行软件安全开发与传统软件的 SDL 开发还存在一些区别（以 SaaS 模式下的 SDL 应用为例），见表 5-1。

表 5-1　传统 SDL 与云上 SDL 的区别

比较项	传统 SDL	SDL SaaS
安全组织	需要建立项目管理、安全管理或其他流程化组织	可以不用建立专职的项目管理、安全架构、评审资源池等组织或部门
安全人员	需要较多专职安全专业人员	没有专职安全人员也能开始使用（当然有安全专业人员更好），团队成员兼职实施
安全流程	自建项目管理平台	直接通过浏览器访问在线服务
安全交付件	需要单独拟定设计规范、开发规范、部署规范，并输出 Checklist 等交付件模板	直接以在线 Checklist 形式提供，在线保存检查结果，不使用附件和模板以提高效率。
实施成本	昂贵（顾问费、员工人力资源投入、IT 基础设施建设与维护费用）	基本服务免费

可以看到，在云计算环境下，SDL 软件安全开发过程简化了一些，这是因为云计算服务提供商提供了一些安全服务。

3. BSIMM 模型

BSIMM 模型是一种描述性模型，它包含四个领域：治理、情报、SSDL 触点和部署。BSIMM v10 中，这四个领域又包括了12 个实践模块共 119 项具体活动，而其中有 12 项活动是目前参与调研的公司都在实践并且行之有效的，如图 5-6 所示。

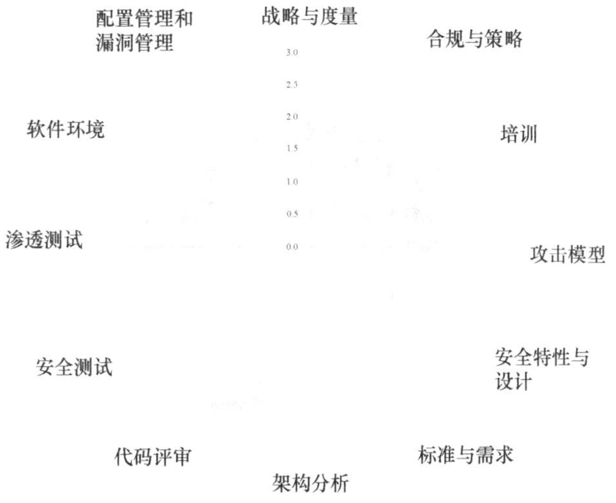

其中，治理包括战略和指标（SM）、合规和策略（CP）、培训（T）；情报包括攻击模型（AM）、安全功能和设计（SFD）、标准和要求（SR）；SSDL 触点包括架构分析（AA）、代码审查（CR）、安全测试（ST）；部署包括渗透测试（PT）、软件环境（SE）、配置管理和安全漏洞管理（CMVM）等活动。

BSIMM 作为一种描述性模型，主要通过

● 图 5-6　BSIMM 中的 12 个实践模块

129

观察和报告来总结优秀企业的软件开发最佳活动。据统计，在过去的10年间，总计有200家左右企业参与过BSIMM的评估，因此BSIMM模型是从实践中不断总结而来的，具有很强的可操作性。

4. SAMM模型

SAMM是由OWASP维护的一个开源项目，该模型提供了一个开放的框架，用以帮助软件公司制订并实施消减所面临的来自软件安全的特定风险的策略，如图5-7所示。

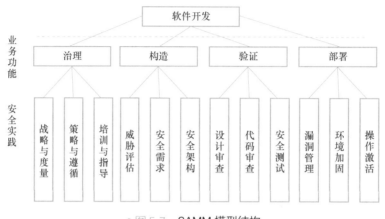

● 图5-7   SAMM模型结构

SAMM规定了四个软件开发过程中的核心业务功能，即治理、构造、验证和部署。这四个业务功能各包含了三个安全实践。

- 治理功能：专注软件开发企业组织管理其软件安全开发相关的过程、活动和措施，主要包括战略与度量、策略与遵循和培训与指导。
- 构造功能：关注软件安全开发中需求、目标和架构方面的过程、活动和措施，主要包括威胁评估、安全需求和安全架构。
- 验证功能：注重软件检查和测试中的过程、活动和措施，主要包括设计审查、代码审查和安全测试。
- 部署功能：强调了软件发布和部署配置时相关的过程、活动和措施，主要包括漏洞管理、环境加固和操作激活。

5.2   云应用安全开发

云应用是云上的主要业务，也是云用户业务的承载。云应用安全涉及云应用的规划、需求分析、设计、实现、测试、部署、运行维护以及废止等全生命周期的安全。云应用安全开发与传统的软件安全开发具有很多类似之处，当软件开发从传统开发方式迁移到云以后，出现了一些新的变化。云应用安全开发的一般步骤包括规划、选择服务商、安全设计与实现、安全测试、安全部署、安全运营、服务迁移变更和退出服务等。

5.2.1   云应用开发流程

1. 规划

云计算服务并非适合所有的企业，更不是所有应用都适合部署到云计算环境。是否采用云计算服务特别是采用社会化的云计算服务，应该综合考虑采用云计算服务后获得的效益、可能面临的信息安全风险、可以采取的安全措施后做出的决策。只有当安全风险在客户可以承受、容忍的范围内，或安全风险引起的信息安全事件有适当的控制或补救措施时，方可采用云计算服务。

在规划阶段企业应分析采用云计算服务的效益，确定自身的数据和业务类型，判定是否适合采用云计算服务；根据数据和业务的类型确定云计算服务的模式（公有云、私有云、社区云以及混合云）和类型（IaaS、PaaS、SaaS）以及功能要求、安全要求等，形成决策报告。

在规划阶段也要关注效益评估。效益是采用云计算服务的最主要动因，只有在可能获得明显的经济和社会效益，或初期效益虽不一定十分明显，但从发展的角度看潜在效益很大并且信息安全风险可控时，才可采用云计算服务。云计算服务的效益主要从以下几个方面进行分析。

- 建设成本：传统的自建信息系统需要建设运行环境、采购服务器等硬件设施、定制开发或采购软件等；采用云计算服务时，初期资金投入可能包括租用网络带宽、客户采用的安全控制措施等。
- 运维成本：传统自建信息系统的日常运行需要考虑设备运行能耗、设备维护、升级改造、增加硬件设备、扩建机房等成本；采用云计算服务时，仅需为使用的服务和资源付费。
- 人力成本：传统的自建信息系统需要维持相应数量的专业技术人员，包括信息中心等专业机构；采用云计算服务时，仅需适当数量的专业技术和管理人员。
- 性能和质量：云计算服务由具备相当专业技术水准的云服务商提供，云计算平台具有冗余措施、先进的技术和管理水平、完整的解决方案等，应分析采用云计算服务后为业务性能和质量带来的优势。
- 弹性支持：通过采用云计算服务，企业可以将更多的精力放在如何提升核心业务能力、创新能力上，可通过云服务的弹性快速满足新业务发展，并按需随时调整。

2．选择服务商

企业应根据安全需求和云计算服务的安全能力选择云服务商，确定服务模式和服务类型，并与云服务商签署合同（包括服务水平协议、安全需求、保密要求等内容），这里主要是为后期的云应用定制运行环境。

3．安全设计与实现

云安全应用的安全需求是分析云应用可能面临的安全威胁，结合云服务商的安全服务能力，综合分析云应用需要采用的防护方法，形成云应用安全开发需求。

云应用安全设计是依据云应用的安全需求，在云应用设计中，针对不同的安全威胁和安全合规要求，加入相应的安全机制和安全措施，从而确保云应用在云端环境的运行安全。

云应用的实现主要是根据云应用的概要设计和详细设计，将云应用安全设计中确定的相关安全措施在实现云应用的同时同步实现。

4．安全测试

云应用的安全测试主要包括传统的安全测试以及云环境下的安全测试。

- 传统的安全测试：包括 XSS、SQL 注入、CSRF、文件包含、文件下载、文件上传、文件解析等常见的 Web 漏洞测试，以及口令策略、权限管理、非法远程接入、数据泄露等安全测试内容。
- 云环境下的安全测试：针对云环境的一些特有的安全测试主要包括租户隔离、虚拟机逃逸、弹性策略安全、侧信道信息保护、API 安全测试等。

5．安全部署

云应用的部署是在云应用通过相关的安全测试后在云端进行安全部署。

云应用安全部署的主要内容包括云服务器的安全加固、云应用的安装部署、云应用的安全配置、云应用的资源弹性策略设置、云应用的高可用性配置，以及云应用服务集群、云应用负载均衡、云业务的灾难恢复策略实现等。

6. 安全运营

在安全运营阶段，企业（或委托第三方）应指导监督云服务商履行合同规定的责任义务，指导监测业务系统使用者遵守相关安全管理政策标准和约定，共同维护数据、业务及云计算环境的安全。云服务商应该及时发现云计算平台的威胁并进行处置。云租户应监测云应用的运行状态，进行安全运维，对各种重要业务数据及时备份，及时处理各种应急事件，维持业务连续可靠运行。

云应用安全运营主要包括及时检查安全基线、及时进行补丁升级、按照安全运维要求进行安全事件管理、根据业务需求进行容灾策略管理等。

7. 服务迁移变更

企业应按业务要求选择新的云服务商，然后通知原云服务商，实施云应用的迁移。在迁移过程中重点关注云服务的业务连续性和数据完整性，以及迁移过程的安全性。

8. 退出服务

迁移完成后，企业应要求原云服务商履行相关责任和义务，确保数据和业务安全，如安全返还企业数据、彻底清除云计算平台上的企业数据并履行保密责任和义务等。云应用迁移应重点关注安全策略和安全措施同步迁移。

5.2.2 DevSecOps 开发

1. DevOps 模型

SDL 模型的缺点是没有关注开发人员、安全人员和运维人员之间的协作，而 DevOps 模型则主张开发、测试、部署等人员的紧密合作，加快了应用程序的构建和部署。DevOps 模型中的人员协作如图 5-8 所示。

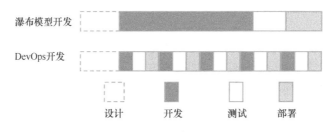

• 图 5-8　DevOps 模型中的人员协作示意图

DevOps 带动了持续集成/持续交付（CI/CD）的发展，围绕自动化工具链开发应用程序。尽管实现了很多流程的自动化，但对安全的关注始终无法满足应对当下攻击和网络威胁趋势的需求。DevOps 是一个软件开发运维的流程模型，将软件开发分为规划、编码、构建、测试、发布、部署及运维七个阶段，涉及的角色包括开发、测试、运维等人员，如图 5-9 所示。

• 图 5-9　DevOps 模型

2. DevSecOps 模型

（1）DevSecOps 核心思想

DevSecOps（Development Security Operations）是一套基于 DevOps 体系的全新安全实践战略框

架，最早由 Gartner 咨询公司研究员 David Cearley 在 2012 年提出，它是一种揉合了开发、安全及运营理念的全新安全管理模式。DevSecOps 模型主张将安全性融入 CI/CD 过程中，消减手动测试和配置的过程，并支持持续部署。安全团队将参与到整个软件生命周期中，与开发、测试和质量保证团队紧密合作。

DevSecOps 强调安全是整个 IT 团队（包括开发、运维及安全团队）每个人的责任，它将安全从多个点渗透到整个开发和运维的生命周期中，且将安全性考量提前至开发环节前，并将安全以可编程、自动化的方式融入开发和交付 IT 服务的过程中。

DevSecOps 的核心理念：安全是整个 IT 团队（包括开发、测试、运维及安全团队）所有成员的责任，需要贯穿整个业务生命周期的每一个环节，即"每个人都对安全负责，将安全工作前置，融入到现有开发流程体系中"。DevSecOps 模型如图 5-10 所示。

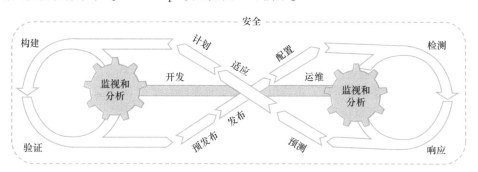

● 图 5-10　Gartner 的 DevSecOps 模型

（2）DevSecOps 主要阶段

DevSecOps 主要分为十个阶段，分别是计划（Plan）、构建（Create）、验证/测试（Verify）、预发布（Preproduction）、发布（Release）、配置（Configure）、检测（Detect）、响应（Respond）、预测（Predict）和适应（Adapt）。在 DevSecOps 中，每个阶段都会实施特定的安全检查。

- 计划：执行安全性分析并创建测试计划，以确定在何处、如何以及何时进行测试方案。
- 构建：在构建执行代码时，结合使用静态应用程序安全测试（SAST）工具来跟踪代码中的缺陷，然后再部署到生产环境中。这些工具是针对特定编程语言的。
- 验证/测试：在运行时使用动态应用程序安全测试（DAST）工具来测试应用程序。这些工具可以检测用户身份验证、授权、SQL 注入以及与 API 相关端点的错误。
- 预发布：在发布应用程序之前，使用安全分析工具进行模糊测试和集成测试。
- 发布：在发布应用程序时，采用签名等技术确保软件的可行性和完整性，然后发布。
- 配置：获取发布版本，在生产环境进行部署和实施安全配置，包括运行环境的加固以及关联组件的加固等，经过安全检测合格后，方可承载业务。
- 检测：在应用部署到生产环境以后，实施安全检测。
- 响应：根据业务安全目标和合规要求，建立安全事件响应体系，包括人力、流程和工具等。
- 预测：根据业务发展及行业发展趋势，对应用的功能、安全等做出变更预测。
- 适应：根据相关预测，启动应用的变更流程，以适应未来的业务需求和安全环境。

（3）DevSecOps 三大要素

DevSecOps 三大要素：持续集成（CI）、持续交付（CD）、持续部署（CD）。

- 持续集成：只要开发人员提交了新的代码，就会立刻自动进行构建、单元测试，确保新的代码集成到原有代码，并且单元测试通过，快速集成代码。

- 持续交付：代码通过测试之后，自动部署到贴近真实运行情况的环境中进行评审验证。
- 持续部署：当新加的代码在近真实环境中运行一段时间之后，就可以持续部署，自动部署到生产环境。

DevSecOps 实践要素分为工匠精神（安全意识、安全代码）、构架和设计（威胁建模）、工具（第三方导入代码分析、自主代码编写分析）、全面的漏洞管理（团队工作协议）、团队脆弱性政策（高危漏洞清理）和其他监督（安全同行审阅、安全评估）。

（4）DevSecOps 关注的四个方面

在实施 DevSecOps 前，需要考虑业务、技术、流程和人员等因素的影响。实施过程中需要重视以下四个方面。

- 人员：将安全人员纳入 DevOps 团队，让安全人员参与到业务流程的每个环节之中。安全团队向开发和运维团队介绍当前的威胁及漏洞，对团队成员进行及时评估，定期开展培训、宣传、沟通等活动，宣贯信息安全意识，将安全纳入业务团队的绩效考核中。
- 流程：领导者从上层重新设计业务流程，并对安全性提出要求；在开发和运营过程中使用安全工具进行全程监管，并引入自动化的安全机制，贯穿 DevOps 的整个生命周期，在保证业务效率的同时兼顾安全性；将特权访问的管理实践在整个 DevOps 中实施，以确保只有经过授权的用户才可以访问环境，并限制恶意人员的横向移动，从而保障 DevOps 过程的安全。
- 组织：合理调整企业内部组织架构，设计安全框架，建立安全标准，让安全人员融入各个团队和环节；建立一系列软件开发和运维生命周期原则性指南。
- 技术：强化容器的安全性，加强对容器镜像的深度漏洞扫描，通过检测容器和主机中的根特权提升、端口扫描、逆向外壳以及其他的可疑活动，来防止漏洞利用和攻击。

（5）实施 DevSecOps 的十条建议

Gartner 在 2017 年 10 月提出了成功实施 DevSecOps 的十条建议。将安全整合到 DevOps 的 DevSecOps 会带来思维方式、流程和技术的整体变化。Gartner 的建议如下。

1）让你的安全测试工具和流程适应开发人员，而不是相反。

2）不要尝试消除开发过程中的所有漏洞。

3）首要任务是识别和删除已知的严重漏洞。

4）不要固守传统的静态/动态分析方法，应当适应新的变化。

5）培训所有开发人员基本的安全编码规范，但不要期望他们成为安全专家。

6）采用安全捍卫者模型并实现一个简单的安全需求收集工具。

7）禁用源代码中已知的易受攻击的组件。

8）将安全操作规程变为自动化脚本执行。

9）对所有的代码和组件进行严格的版本管理。

10）接受不可变的基础架构的思维模式。

3. DevSecOps 最佳实践

DevSecOps 报告中对该模型进行了详细的分析，并列举了一些最佳实践，可供企业参考。

1）安全控制必须尽可能地可编程和自动化。安全架构师的目标是在整个生命周期内自动合并实施安全控制，而不需要手动配置，安全控制必须通过 DevOps 工具链实现自动化。

2）使用身份识别与访问管理机制和基于角色的访问控制来实施职责分离。随着越来越新的服务或产品在 DevSecOps 迭代流程中重复循环，审计员和安全架构师希望在服务开发和部署阶段明确区分各成员的职责。成员的权限范围可以通过与现有的身份识别与访问管理系统链接来管理，并为开发阶段、上线生产前阶段和上线生产阶段定义不同的角色。

3）为所有应用程序实施简单的风险威胁模型分析。基于风险的基本威胁建模是基于 DevSecOps 标准的最佳实践。从为开发人员提供一个简单的问卷开始，可以从较高的层次评估服务或产品的风险，应该通过开发人员培训、交流以及加强基本编码中的安全最佳实践来开展。

4）扫描自定义代码、应用程序和 API。开发人员在编写代码时，建议在集成开发环境（IDE）中采用轻量级的代码安全扫描工具来快速检查安全性。自动扫描工具和安全测试软件应成为持续集成测试工具链的一部分。

5）扫描开源软件。许多开发人员从 Maven 和 GitHub 等开源软件库下载程序代码。开发人员经常（有意或无意地）下载已知的易受攻击的开源组件和框架。

6）扫描漏洞和配置信息。在创建和集成包时，应该扫描所有映像（虚拟机、Amazon 主机映像、容器和类似的组件）的全部内容，以发现操作系统、应用程序平台和商业软件的漏洞。还应根据行业最佳实践标准的安全配置加固指南对操作系统和应用程序平台的配置开展扫描和加固。

7）关注基础设施编程中的敏感代码。在"基础设施即代码"构想下，基础设施是可编程的，并可进行自动化部署和配置。因此安全基础设施亦可编程。如果基础架构代码化，则安全编码原则也必须保证基础设施代码库的安全。

8）评估系统完整性，并确保配置安全。关于 DevSecOps 在生产环境中的最佳实践，首先必须确保正在加载和运行的系统及服务确实是预先期望的版本，并且配置无误。

9）在生产系统上使用白名单，包括容器的实现方式。为了防止入侵，使用白名单来控制服务器上允许运行的可执行程序。默认情况下，所有显示为要执行的软件都会被阻止。白名单可以扩展到包括网络连接、用户访问、管理员访问、文件系统访问、中间件/PaaS 访问和流程等各层次。

10）若已遭入侵攻击，应全面监控，实现快速检测和响应。在一个先进且有针对性攻击的场景里，完美的预防是不可能的。必须不断监视工作负载和服务，以发现表明可能已遭入侵攻击的异常行为。

11）锁定生产基础设施和服务。安全架构师应该与 IT 运营锁定服务器和基础设施，仅允许使用自动化工具进行变更。

12）如果使用容器，请确认并使用安全限制。容器共享同一个操作系统平台。在操作系统 Kernel 层面的成功入侵将对所有其中的容器造成影响，因此建议仅在相同信任水平层面才使用容器。

13）基线。DevSecOps 旨在快速开发的 DevOps 环境中，在整个支持 IT 服务的开发和交付过程中自动、透明地运用安全检查和控制。安全的服务交付从开发开始，最有效的 DevSecOps 程序从开发过程中最早的点开始，并跟踪整个生命周期。从长远来看，尽可能将安全控制自动化，以减少配置不当、错误和管理不善发生的可能性。

DevSecOps 与传统安全开发的区别见表 5-2。

表 5-2　DevSecOps 与传统安全开发的区别

对比项	DevSecOps 开发过程	传统安全开发过程
责任归属	安全是整个团队（包括开发、运维及安全团队）每个人的责任	由安全专员负责
参与阶段	将安全从多个点渗透到整个开发和运维的生命周期中，且将安全性测量提前到需求、设计等早期环节，对开发人员进行安全开发培训，提高其安全开发意识和技能	在开发后期介入产品生命周期中，过于滞后导致安全性测量可能会因为成本等原因被忽略，造成严重的安全隐患

（续）

对比项	DevSecOps 开发过程	传统安全开发过程
融合性	将安全以可编程、自动化的方式融入开发和交付 IT 服务的过程中	在开发、测试完成后单独执行
适用性	更适用于发布周期较短及对安全性更敏感的业务	适用于大部分业务

5.2.3　云应用开发的安全管理

云应用开发过程中的安全管理主要应做好以下一些环节的工作。

1）开发环境与生产环境必须物理隔离。中小企业的开发环境往往比较简单，甚至没有任何的安全防护，因此往往容易产生安全事件。因此，开发环境与生产环境物理隔离能够避免这些问题的发生。

2）开发使用的数据必须经过脱敏处理。这可防止数据泄露产生严重的安全事件。

3）源代码版本管理及访问控制。可通过采用版本管理软件进行软件版本管理。

4）普通开发人员不能访问全部源代码。一是防止源代码泄露；二是避免因员工离职等事件产生的知识产权纠纷；三是避免恶意人员得到源代码，通过源代码审计发现漏洞，对承载业务的软件实施攻击。

5）使用版本管理工具对源代码进行版本管理。避免开发的软件版本与测试的版本不一致等造成混乱。

6）开发终端的管理。开发终端往往没有安全控制，可能引入一些威胁，所以需要进行安全管理。限制开发终端使用移动存储介质及访问外网。一是可防止源代码被员工随意拷贝；二是防止员工将源代码上传到网盘的网络存储；三是防止从外网、移动存储设备引入一些恶意代码，威胁开发网络。

7）源代码不保留在本地。一是可防止源代码失控；二是可避免因员工个人计算机安全性不高而导致源代码泄露。

8）使用专用终端。这是为了便于进行安全基线控制和测试环境管理。

5.3　云应用安全设计

云应用安全设计是遵循一定的安全设计原则，挖掘云应用安全威胁，并采用相应的安全措施消减对应的威胁，然后将这些安全措施嵌入云应用中的过程。在云应用中，Web 应用是一种比较广泛的应用，本节主要介绍云上 Web 应用安全设计原则和框架。

5.3.1　云应用的安全威胁

云应用相关的云上安全威胁主要是平台层面、网络层面和主机层面，以及应用层和数据方面的安全威胁。

1. 应用层安全威胁

基于云计算接口的开放性，导致云 API 存在安全风险。例如，Rest API 面临的七种安全威胁。

1）注入攻击。危险的代码被嵌入到不安全的软件程序中进行攻击，尤其是 SQL 注入和跨站脚本攻击。因此，应当对一些敏感字符进行过滤，防止出现注入攻击。

2）DoS 攻击。攻击者在大多数情况下会以虚假源地址发送大量请求服务器或网络的消息。如果不采取适当的安全预防措施，这种攻击将导致 Rest API 拒绝服务。因此，应当限定每个 API 在给定时间间隔内的请求数量。

3）绕过身份验证。攻击者可能利用平台缺陷绕过或控制 Web 程序使用的身份验证方法。缺少或不充分的身份验证可能导致攻击，从而危及 JSON Web 令牌、API 密钥、密码等。可以采用 OpenId/OAuth 令牌、PKI 和 API 密钥等方式强化 API 的授权和身份验证过程。

4）暴露敏感数据。在传输过程中或静止状态下由于缺乏加密可导致敏感数据的暴露。敏感数据要求很高的安全性可采用静止或传输时进行加密的方法进行保护。

5）绕过访问控制机制。缺少或不充分的访问控制可以使攻击者获得对其他用户账户的控制、更改访问权限、更改数据等。在应用开发中，应当非常注意访问控制的安全保护。

6）参数篡改。客户机和服务器之间交换的参数可能被修改，从而导致跨站点脚本（XSS）、SQL 注入、文件包含和路径公开攻击。还应当检查 Rest API 的 API 签名，防止被冒用和修改。

7）中间人攻击（Man-In-The-Middle-Attack）。对于未加密的通信，攻击者可在两个交互系统之间秘密地更改、截取或中继通信，并获取它们之间传递的数据。

2. 数据安全威胁

数据安全主要包括静态数据的明文存储威胁、非法访问威胁等；数据处理过程的敏感信息泄露、高密级信息的非法访问等威胁；数据传输过程的明文数据泄露、加密保护不足以及与不可信终端的通信等安全威胁；剩余数据保护方面的数据清除不彻底等威胁。

5.3.2　Web 应用框架

Web 应用是云上的一类重要应用类型，Web 应用框架如图 5-11 所示。

● 图 5-11　Web 应用框架

浏览器通过域名访问目标网站，首先到 DNS 进行解析，得到 IP 地址，然后访问目标 IP 地址。访问请求和应答采用传输协议进行封装传送，常用的协议是 HTTP（S）。当前请求数据到达目标服务器后，首先到达中间件，中间件包括 IIS、Apache、Tomcat、Weblogic、Nginx 等，中间件负责解析，然后由 Web 应用进行处理，在处理的过程中可能需要读写数据库，当 Web 应用处理完毕后，将应答信息返回给客户端。

5.3.3　Web 应用安全威胁及危害

Web 应用安全威胁主要与浏览器端、DNS 解析过程、传输协议、Web 中间件、Web 应用和数据库等相关。

常见的 Web 应用安全漏洞包括输入验证类、身份验证类、不当授权类、配置管理类、数据安全类、会话管理类、传输安全类、参数操作、异常管理类和审核记录类等，见表 5-3。

表 5-3　Web 安全威胁类型及危害

漏洞类别	引发的潜在问题
输入验证	嵌入到查询字符串、表单字段、Cookie 和 HTTP 首部的恶意字符串的攻击。这些攻击包括命令执行、XSS、SQL 注入、恶意文件上传和缓冲区溢出攻击等
身份验证	身份欺骗、密码破解、特权提升和未经授权的访问
不当授权	访问保密数据或受限数据、篡改数据以及执行未经授权的操作
配置管理	对管理界面进行未经授权的访问、具有更新配置数据的能力以及对用户账户和账户配置文件进行未经授权的访问
数据安全	泄露保密信息以及篡改数据
会话管理	捕捉会话标识符，从而导致会话劫持及标识欺骗
传输安全	访问保密数据或账户凭据，或二者均能访问
参数操作	路径遍历攻击、命令执行以及绕过访问控制机制，从而导致信息泄漏、特权提升和拒绝服务
异常管理	拒绝服务和敏感的系统级详细信息的泄露
审核记录	不能发现入侵迹象、不能验证用户操作，以及在诊断问题时出现困难

5.3.4　Web 应用安全设计

1. 云应用安全设计原则

云计算安全的本质仍是对应用及数据机密性、完整性、可用性和隐私性的保护。云计算安全设计原则应结合云计算自身的特点，综合采用成熟的安全技术及机制，并定制一些适用于云计算环境的特性，满足云计算的安全防护需求。云应用的一些基本安全开发原则包括最小特权、职责分离、纵深防御、整体防御、防御单元解耦、面向失效的安全设计、回溯和审计、安全数据标准化。

（1）最小特权原则

最小特权原则是云计算安全中最基本的原则之一，它指的是在完成某种操作的过程中，赋予网络中每个参与的主体必不可少的特权。最小特权原则一方面保证了主体能在被赋予的特权之中完成需要完成的所有操作；另一方面保证了主体无权执行不应由它执行的操作，即限制了每个主体可以进行的操作。在云计算环境中，最小特权原则可以减少程序之间潜在的相互影响，从而减少、消除对特权无意的、不必要的或者不适当的使用。另外，能够减少未授权访问敏感信息的机会。

在利用最小特权原则进行安全管理时，对特权的分配、管理工作就显得尤为重要，所以需要定期对每个主体的权限进行审计，以便检查权限分配是否正确，以及不再使用的账户是否已被禁用或删除。

（2）职责分离原则

职责分离是指在多人之间划分任务和特定安全程序所需权限。它通过消除高风险组合来限制人员对关键系统的权力与影响，从而降低个人因意外或恶意而造成的潜在破坏。这一原则应用于云开发和运行的职责划分上，同样也应用于云软件开发生命周期中。一般情况下，云的软件开发为分离状态，确保在最终交付产品内不含有未授权的访问后门，确保不同人员管理不同的关键基础设施组件。

（3）纵深防御原则

在云计算环境中，原有的可信边界日益削弱，攻击平面也在增多，采用纵深防御是云计算安全的必然趋势。云计算环境由于其结构的特殊性，攻击平面较多，在进行纵深防御时，需要考虑的层面也较多,从底至上主要包括物理设施安全、网络安全、云平台安全、主机安全、应用安全和数据安全等方面。

另外,云计算环境中的纵深防御还具有多点联动防御和入侵容忍的特性。在云计算环境中,多个安全节点协同防御、互补不足,会带来更好的防御效果。入侵容忍则是指当某一攻击面遭遇攻击时,可以通过安全设计手段将攻击限制在这一攻击层面,使攻击不能持续渗透下去。

(4)整体防御

云计算安全同样遵循木桶原理,即系统的安全性取决于整个系统中安全性最低的部分。针对某一方面采取某种单一手段增强系统的安全性,无法真正解决云计算环境下的安全问题,也无法真正提高云计算环境的安全性。云计算的安全需要从整个系统的安全角度出发进行考虑。

(5)防御单元解耦

将防御单元从系统中解耦,使云计算的防御模块和服务模块在运行过程中不会相互影响,各自独立工作。这一原则主要体现在网络模块划分和应用模块划分两个方面。可以将网络划分成 VPC(Virtual Private Cloud)模式,保证在各模块的网络之间进行有效隔离。同时,将云服务商的应用和系统划分为最小的模块,这些模块之间保持独立的防御策略。另外,对某些特殊场景的应用还可以配置多层沙箱防御策略。

(6)面向失效的安全设计

面向失效的安全设计原则与纵深防御有相似之处。它是指在云计算环境下的安全设计中,当某种防御手段失效后,还能通过补救手段进行有效防御,一种补救手段失效,还有后续补救手段。这种多个或多层次的防御手段可能表现在时间或空间方面,也可能表现在多样性方面。

(7)回溯和审计

云计算环境因其复杂的架构导致面临的安全威胁更多,发生安全事故的可能性更大,对安全事故预警、处理、响应和恢复效率的要求也更高。因此,建立完善的系统日志采集机制对于安全审计、安全事件追溯、系统回溯和系统运行维护等方面来说就变得尤为重要。在云计算环境下,应该建立完善的日志系统和审计系统,实现对资源分配的审计、对各角色授权的审计、对各角色登录后操作行为的审计等,从而提高系统对安全事故的审查和恢复能力。

(8)安全数据标准化

由于云计算解决方案很多,且不同的解决方案对相关数据、调用接口等的定义不同,导致目前无法定义一个统一的流程来对所有云计算服务的安全数据进行采集和分析。目前已经有相关的组织对此进行了研究,如云安全联盟(CSA)提出的云可信协议(CTP)以及动态管理工作组(DMTF)提出的云审计数据互联(CADF)模型。

2. 云应用安全设计方法

针对 Web 应用,采用威胁建模等方式,可发现常见的 Web 安全威胁,并提出相应的安全措施。

(1)威胁建模

威胁建模是根据软件的业务数据流,将软件各组成部件划分为逻辑部件,包括外部实体、处理过程、数据存储、数据流、安全保护边界等,然后由软件根据安全威胁库和相应的算法进行分析,从而发现软件存在的安全威胁。

在进行威胁建模的时候,需要安全人员与系统架构师及设计人员沟通,了解软件的架构及业务流程和数据流程,然后由安全工程师利用威胁建模工具构建软件逻辑图并进行分析。威胁建模工具经过分析输出威胁列表,由安全工程师和软件架构师、产品经理等进行协作,针对每一个威胁提出安全威胁缓解措施。同时还需要考虑合规要求,如等级保护要求、数据安全保护要求等。

常用的威胁建模工具包括微软的 Threat Modeling Tool、PTA(Practical Threat Analysis)、Mozilla 推出的 SeaSponge 以及 OWASP 推出的 OWASP Threat Dragon 等,这些工具可以帮助安全人员分析软

件面临的各种安全威胁并生成威胁建模报告，可供安全人员对其进行分析、消减。

微软的 Threat Modeling Tool 是按照 STRIDE 模型进行威胁建模的。STRIDE 模型是由微软提出的一种威胁建模方法，该方法将威胁类型分为 Spoofing（仿冒）、Tampering（篡改）、Repudiation（抵赖）、Information Disclosure（信息泄露）、Denial of Service（拒绝服务）和 Elevation of Privilege（权限提升），这六种威胁的首字母缩写即 STRIDE，STRIDE 模型几乎可以涵盖目前绝大部分安全威胁。

利用 Threat Modeling Tool 进行威胁建模的流程主要包括绘制数据流图、识别威胁、提出缓解措施、进行安全验证等步骤，如图 5-12 所示。

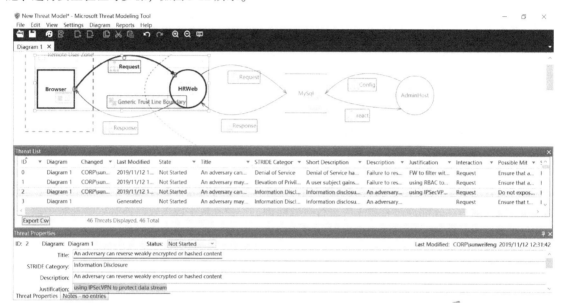

● 图 5-12　利用 Threat Modeling Tool 对 Web 应用进行威胁建模

常见的 Web 安全威胁及安全措施如图 5-13 所示。

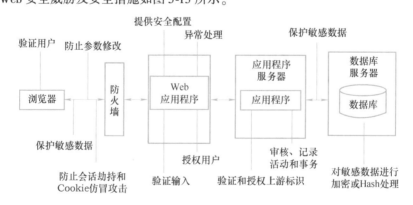

● 图 5-13　Web 常见威胁及安全措施

（2）常见的 Web 安全威胁防护方法

针对这些 Web 安全威胁，可采用一些技术进行消减。常见的 Web 安全威胁防护方法包括以下几类。

1）输入验证。验证所有来自不可信任范围的输入数据，无论是来自服务、共享文件、用户还是数据库。具体可采用如下方式来进行验证。

● 集中验证。

● 认证必须在服务器端执行，本地验证是很容易被屏蔽和绕过的，绝对不可采用。

- 严格限定数据格式，许多漏洞源自输入数据的格式规范存在缺陷。
- 保证验证内容的全面性，验证数据的字符范围、类型、长度、格式、数值范围。
- 不要信任 HTTP 头信息等。

2）认证授权。

- 区分系统功能的公共区域和受限区域。
- 支持对用户使用账户锁定策略。
- 支持密码有效期，能够禁用账户。
- 不在用户端存储密码。
- 强制使用足够复杂的密码。
- 禁止以纯文本形式通过网络发送密码。
- 保护身份验证 Cookie。
- 充分利用其他应用等多种访问控制机制。
- 设置合理的权限粒度。

3）配置管理。

确保管理界面的安全。配置管理功能只能由经过授权的操作员和管理员访问，这一点是非常重要的。关键是要在管理界面上实施强身份验证，如使用证书。

如果有可能，限制或避免使用远程管理，并要求管理员在本地登录。如果需要支持远程管理，应使用加密通道，如 SSL 或 VPN 技术，因为通过管理界面传递的数据是敏感数据。此外，还要考虑使用 IPSec 策略限制对内部网络计算机的远程管理，以进一步降低风险。

- 确保配置存储的安全。基于文本的配置文件、注册表和数据库是存储应用程序配置数据的常用方法。如有可能，应避免在应用程序的 Web 空间使用配置文件，以防止可能出现的服务器配置漏洞导致配置文件被下载。无论使用哪种方法，都应确保配置存储访问的安全，如使用 Windows ACL 或数据库权限。还应避免以纯文本形式存储机密，如数据库连接字符串或账户凭据。通过加密确保这些项目的安全，然后限制对包含加密数据的注册表项、文件或表的访问权限。
- 单独的管理特权。如果应用程序的配置管理功能基于管理员角色而变化，则应考虑使用基于角色的授权策略分别为每个角色授权。例如，负责更新站点静态内容的人员不必具有更改客户信贷限额的权限。
- 使用最少特权进程和服务账户。应用程序配置的一个重要方面是用于运行 Web 服务器进程的进程账户，以及用于访问下游资源和系统的服务账户。应确保为这些账户设置最少特权。如果攻击者设法控制一个进程，则该进程标识对文件系统和其他系统资源应该具有极有限的访问权限，以减少可能造成的危害。

4）敏感及机密数据处理。

- 尽量避免存储机密信息。
- 不要在代码中存储机密信息。
- 不要以纯文本形式存储数据库链接、密码或密钥。
- 避免在本地安全性架构（LSA）中存储机密数据。
- 使用数据保护 API（DPAPI）对机密数据加密。
- 缓存已加密的机密信息。
- 缓存纯文本机密信息。
- 根据需要检索敏感数据。
- 不要在永久性 Cookie 中存储敏感数据。

- 不要使用 HTTP-GET 协议传递敏感数据。
- 将未加密数据存储在算法附近。

5）加密处理。

- 对数据进行加密或确保通信通道的安全。
- 不要自创加密方法。
- 使用正确的算法和密钥大小。
- 加密敏感的 Cookie 状态。
- 确保加密密钥的安全，如使用 DPAPI 来回避密钥管理、定期回收密钥等。

6）异常管理。

- 不要向客户端泄露信息。
- 记录详细的错误信息。
- 捕捉异常。

7）会话管理。

- 使用 SSL 保护会话身份验证 Cookie。
- 对身份验证 Cookie 的内容进行加密。
- 限制会话寿命。
- 避免未经授权访问会话状态。

8）审核记录。审核需要考虑标识流，即考虑应用程序如何在多重应用层间传送调用方标识。可以通过两个基本方法来实施。

- 使用 Kerberos 协议代理，在操作系统级传送调用方标识。这允许使用操作系统级审核。这种方法的缺点在于它影响了可伸缩性，因为它意味着在中间层可能没有有效的数据库链接池。
- 应用程序级传送调用方标识，并使用受信任标识访问后端资源。使用此方法时，必须信任中间层，因此存在着潜在的抵赖风险。应在中间层生成审核跟踪，使之能与后端审核跟踪相关联。因此，必须确保服务器时钟是同步的，Microsoft Windows 2000 和 Active Directory 提供了此项功能。

9）审核并记录跨应用层的访问。应记录的事件类型包括成功和失败的登录尝试、数据修改、数据检索、网络通信和管理功能，如启用或禁用日志记录。日志应包括事件发生的时间、地点（包括主机名）、当前用户的标识、启动该事件的进程标识以及对该事件的详细描述。应确保日志文件的安全，并定期备份和分析日志文件。

威胁建模的成果就是威胁分析报告，其中列出了应用各个环节可能存在的安全威胁、安全开发人员提出的消减措施等，再结合合规要求，形成软件安全开发需求清单，这是安全开发软件的主要依据。

5.4 云应用安全实现

云应用安全实现是按照安全设计将相关的安全措施在云应用中进行实现的过程。与传统软件开发不同的是，在云应用的安全实现中，需要考虑云服务商的选择和云服务水平协议内容。

5.4.1 云应用安全实现基本流程

根据云应用的安全需求，实现云应用安全的过程可分为以下几个步骤。

1）云服务商的选择，此处需要考虑的因素包括服务模式、收费标准、服务水平和商业模式等。

2）结合应用的预期运行环境和开发语言分析安全威胁源，如梳理不安全的函数、对云 API 的调用实施控制等。

3）根据安全开发最佳实践形成安全检查清单，在各开发环节进行实现。

4）检查安全措施的实现情况，将安全措施的实现嵌入各模块，按照 DevSecOps 等安全开发模型可嵌入安全测试，也可在软件编码完成后进行测试。

5）对云应用运行环境进行安全加固，实施应用部署，同时部署安全监测和安全防护措施。

6）制订云应用安全运维制度，包括业务连续性计划、应急响应预案、容灾备份计划等。这些计划需要结合云服务商的服务等级协议（SLA）进行制订，与其相互补充。

5.4.2 Web 安全开发规范

不同的企业有不同的 Web 安全开发规范，但从总体上讲，包括输入验证、输出验证、身份验证、短信验证、图灵测试、密码管理、会话安全、敏感信息保护、防 SQL 注入、防 XML 注入、防 XML 外部实体（XXE）注入、防轻型目录访问协议（LDAP）注入、防 XSS 注入、防跨站请求伪造（CSRF）、文件上传安全、防文件包含、I/O 操作安全、接口安全、运行环境安全异常处理、日志规范等类别，具体可根据应用实际进行取舍，形成安全检查清单，详情见表 5-4。

表 5-4　Web 开发安全检查清单

检查类型	说　明	检　查　项
输入验证	概述	任何来自客户端的数据，如 URL 和参数、HTTP 头部、JavaScript 或其他嵌入代码提交的信息，都属于不可信数据。在应用外部边界或内部每个组件或功能边界，都将其当作潜在的恶意输入来校验
	白名单	对于可以设定白名单校验的不可信数据，应接受所有和白名单匹配的数据，并阻止其他数据
	黑名单	不可信数据中包含危险输入字符（如空字节%00，换行符%0d、%0a、路径字符../或.. 等）时，建议直接阻止，若需要接受该数据，则应做净化处理
	规范化	在不可信数据的净化和校验前进行规范化，如将目录遍历（./或）等相对路径转化成绝对路径 URL 解码等
	净化	不可信数据需要实施各种净化处理时，应彻底删除恶意字符，只留下已知安全的字符，或者在处理前对它们进行适当编码或"转义"，如数据输出到应用页面时对其进行 HTML 编码可防止脚本攻击
	合法性校验	不可信数据的合法性校验包括数据类型（如字符、数字、日期等）、数据范围、数据长度等
	防 SQL 注入	不可信数据进入后端数据库操作前，建议使用参数化查询来处理，避免出现 SQL 注入
	文件校验	不可信数据为解压缩的文件时，如果文件位于服务目录外或文件大小超过限制，应拒绝处理
	访问控制	不可信数据通过上述校验后，还应确认所提交的内容是否与用户的身份匹配，避免越权访问

143

（续）

检查类型	说　明	检　查　项
输出验证	概述	考虑目标编译器的安全性，对所有输出字符进行正确编码
	编码场景	不可信数据输出到前后端页面时，根据输出场景对其进行相关编码，如 HTML 实体编码、UR 编码
	净化场景	针对操作系统命令、SQL 和 LDAP 查询，净化所有输出的敏感信息，如银行卡、手机号、系统信息等
身份验证	概述	所有对非公开网页和资源的访问，必须在后端服务上执行标准、通用的身份验证过程
	提交凭证	用户凭据必须经过加密且以 POST 方式提交，建议用 HTTPS 协议提供加密、认证服务
	错误提示	安全地处理失败的身份校验，如使用"用户名或密码错误"来提示失败，防止泄露过多信息
	异常处理	登录入口应具有防止暴力破解或撞库（利用已泄露的密码字典进行批量登录尝试）的措施，超过一次验证失败就自动启用图灵测试，超过特定的多次则自动启用账户锁定机制限制其访问
	二次验证	在执行关键操作（如账户密码修改、资料更新、交易支付等）时，先启动图灵测试，再对用户身份进行二次验证。交易支付过程还应该形成完整的证据链，待交易数据应经过发起方数字签名
	多因子验证	对于高度敏感或核心的业务系统，建议使用多因子身份验证机制，如短信验证码、软硬件 Token 等
短信验证	验证码生成	复杂度至少 6 位数字或字母，一次一用，建议有效期不超过 180 秒
	验证码限制	前后端设置用户获取频率为 60 秒一次，建议每个用户每天获取的短信最多 10 条
	安全提示	增加安全提示，至少含本次操作的功能、验证码发送编号、是否为用户自己操作等信息
	凭证校验	禁止在响应中返回验证码，服务器端同时校验密码、短信验证码等凭证信息，防止出现多阶段认证绕过的漏洞
图灵测试	生成验证码	至少 4 位数字和字母，或者采用拼图等验证方式，一次一用，建议有效期不超过 120 秒
	使用验证码	建议从用户体验和安全角度出发，可设计为当用户输错一次密码后自动弹出验证码输入验证框
	校验验证码	禁止在响应中返回验证码，验证码校验应在服务端进行

（续）

检查类型	说　明	检　查　项
密码管理	密码设置	密码应该满足 12 位及以上长度，含大小写字母、数字及特殊字符等的要求。用户密码设置必须经过服务端验证，禁止设置不满足复杂度要求的密码
	密码存储	存储用户密码时，应采用 Hash 算法（如 SHA1）计算用户密码的唯一随机盐值（Salt）和摘要值并保存，建议分开存储这两个值
	密码修改	用户修改密码时，修改操作需要通过手机号或者邮件进行一次身份验证。密码变更时，应有短信或者邮件通知，确认用户是否为本人操作，告知其安全风险等
	密码找回	用户找回密码时，后端需要对注册手机号或邮箱进行二次验证，验证码和验证链接应发送至预先注册的邮箱，并设置有效期以防暴力破解。密保问题应当支持尽可能随机的问题提问。在多个验证操作中，要对各验证机制进行排序，以防出现跳过前面验证机制直接到最后一步认证的安全风险
	密码使用	应用开发中禁止设置万能密码和硬编码明文的密码、使用数据库管理员账户操作、不同用户共用账户操作或者将密码输出到日志文件或者控制台 密码等敏感信息禁止直接在网络传输
会话安全	防止会话劫持	在应用程序进行身份验证时，建议持续使用 HTTPS 连接，认证站点使用 HTTPS 协议。如果连接是从防止会话劫持 HTTP 跳转到 HTTPS 的，则需要重新生成会话标识符。禁止在 HTTP 和 HTTPS 之间来回转换，这可能导致会话被劫持
	会话标识符安全	设置会话 Cookie 时，正确设置 HttpOnly 属性（禁止程序脚本等读取 Cookie 信息）、Secure 属性（禁止 Cookie 通过 HTTP 连接传递到服务器端进行验证）、Domain 属性（跨域访问时可指定的授权访问域名）、Path 属性（授权可访问的目录路径）
	Cookie 安全设置	会话标识符应放置在 HTTP 或 HTTPS 协议的头信息中，禁止以 GET 参数进行传递、在错误信息和日志中记录会话标识符
	防止 CSRF 攻击	服务端执行了完整的会话管理机制，保证每个会话请求都执行了合法的身份验证和权限控制，防止攻击发生 CSRF 漏洞
	会话有效期	会话应在平衡风险和功能需求的基础上设置有效期。定期生成一个新的会话标识符并使上一个会话有效期标识符失效，这可以缓解那些因原会话标识符被盗而产生的会话劫持风险
	会话注销	注销功能应用于所有受身份验证保护的网页，用户会话注销后应立即清理会话相关信息，终止相关的会话连接

（续）

检查类型	说　明	检　查　项
访问控制	控制方法	将访问控制的逻辑代码与应用程序其他代码分开，服务端根据会话标识来进行访问控制管理
	控制管理	限制只有授权的用户才能访问受保护的 URL、文件、服务、应用数据、配置、直接对象引用等
	接口管理	限制只有授权的外部应用程序或接口才能访问受保护的本地程序或资源等
	权限变更	当权限发生变更时，应记录日志，并通知用户注意是否为本人操作，并告知其存在的安全风险
防 SQL 注入	概述	用户的输入进入应用程序的 SQL 操作前，对输入进行合法性校验
	参数化处理	用参数化查询（PHP 用 PDO，Java 用 PreparedStatement，C#用 Sqlparameter）方法对敏感字符如（"，"、#等）进行转义，然后再进行 SQL 操作
	最小化授权	为每个应用配置最小化数据库操作权限，禁止用管理员权限进行数据库操作，限制操作连接数
	敏感信息加密	敏感信息都采用了加密、Hash 或混淆等方式进行保密存储，降低可能漏洞带来的数据泄露风险
	禁止错误回显	禁止系统开启 Debug 模式或异常时返回包含敏感信息的提示，建议使用自定义的错误信息模板，异常信息应存放在日志中用于安全审计
防 XSS 注入	输入校验	对输入的数据进行过滤和转义，包含但不限于 <、>、"、/、'、%、& 等危险特殊字符
	输出编码	数据输出到不同场景时应进行不同形式的编码，如输出到 HTML 标签中则进行 HTML 编码，输出到 URL 中则进行 URL 编码，输出到 JS 中则使用 Script 编码，输出到 Style 中则进行 CSS 编码
防 XML 注入	输入校验	在 XML 文档内部或外部引用数据时，过滤用户提交的参数，如 <、>、& 等特殊字符。禁止加载外部实体，禁止报错
	输出编码	建议对 XML 元素属性或者内容进行输出转义
敏感信息	敏感信息传输	传输敏感信息时，禁止在 GET 请求参数中包含敏感信息，如用户名、密码、卡号等。建议为所有敏感信息采用 TSL 加密传输
	客户端保存	客户端保存敏感信息时，禁止其表单中的自动填充功能，禁止以明文形式保存敏感信息
	服务端保存	服务端保存敏感信息时，禁止在程序中硬编码敏感信息，禁止明文存储用户密码、身份证号、银行卡号、持卡人姓名等敏感信息，临时写入内存或文件中的敏感数据应及时清除和释放
	敏感信息维护	维护敏感信息时，禁止将源代码或 SQL 库上传到开源平台或社区，如 Github、开源中国等
	敏感信息展示	展示敏感信息时，如果是展示在 Web 页面上，应在后端服务器上进行敏感字段的脱敏处理

（续）

检查类型	说　明	检　查　项
CSRF	Token 使用	在重要操作的表单中增加会话生成的 Token 字段一次一用，提交后在服务端校验该字段
	二次验证	在提交关键表单时，要求用户进行二次身份验证，如密码、图片验证码、短信验证码等
	Referer 验证	检验用户请求中的 Referer 字段是否存在跨域提交的情况
文件上传安全	身份校验	进行文件上传时，在服务端对用户的身份进行合法性校验
	合法性校验	进行文件上传时，在服务端对文件属性进行合法性校验，以白名单形式检查文档类型（如文件的扩展名、文件头信息校验等）和大小（图片校验长、宽和像素等）
	存储环境设置	进行文件保存时，保存在与应用环境独立的文档服务器中（配置独立域名），保存的目录权限应设置为不可执行
	隐藏文件路径	进行文件保存时，成功上传的文件需要进行随机化重命名，禁止返回给客户端保存的路径信息
	文件访问设置	进行文件下载时，应以二进制形式下载，建议不提供直接访问途径（防止木马文件直接执行）
接口安全	网络限制	调用方网络限制，比如通过防火墙、主机 host deny 文件和 Nginx deny 命令等措施进行校验
	身份认证	调用方身份认证，比如通过 Key、Secret、证书等技术措施进行校验，禁止共享凭证
	完整性校验	调用的数据安全，对全部参数使用 SHA1 等摘要运算进行数字签名，识别数据被篡改
	合法性校验	调用的参数检查，如参数是否完整、时间戳和 Token 是否有效、调用权限是否合法等
	可用性要求	调用的服务要求，即调用满足数据一致性等特性，对调用频率和有效期进行限制
	异常处理	结果返回，先检查后使用。对调用异常进行处理，实时检测调用行为，发现异常及时阻拦
I/O 操作	共享环境文件安全	在多用户系统中创建文件时应指定合适的访问许可，以防止未授权的文件访问。共享目录中文件的读、写、可执行权限应该使用白名单机制，实现最小化授权
	数据访问检查	防止封装好的数据对象被未授权使用，设置合理的缓存区大小以防止耗尽系统资源
	应用文件处理	应用程序运行过程中创建的文件需要设置访问权限（读、写、可执行），临时文件应及时删除

（续）

检查类型	说明	检查项
运行环境	最小化开放端口	关闭操作系统不需要的端口和服务
	后台服务管理	后台（如数据缓存和存储、监控、业务管理等）仅限内部网络访问，开放在公网的必须设置身份验证和访问控制
	环境配置	使用安全稳定的操作系统版本、Web 服务器软件应用框架、数据库组件等
	敏感代码处理	对客户端敏感代码（如软件包签名、用户名密码校验等）采取措施，以防止篡改和查看
	关闭调试通道	生产代码不包含任何调试代码或接口
	通信安全	配置网站的 HTTPS 证书或其他加密传输措施
异常处理	容错机制	在应用实现时应包含完整的功能异常捕获机制，如 try-catch 块，典型位置为文件、网络、数据库、命令操作等。一旦出现异常，就在日志中完整记录异常的发生时间、代码位置、报错详情、触发错误的可能用户等，重要系统的严重异常应该有报警机制，及时通知系统运营者及时排查并修复问题
	自定义错误信息	在生产环境下，应用程序不应在其响应中返回任何系统生成的消息或其他调试信息，配置应用服务器使其以自定义的方式处理应用程序错误，返回自定义错误信息
	隐藏用户信息	禁止在系统异常时泄露用户的隐私信息，典型的有身份信息、个人住址、电话号码、银行账号、通信记录和定位信息等
	隐藏系统信息	禁止在系统异常时泄露系统的敏感信息（用户账户和密码、系统开发密钥、系统源代码、应用架构、系统账户和密码和网络拓扑等）
	异常状态恢复	方法发生异常时要恢复到之前的对象状态，如业务操作失败时的回滚操作等，对象修改失败时要恢复对象原来的状态，维持对象状态的一致性
日志规范	记录原则	确保日志记录包含了重要的应用事件，但禁止保存敏感信息，如会话标识、账户密码、证件号码等
	事件类型	记录所有的身份验证、访问操作、数据变更、关键操作、管理功能、账户登出等事件
	事件要求	日志一般会记录每个事件的发生时间、发出请求的 IP 地址和用户账户（如果已通过验证）
	日志保护	日志受到严格保护，避免未授权的读取、写入及删除、修改操作访问

5.4.3　安全编码相关标准规范

安全编码规范是从编码安全的角度阐述了在编写代码过程中，采用什么样的策略可避免相应的安全问题，而不是具体的代码编写标准。这方面的标准主要包括《NIST SP 500-268 Source Code Security Analysis Tool Functional Specification V1.0》《Oracle-Secure Coding Guidelines for Java SE》、

《OWASP Secure Coding Practices Quick Reference Guide V2.0》《Application Security Verification Standard 3.0.1》等。

《OWASP Secure Coding Practices Quick Reference Guide V2.0》从输入验证、输出编码、身份验证和密码管理、会话管理、访问控制、加密规范、数据保护、通信安全、系统配置、文件管理、内存管理和通用编码规范等 12 个方面对应用开发中的安全编码进行了规范。

1. 输入验证

输入验证方面的规范包括在可信系统（如服务器）上执行所有的数据验证；识别所有的数据源，并将其分为可信的和不可信的；验证所有来自不可信数据源（如数据库、文件流等）的数据；应当为应用程序提供一个集中的输入验证规则；为所有输入明确恰当的字符集，比如 UTF-8；在输入验证前，将数据按照常用字符进行编码（规范化）；丢弃任何没有通过输入验证的数据；验证正确的数据类型；验证数据范围；验证数据长度；尽可能采用白名单形式验证所有的输入；潜在的危险字符（常见的部分危险字符包括 <、>、"、´%、(、)、&、+、\、\´、\、%00 等）作为输入时，要确保执行了额外的控制，比如输出编码、特定的安全 API，以及在应用程序中使用的原因等方面。

2. 输出编码

在输出编码方面，包括在可信系统（如服务器）上执行所有的编码；为每一种输出编码方法采用一个标准的已通过测试的规则；针对 SQL、XML 和 LDAP 查询，语义净化所有不可信数据的输出；对于操作系统命令，净化所有不可信数据输出等。

3. 身份验证和密码管理

在身份验证和密码管理方面，包括除了那些设为"公开"的特定内容以外，对所有的网页和资源要求身份验证；所有的身份验证过程必须在可信系统（如服务器）上执行；在任何可能的情况下，建立并使用标准的、已通过测试的身份验证服务；为所有身份验证控制使用一个集中实现的方法，其中包括利用库文件请求外部身份验证服务；将身份验证逻辑从被请求的资源中隔离开，并使用重定向或集中的身份验证控制；所有的身份验证控制应当安全地处理未成功的身份验证。

如果应用程序管理着凭证的存储，那么应当保证只保存了通过使用强加密单向加盐散列（Salted Hash）算法得到的密码，并且只有应用程序具有对保存密码和密钥的表/文件的写权限（如果可以避免的话，不要使用 MD5 算法）；密码 Hash 计算必须在可信系统上执行；身份验证的失败提示信息应当避免过于明确，错误提示信息在显示中和源代码中应保持一致；为涉及敏感信息或功能的外部系统连接使用身份验证；只使用 HTTP POST 请求传输身份验证的凭据信息等条目。

4. 会话管理

在会话管理方面，包括使用服务器或者框架的会话管理控制，应用程序应当只识别有效的会话标识符；会话标识符必须总是在一个可信系统上创建；会话管理控制应当使用通过审查的算法以保证足够的随机会话标识符；为包含已验证的会话标识符的 Cookie 设置域和路径，并为站点设置一个恰当的限制值；注销功能应当完全终止相关的会话或连接；注销功能应当可用于所有受身份验证保护的网页；在平衡风险和业务功能需求的基础上，设置一个尽量短的会话超时时间（通常情况下，应当为几个小时）；禁止连续的登录并强制执行周期性的会话终止，即使是活动的会话；在任何身份重新验证过程中建立一个新的会话标识符；不允许同一用户 ID 的并发登录等。

5. 访问控制

在访问控制方面，包括只使用可信系统对象（如服务端会话对象）来做出访问授权的决定；安全地处理访问控制失败的操作；如果应用程序无法访问其安全配置信息，则拒绝所有的访问；将有特权的逻辑从其他应用程序代码中隔离开等。

6. 加密规范

加密规范必须遵循下述的一些要求规范。

在加密规范方面，包括所有用于保护应用程序用户秘密信息的加密功能都必须在一个可信系统（如服务器）上执行；保护主要秘密信息免受未授权的访问；安全地处理加密模块失败的操作；使用错误处理以避免显示调试或堆栈跟踪信息；使用通用的错误消息并使用定制的错误页面；应用程序应当处理应用程序错误，并且不依赖服务器配置；当错误条件发生时，适当清空分配的内存；在默认情况下，应当拒绝访问与安全控制相关联的错误处理逻辑；日志记录控制应当支持记录特定安全事件的成功或者失败操作；确保日志记录包含了重要的日志事件数据；确保日志记录中包含的不可信数据，不会在查看界面或者软件时以代码的形式被执行；限制只有被授权的个人才能访问日志；记录所有失败的输入验证；记录所有失败的访问控制；记录所有的管理功能行为，包括对安全配置的更改；记录所有失败的后端 TLS 链接；记录加密模块的错误；使用加密 Hash 功能以验证日志记录的完整性等。

7. 数据保护

在数据保护方面，包括授予最低权限，以限制用户只能访问完成任务所需要的功能、数据和系统信息；保护所有存放在服务器上缓存的或临时拷贝的敏感数据，以避免非授权的访问，并在临时工作文件不再需要时尽快清除；保护服务端的源代码不被用户下载；不要在客户端上以明文形式或其他非加密安全模式保存密码、连接字符串或其他敏感信息。

8. 通信安全

在通信安全方面，包括为所有敏感信息采用加密传输。其中应该包括使用 TLS 对连接进行保护；TLS 证书应当是有效的，有正确且未过期的域名，并且在需要时可以和中间证书一起安装；为所有要求身份验证的访问内容和所有其他的敏感信息提供 TLS 连接；为包含敏感信息或功能且连接到外部系统的连接使用 TLS；使用配置合理的单一标准 TLS 连接；为所有的连接明确字符编码；当链接到外部站点时，过滤 HTTP Referer 中包含敏感信息的参数等。

9. 系统配置

在系统配置方面，包括确保服务器、框架和系统部件采用了认可的最新版本；确保服务器、框架和系统部件安装了当前使用版本的所有补丁；关闭目录列表功能；将 Web 服务器、进程和服务的账户限制为尽可能低的权限；当意外发生时，安全地进行错误处理；移除所有不需要的功能和文件；在部署前，移除测试代码和产品不需要的功能；禁用不需要的 HTTP 方法，比如 WebDAV 扩展；如果需要使用一个扩展的 HTTP 方法以支持文件处理，则使用一个好的经过验证的身份验证机制；通过将不进行对外检索的目录放在一个隔离的父目录里，以防止目录结构在 robots. txt 文档中暴露，然后在 robots. txt 文档中"禁止"整个父目录，而不是对每个单独目录执行"禁止"；明确应用程序采用哪种 HTTP 方法：GET 或 POST，以及是否需要在应用程序不同网页中以不同的方式进行处理；移除在 HTTP 相应报头中有关操作系统、Web 服务版本和应用程序框架的无关信息等。

10. 文件管理

在文件管理方面，包括不要把用户提交的数据直接传送给任何动态调用功能；在允许上传一个文档以前进行身份验证；只允许上传满足业务需要的相关文档类型；不要把文件保存在与应用程序相同的 Web 环境中，文件应当保存在内容服务器或者数据库中；防止或限制上传任意可能被 Web 服务器解析的文件；关闭在文件上传目录的运行权限，不要将绝对文件路径传递给用户；确保应用程序文件和资源是只读的；对用户上传的文件进行病毒和恶意软件扫描等。

11. 内存管理

在内存管理方面，包括对不可信数据进行输入和输出控制；重复确认缓存空间的大小是否和指定的大小一样；在循环中调用函数时，检查缓存大小，以确保不会出现超出分配空间大小的情况；

在将输入字符串传递给拷贝和连接函数前，将所有输入的字符串缩短到合理的长度；在可能的情况下，使用不可执行的堆栈；避免使用已知有漏洞的函数（如 printf、strcat、strcpy 等）；当方法结束时和在所有的退出节点时，正确地清空所分配的内存等。

12. 通用编码规范

在通用编码规范方面，应为常用的任务使用已测试且已认可的托管代码，而不创建新的非托管代码。每一个软件企业都有自己的编码规范（行业最佳编码规范），只需要遵循这些编码规范，即可在很大程度上增大代码的可读性、可理解性以及安全审计的正确性和效率。

5.4.4　安全测试

安全测试是软件测试的重要内容之一。传统软件测试的重点在于软件功能测试，应设计合适的测试步骤和适当的测试用例，也应对软件的安全性进行测试。根据测试的目的，可将软件测试分为功能测试、性能测试、安全测试以及兼容性测试等。根据是否能查看软件的内部结构，常见的测试方法可分为白盒测试、黑盒测试以及灰盒测试等。

1. 白盒测试

白盒测试的主要目的是检查产品内部结构是否与设计规格说明书的要求相符合，同时测试程序中的分支是否都能够正确地完成所规定的任务要求。在进行测试时，测试人员可看到被测程序源代码的内部结构，并根据其内部结构设计测试用例，这种测试方法无须关注程序的功能实现。

根据测试是否能运行程序，白盒测试可以分为静态测试和动态测试。接下来具体讲解这两种测试，以及白盒测试中的源代码审计。

（1）静态测试

静态测试是在不执行程序的情况下分析软件的特性。静态测试主要集中在需求文档、设计文档以及程序结构上，可以进行结构分析、类型分析、接口分析、输入输出规格分析等。

静态结构分析主要利用图的方式来表达程序的内部结构，常用的有函数关系图和内部控制流图分析等，主要检查代码是否符合设计、是否符合相应的标准以及代码的逻辑性是否表达正确，以发现程序中编写不安全和不恰当的地方，找出程序表达模糊、不可移植的部分。静态测试主要包括代码走查、代码评审以及源代码审计等。

（2）动态测试

动态测试是直接执行被测程序以提供测试支持，即通过在计算机上运行程序或者程序片段，根据程序的运行结果是否符合预期来分析程序可能存在的问题和缺陷。因为动态测试必须在计算机上运行程序，所以需要具备相应的测试用例。动态测试所支持的测试范围主要如下。

- 功能确认与接口测试：测试各个模块功能的正确执行、模块间的接口、局部数据结构、主要的执行路径及错误处理等内容。
- 覆盖率分析：对测试质量进行定量分析，即分析被测试产品的哪些部分已被当前测试所覆盖，哪些部分还没有被覆盖到。
- 性能分析：程序的性能问题得不到解决将降低应用程序的质量，于是查找和修改性能瓶颈成为改善整个系统性能的关键。
- 内存分析：内存泄露会导致系统崩溃，通过测量内存使用情况，可以掌握程序内存分配的情况，发现对内存的不正常使用，在问题出现前发现征兆，在系统崩溃前发现内存泄露。

（3）源代码审计

源代码审计是一种白盒测试方式，通过人工或工具对源代码进行检查，从而发现源代码中存在的安全漏洞或弱点。主要步骤包括业务需求和功能场景分析、实体标识、事务分析、发布标识和风险评级、潜在解决方案标识、执行总结和详细报告等，如图 5-14 所示。

• 图 5-14　源代码安全审计流程

- 业务需求和功能场景分析：需要分析软件的设计漏洞或弱点、用户可能引入的风险以及软件架构存在的风险等。
- 实体标识：需要标识每一个实体进入程序和退出程序的位置，以及在程序中的执行路径。
- 事务分析：对实体执行路径中的各项事务进行分析，查看是否引入了风险因素。

在实体标识阶段以及事务分析阶段可采用手工评审和规范代码编写规范以及实施静态代码分析来降低引入风险因素的可能性。

- 发布标识和风险评级：对可能存在安全漏洞的实体，发布其标识以及引入的风险及其等级信息。这里需要确定安全测度，如风险等级的划分依据、划分方法等。
- 潜在解决方案标识：可采取产业领先的安全实践或最佳安全实践，为每一个发现的安全风险提出解决方案、评估解决方案、给出选择的建议等。
- 执行总结和详细报告：对源代码审计的过程进行总结，对各风险要素进行详细报告，包括风险类型、风险级别、可能引发的安全后果、待选的解决方案和建议解决方案等。

代码安全评审（稽核）全流程包括三个要素：技巧、检查清单和工具，可分为侦查、威胁建模、自动化测试、人工评审、验证和 PoC、报告等阶段，如图 5-15 所示。

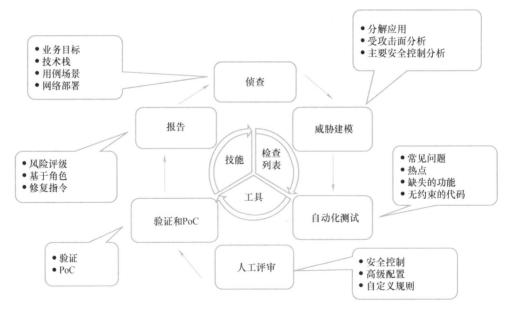

• 图 5-15　代码安全评审流程

- 侦查阶段：分析业务目标、技术栈、用例场景和网络部署的基本情况。
- 威胁建模阶段：主要工作包括分解应用及受攻击面和主要安全控制的分析。
- 自动化测试阶段：主要包括发现常见问题、热点、缺失的功能、无约束的代码。
- 人工评审阶段：主要针对安全控制、高级配置问题、自定义规则。
- 验证和 PoC 阶段：主要工作包括验证、PoC。
- 报告阶段：主要工作包括风险评级，以及基于不同角色形成报告和修复指南。

2. 黑盒测试

黑盒测试也称为功能测试、数据驱动测试或者基于规格说明书的测试。黑盒测试是在已知软件产品应具有的功能条件下，在完全不考虑被测程序内部结构和内部特性的情况下，通过测试来检测每个功能是否都按照需求规格说明书的规定正常运行。

在传统的安全测试中，模糊测试和渗透测试是常用的两种黑盒安全测试方法。

（1）模糊测试

模糊测试也称 Fuzz 测试，是通过提供非预期的输入并监视异常结果来发现软件故障的方法。模糊测试不关心被测试目标的内部实现，而是利用构造畸形的输入数据使被测试目标产生异常，从而发现相应的安全漏洞。据统计，模糊测试是目前最有效的漏洞挖掘技术，已知漏洞大部分都是通过这种技术发现的。模糊测试的主要步骤如下。

1）生成大量的畸形数据作为测试用例。

2）将这些测试用例作为输入应用于被测对象。

3）监测和记录由输入导致的任何崩溃或异常现象。

4）查看测试日志，深入分析产生崩溃或异常的原因。

模糊测试往往采用自动化工具进行。在软件产生异常或崩溃的地方，往往存在一个可疑的漏洞，之后需要手工验证。

常见的模糊测试工具包括 SPIKE/sulley、American Fuzzy LOP、Radamsa、Honggfuzz、Libfuzzer、OSS-Fuzz、boofuzz、Peach Fuzzer 以及支持 AI 的 Security Risk Detection、ClusterFuzz、Synopsys Defensics Fuzz Testing 和 Fuzzbuzz 等工具。

（2）渗透测试

渗透测试是从攻击的角度来测试软件系统并评估系统安全性的一种测试方法。渗透测试采用经过改造的真实攻击载荷对目标系统进行测试，其价值在于可以测试软件是否存在可被利用的真实漏洞。渗透测试的主要缺点是只能到达有限的测试点，对软件系统的覆盖率较低。

由于攻击者的行为没有固定模式，渗透测试无法模拟攻击者的所有行为，所以渗透测试也没有统一的测试步骤和操作流程。通常渗透测试的一般过程包括方案制订、信息收集、漏洞检测及利用和报告编写等步骤。

常见的渗透测试工具按照功能可分为密码爆破类、协议分析类、信息收集类、攻击利用类和代理转发类等，主要包括 Kali、Metasploit、Nmap、Wireshark、Hashcat、Burp Suite、SQLmap、Aircrack-ng 等，其中，Kali 是一个综合性的渗透测试平台，包括了很多非常好用的工具和测试载荷。

3. 基于云的软件测试

云计算开创了开发和交付计算应用的新模式，同时也影响了软件生命周期的各个阶段，包括软件测试阶段。

云测试是一种通过云环境实施软件测试的过程。云测试与传统的软件测试具有很多相同之处，也可分为功能测试、性能测试、安全性测试和兼容性测试等。依据测试对象和测试策略的不同，可以将云测试划分为以下三个类别。

（1）基于云的在线应用测试

这种类型的测试主要是利用云服务商所提供的云资源对可以部署在云平台上的应用软件进行测试。用户只需连接互联网来访问云测试服务，就可以对应用软件进行高效、便捷的测试，而不需要关心测试工具、环境和资源的使用情况。云测试平台负责完成相关的资源调度、优化和建模等任务。

（2）面向云的测试

这种类型的测试针对云平台自身的架构、环境、功能、性能及系统等，使云计算自身符合各项云技术指标要求，满足各项性能规定。这种测试主要针对云平台，测试的内容主要包括四个方面：互操作测试、多租户测试、安全测试以及性能测试等。

测试活动通常是在云内部，通过云服务商的工程师执行，主要目的是保证所提供云服务的质量。实现云服务的具体功能性方法必须经过单元测试、集成、系统功能验证和回归测试，以及性能和可扩展性的评价。此外，还要测试面向客户的 API 和安全服务等。其中，性能测试和扩展性测试非常重要，因为它们是确保云弹性服务的基础。

（3）基于云的云应用测试

这种类型的测试是指为保证运行于不同云环境的云应用程序质量而进行的测试。当开发和部署云应用程序时，在不同云环境下进行测试是必要的。这种测试的目标是保证运行于不同云环境下的应用程序对用户具有相同的界面以及行为等，同时也是对云应用程序兼容性的测试。

云测试过程包括测试用例设计、测试问题提交、测试计划制订、测试报告编写以及测试管理等工作。针对云的特点，云测试相对传统软件测试增加了云租户隔离测试、API 安全测试、云弹性测试、云 SLA 水平测试、不同云服务商平台兼容性测试、云应用的迁移测试等。

云计算性能测试主要包括计算、通信和存储三个方面。云兼容性测试主要包括云计算功能的兼容性、云 API 接口测试、云虚拟镜像兼容性测试、安全机制兼容性测试等。

4. 云安全测试

云安全测试内容包括云平台安全性测试、租户安全区隔测试、云计算资源弹性测试、会话安全测试、云应用迁移测试以及云应用自身的安全测试等。

- 云平台安全性测试：主要包括云管理安全测试、SDN 安全测试、NFV 安全测试以及虚拟化安全测试等。
- 租户安全区隔测试：主要测试租户之间的虚拟机是否可实现有效隔离、是否可通过侧信道攻击获取相邻租户的数据以及是否可在云虚拟机之间形成跳跃攻击等。
- 云计算资源弹性测试：主要是对云的弹性伸缩功能进行测试，并对相关参数进行优化。在弹性测试中，需要根据业务需求设置进行弹性伸缩的条件，包括 CPU 利用率阈值、存储利用率阈值、带宽利益率阈值以及连接数阈值等参数，还需要进行弹性设置，包括每次弹性伸缩的资源数量、CPU 核心数目、存储大小、带宽等云主机配置及伸缩数目和伸缩时间间隔等。
- 云应用迁移性测试：主要针对更换服务商，或者对云平台进行大规模的升级等场景。迁移性测试主要测试应用迁移中业务中断是否可接受、应用及安全配置迁移是否成功、应用数据是否成功迁移，以及迁移完成后应用是否能在新环境中正常运行、业务切换是否顺利、安全配置是否生效、是否发生数据丢失等。

5. 云计算渗透测试

云计算渗透测试是通过模拟一个恶意攻击源发起攻击，主动分析云计算环境的安全性，寻找平台安全漏洞、系统错误配置、软硬件缺陷或客户机操作系统脆弱性等安全问题，并采用相应的安全措施进行加固的方法。该方法通常分为准备阶段、测试部署阶段、信息收集阶段、场景构建阶段、渗透实施阶段和报告改进阶段。

- 准备阶段：主要是确定测试的目标、范围、时间期限以及人力、资源配置等。
- 测试部署阶段：在云上部署测试目标以及相关的渗透测试工具。
- 信息收集阶段：运用扫描工具、监听工具收集目标信息，进行漏洞识别和漏洞分析。
- 场景构建阶段：主要是根据漏洞分析结果构造测试步骤，包括测试图、测试树、测试序列以及相应的测试 PoC 和相关脚本等。
- 渗透实施阶段：根据测试步骤进行渗透攻击，验证漏洞是否存在。
- 报告改进阶段：根据渗透实施阶段的信息进行分析，形成目标漏洞情况分析报告，并提出相应的修复措施。

云平台上的渗透测试与传统渗透测试的区别在于，一旦云平台被黑客控制，则运行在云平台上的所有客户机均无任何安全可言，因此，云平台上漏洞的危险等级比租户操作系统中的漏洞危险等级高，一旦发现应该立即修复；如果某个云租户的操作系统被黑客控制，则黑客可以以此为跳板，攻击处于同一个物理服务上的其他租户，甚至这种攻击不被记录，或者黑客采用一些虚拟化平台的漏洞，可以进一步控制云平台，给云服务商和客户造成更大损失。

6. Web 应用安全测试

Web 应用安全测试流程包括确定测试范围、选择测试方法（应用评审或/和渗透测试）、测试结果跟踪分析、形成测试报告。

应用评审是一种白盒测试方法，可通过对源代码的审阅分析应用的结构、数据和事务，以及进行源代码设计。应用渗透测试是一种黑盒测试方法。渗透测试主要包括以非授权用户和授权用户进行的渗透测试，如图 5-16 所示。

随着技术发展和应用规模的不断增大，测试也需要进行自动化，因此出现了与浏览器集成的一些自动化测试工具，包括 Hitchhiker、Selenium、Hack-bar、Live HTTP Header、HttpFox 等。同时也有一些云服务商推出了云测试服务，如 Veracode、Testin 云测、Baidu MTC 等云测试平台。

Web 应用渗透测试可分为三个阶段，包括发现、评估和利用。发现阶段主要进行 Web 平台发现、支持基础设施发现和建立 Web 应用地图结构；评估阶段主要进行标识输入/输出数据流分析评估、标识逻辑流评估和评审验证机制等；利用阶段主要进行标识注入点、监听和修改流量以及执行利用等步骤。

OWASP 定义的 Web 安全测试内容包括身份管理测试、认证测试、授权测试、会话管理测试、输入验证测试、错误处理测试、加密强度测试、业务逻辑测试和 API 安全性测试等。

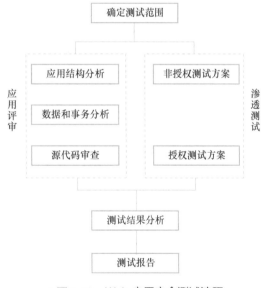

● 图 5-16　Web 应用安全测试流程

云 Web 应用渗透测试的一般流程包括信息收集、威胁建模、计划制订、隐患评估、隐患利用报告编写、再测试等步骤，如图 5-17 所示。

渗透测试能检测到系统在最终生产环境中的安全情况，包括应用实际环境和配置方面的安全问题，以及目标应用的安全隐患是否能被入侵者成功利用。

进行信息收集的主要方式是对目标进行扫描。常用的方法是执行授权扫描。扫描主要包括目标侦查、Web 应用扫描器配置和调整、自动 Web 站点爬取、人工 Web 站点爬取、自动非授权 Web 漏洞扫描、授权 Web 漏洞自动化扫描、人工 Web 漏洞测试、结果评审验证及去除无关项目、形成和发布最终报告等步骤。

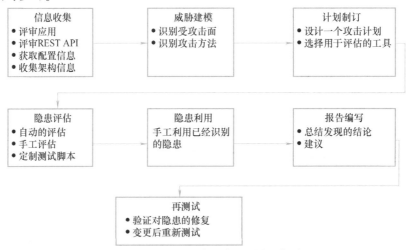

● 图 5-17 云 Web 应用渗透测试一般流程

可用的渗透测试工具有多种，自动化的渗透测试平台不断出现，比较著名的有 IMPACT、CAN-VAS 和 Metasploit。其中，Metasploit 为开放源代码、可自由获取的开发框架，它集成了各平台上常见的溢出漏洞和流行的 Shellcode，并且不断更新。Kali 集成测试平台专为安全测试而生，包含了大量的安全测试工具，已经成为安全行业的测试利器。利用这些自动化测试平台能实现系统漏洞的自动化探测，提高测试的效果。开展渗透测试的注意事项包括以下两个方面。

（1）渗透测试为非破坏性测试

渗透测试的目的在于对目标系统进行安全性评估，而不是摧毁、破坏目标系统或者窃取信息和数据，因此渗透测试应当采用可控制、非破坏性的方法。由于在实际的渗透测试过程中存在不可预知的风险，所以在渗透测试前应当提醒用户进行系统和数据备份，以便在出现问题时，可以及时恢复系统和数据。

（2）需要进行风险控制

在开始渗透测试之前，测试人员应当了解在测试中可能发生的风险，并针对风险制订有效的预防措施，如渗透测试的扫描不采用带有拒绝服务的策略，渗透测试应安排在业务低峰期进行等。

利用渗透测试除了可以较为全面地进行系统安全评估之外，还可以针对某些安全专项进行测试，比如软件系统访问控制模块测试、弱口令测试等。这些安全专项测试使用一般的软件功能测试、模糊测试，甚至逆向分析等手段，都很难有效完成。

5.5 云应用安全部署

选择云服务商需要考虑的是云服务商的平台支持的云计算模式、云服务迁移支持能力、云服务的可靠性、云服务提供的安全能力等方面。

5.5.1 云服务商的安全能力评估

根据 GB/T 31168—2014《信息安全技术 云计算服务安全能力要求》，为客户提供云计算服务的云服务商应具备系统开发与供应链安全、系统与通信保护、访问控制、配置管理、维护、应急响应与灾备、审计、风险评估与持续监控、安全组织与人员、物理与环境安全十个方面的安全能力。GB/T 34942—2017《信息安全技术　云计算服务安全能力评估方法》也从这十个方面对云服务商进行评估。因此，选择云服务商可参考这两个标准进行。

云平台功能包括云平台可支持的云计算模式（IaaS、PaaS 和 SaaS 等）、部署模式（私有云、公有云、社区云以及混合云等）、计费标准及计费方式（按时间和按流量计费）等。

云平台选择的其他考虑要点还包括互操作性、可靠性、弹性支持及性能等。互操作性主要考虑云应用迁移后不同云之间的兼容性、代码和各种库的一致性等。可靠性主要是考虑云计算平台的可靠性，避免发生数据丢失、服务异常等情况。弹性支持主要考虑业务访问量突然增大时可通过云平台提供更多的资源来保持服务的正常提供。关于性能一是考虑弹性扩展和回弹的时间长短，二是服务商对服务支持的质量，包括服务加载时间、网络带宽和缓存等。

5.5.2　云服务质量评估

云服务质量是云服务商提供云服务能力和服务水平的一种体现，往往通过 SLA（服务等级协议）进行约定。SLA 是一个经过双方谈判协商而签订的正式协议，是服务提供商和使用者之间的一个契约，其目的在于对服务、优先级和责任等达成共识。SLA 规定了相关的服务质量参数以及相应的服务质量测量标准和技术等。

对于云计算来说，服务质量就是它所提供服务的质量。服务质量参数是用户与服务提供商协商并定义在 SLA 中，与各种服务相关的需要保障参数。常用的云服务质量参数包括可用性、性能、吞吐率、利用率、容错性、可恢复性、可靠性和带宽等。

（1）可用性

可用性表示一个服务是否存在或者是否可以立即使用，用来衡量一个服务可被立即使用的可能性。服务可用性通常用一个百分比来表达，它表明了合约中规定的服务在各自的服务访问点可操作的时间比例。

可用性的计算为云端服务使用时间与云端服务总运行时间的比值。可用性的计算方法如下。

$$可用性 = 1 - 服务中断时间/服务总运行时间$$

服务中断时间表示由任何故障原因造成的服务中断的时间，结果范围是 [0，1]，结果越接近 1 表示该云端服务具有越高的可用性。

（2）性能

服务性能一般可以通过服务响应时间来衡量。短的服务响应时间表示服务的性能良好。

（3）吞吐率

吞吐率表示服务的处理能力，一般可以用单位时间内处理的服务请求数量来衡量。

（4）利用率

在保证响应时间的条件下，服务可达到的最大利用率即服务利用率，可以用一段时间内已经利用的资源与总资源的比值来表示。利用率可以表明一段时间内服务的繁忙情况。同时，用户也可以根据利用率来判断对所购买服务的使用情况，从而对所需购买的服务做进一步调整。往往在设置弹性策略的时候，可将利用率作为其触发依据。

（5）容错性

容错性是指当发生错误或故障时，系统运行状况不受影响的概率。容错性的计算方法如下。

$$容错性 = 发生错误却没造成服务中断的事件次数/错误发生总数$$

分子和分母都从云端服务相关的软硬件错误或故障日志文件统计得到，因此，其结果范围是

[0，1]，结果越接近1，表示云端服务具有越高的容错性。

（6）可恢复性

可恢复性是指曾经发生故障事件，却能自动恢复而不影响云端系统运作的概率。

$$可恢复性 = 发生错误自动恢复正常的次数/错误发生总次数$$

可恢复性结果范围是 [0，1]，结果越接近1，表示云端服务具有越高的可恢复性。

（7）可靠性

可靠性是可用性、可恢复性和容错性这三个指标乘以各指标权重后的总和。假设每个评价对象的权重为 W_i（$i=1，2，3，\cdots，n$），其中，n 为评价对象的个数。可靠性的范围是 [0，1]，结果越接近1，表示云端服务具有越高的可靠性。

$$可靠性 = \sum_{i=1}^{n}(W_i * 容错性) + \sum_{i=1}^{n}(W_i * 可恢复性) + \sum_{i=1}^{n}(W_i * 可用性)$$

一种简单的方法是令 $W_i=1/n$。每个评价对象的可用性、容错性和可恢复性的权重可根据实际情况进行确定，不一定是相同的值。

（8）带宽

带宽是衡量云服务商可提供的网络访问能力，通常用 MB/s 表示。带宽越大，网络传输能力越强，但往往费用也较高。

云应用部署需要考虑的其他问题包括云服务平台的兼容性、云应用迁移支持能力、特殊云 API 的支持情况、业务连续性管理、容灾备份、易用性以及安全管理等。

5.5.3 云应用安全加固

云应用部署之前，需要对云服务商提供的软件运行环境进行加固，通常包括对虚拟化操作系统、中间件进行补丁安装和安全配置。

云应用安全加固是在云应用部署到云主机以后，针对云应用的特点对中间件、数据库、第三方插件、应用配置等进行加固。

通常，对云应用进行安全加固之后，还会进行安全测试，使其达到相应的安全基线，即可进行业务开通和安全运维。

5.6 本章小结

本章从软件安全开发入手，首先介绍了传统软件安全开发的典型模型和软件安全开发的通用流程，接着介绍了云上应用开发的基本流程、云上应用安全开发的设计和实现、云应用安全测试以及云应用安全部署内容。

习题

1. 传统软件开发典型模型有哪些？各有什么特点？
2. 软件安全开发模型有哪些？
3. 软件安全开发生命周期包括哪些阶段？
4. 云应用安全开发包括哪些阶段？
5. 云应用部署需要考虑哪些因素？
6. 云应用安全实现包括哪些内容？

7. 云 Web 应用安全框架结构包括哪些要素？

参考文献

［1］jxguoyan. 软件生命周期的六个阶段［EB/OL］.（2013-03-29）［2021-04-20］. https：//blog. csdn. net/jxguoyan/article/details/8735157.

［2］安永 EY. DevSecOps：高速开发运维的安全秘籍［EB/OL］.（2019-08-22）［2021-04-20］. https：//www. sohu. com/a/333785708_676545.

［3］sdulibh. CPU 的三种虚拟化机制［EB/OL］.（2018-11-02）［2021-04-20］. https：//blog. csdn. net/sdulibh/article/details/83653983.

［4］张祖优. 从 SDL 到 DevSecOps：始终贯穿开发生命周期的安全［EB/OL］.（2020-06-11）［2021-04-20］. https：//cloud. tencent. com/developer/article/1643201.

［5］罗永刚，曾雪梅，王海舟，等. 云安全原理与实践［M］. 北京：机械工业出版社，2017.

［6］topsek. 软件开发安全的 PPT［EB/OL］.（2020-07-24）［2021-04-20］. https：//mp. weixin. qq. com/s/35vCC-rIcpyn4WxTPmcasg.

［7］RiboseYim. SDN 技术指南（一）：架构概览［EB/OL］.（2017-08-26）［2021-04-20］. https：//zhuanlan. zhihu. com/p/28795851.

［8］Mariia Lozhko. Cloud-based applications development：All you need to know［EB/OL］.（2020-12-16）［2021-04-20］. https：//lanars. com/blog/cloud-based-applications-development.

［9］Neil MacDonald，Ian Head. DevSecOps：How to Seamlessly Integrate Security Into DevOps［EB/OL］.（2016-09-30）［2021-04-20］. https：//www. gartner. com/en/documents/3463417/devsecops-how-to-seamlessly-integrate-security-into-devo.

［10］汤青松. Web 安全开发规范手册 V1. 0［EB/OL］.（2018-11-21）［2021-04-20］. https：//segmentfault. com/a/1190000017090860.

［11］boss 达人. OWASP 安全编码规范快速参考指南［EB/OL］.（2018-09-17）［2021-04-20］. https：//blog. csdn. net/xiang__liu/article/details/82750858.

［12］Haczhou. 云安全运营总结［EB/OL］.（2020-05-25）［2021-04-20］. https：//www. freebuf. com/articles/security-management/236249. html.

［13］中国信息通信研究院. 对网络功能虚拟化（NFV）安全问题的思考［EB/OL］.（2019-10-21）［2021-04-20］. https：//www. secrss. com/articles/14469.

［14］beaker. Update on the Cloud（Ontology/Taxonomy）Model［EB/OL］.（2009-03-28）［2021-04-20］. https：//www. rationalsurvivability. com/blog/2009/03/update-on-the-cloud-ontologytaxonomy-model.

第6章 云安全运维

学习目标：

- 掌握安全运维的模型和基本体系。
- 了解云安全运维的主要内容。
- 理解云安全运维最佳实践。
- 掌握云安全运维的技术和方法。

信息系统的稳定运行与信息安全密不可分，运维人员需要管理越来越复杂的信息系统，对信息系统进行定期的安全检查和维护，减少安全事件发生的可能性，保障信息系统稳定、高效运行。因此，安全运维不仅要保障安全措施足够全面、及时处置各类安全事件，还要保障安全处置不会给运行中的信息系统带来衍生安全风险。

6.1 安全运维概述

安全运维是一项持续性工作。组织业务上云后，运维管理、审计监控以及应急响应的职责和流程都将发生变化，同时也引入了云环境下特有的新型风险，诸如运维流程不清、运维职权不明、虚拟资源运维审计困难等风险。因此，需要基于网络安全运维模型，构建适配的云安全运维体系来保障云上业务系统的安全运维。

6.1.1 安全运维模型

1. 安全运维的定义

系统安全运维是指基于规范化流程，以基础设施和信息系统为对象，以日常操作、应急响应、优化改善和监管评估为重点，使得信息系统运行时更加安全、可靠、可用和可控，提升信息系统对组织业务的有效支撑，实现信息系统的价值。它通常包括日常操作、应急响应、优化改善和监管评估等内容。

信息系统安全运维服务是以流程为导向、以客户为中心、以绩效评估为动力、以保障信息系统基础设施整体可用和为组织业务提供可靠服务为目标的活动，其内涵是提供面向业务的安全运维服务及基于运维活动提供风险管控服务。

2. 安全运维模型

安全运维模型是在一定人力、财务、信息和技术等资源的保障下，采用管理手段，以业务为核心，以数据、载体、环境和边界等为运维对象，通过运维安全和安全运维两种运维模式确保信息系统的可用、完整、机密、可靠等属性，从而确保信息的安全属性的一种框架，如图 6-1 所示。

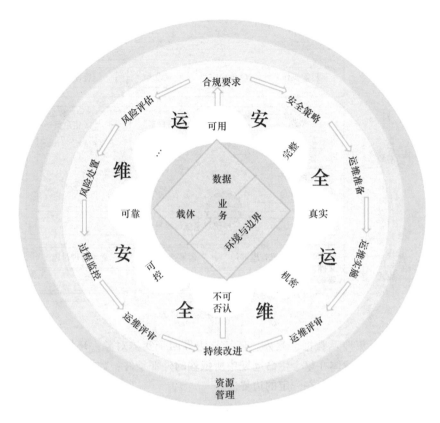

● 图 6-1　安全运维模型

　　安全运维是从面向业务的运维服务出发，依据安全需求对信息系统进行安全运维规划、安全运维实施，并对实施安全运维服务的有效性进行评审，从而进行持续性改进，全过程、全生命周期地为信息系统运行提供安全保障。安全运维一般包括合规要求、安全策略、运维准备、运维实施、运维评审和持续改进六个动态安全环节。

　　运维安全是针对安全运维活动中可能影响业务系统正常运行的安全风险的处置。其具体过程包括合规要求、风险评估、风险处置、过程监控、运维评审和持续改进六个动态安全环节。

　　安全运维侧重运维，而运维安全侧重运维过程中的安全，二者相互依存，相互促进，共同确保信息系统和信息的安全，从而确保组织核心业务的安全。

6.1.2　安全运维体系

1. 安全运维体系

　　信息系统安全运维体系是以流程为导向、以客户为中心、以绩效考评为动力、以保障信息系统基础设施整体可用和为组织业务提供可靠服务为目标的管理体系。信息系统安全运维体系如图 6-2 所示。

　　安全运维的目标是确保信息的保密性、完整性和可用性，以及可追溯性、抗抵赖性、真实性、可控性等安全要素。

　　安全运维的主体主要是由从事安全运维活动的单位、部门以及具体工作人员构成。安全运维活动的角色一般分为安全运维提供者、安全运维使用者和安全运维管理者等。

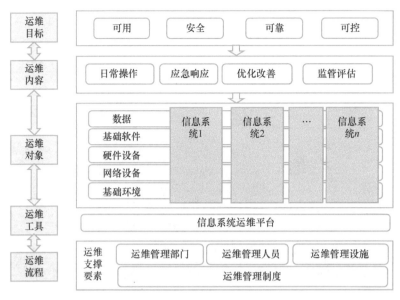

• 图 6-2　安全运维体系

安全运维的业务对象涉及数据、载体、环境与边界四个实体对象。环境是指数据与载体的环境，即数据及承载数据的载体在整个生命周期中所依赖的外部条件；数据通过载体来承载，载体的存在依赖于一定的环境；环境存在一定的边界。

2. 安全运维支撑平台

安全运维支撑平台是支撑安全运维的一系列工具。在实际工作中，用户组织结构、规模以及管理体制不同，安全运维支撑平台的具体使用和部署方式也有所不同，不同的组织可选择不同的平台工具。安全运维支撑平台主要由服务台、安全监控平台、安全告警平台、流程管理平台和资产管理平台构成。

- 服务台：服务台是集中和专职的服务联系点，提供服务业务流程与服务管理基础架构。
- 安全监控平台：安全监控平台能对信息系统运行动态快速掌握，对各类事件做出快速、准确的定位和展现。
- 安全告警平台：不同于安全监管平台，安全告警平台更关注安全事件告警，提供多种告警响应方式。
- 流程管理平台：流程管理平台借鉴并融合了 ITIL（信息技术基础设施库）/ITSM（IT 服务管理）的先进管理规范和最佳实践指南，借助工作流模型参考等标准，开发图形化、可配置的工作流程管理系统。
- 资产管理平台：资产管理平台提供了丰富的 IT 资产信息属性维护和备案管理，以及对业务应用系统的备案和配置管理功能。

3. 安全运维流程

安全运维流程是建立一套最基础、规范的管理制度，帮助安全运维服务提供者、安全运维服务使用者以及安全运维服务管理者从人员、技术和管理三个方面提升运维管理能力，并在实践中逐步完善。安全运维流程主要包括事件管理、问题管理、配置管理、变更管理、发布管理和知识管理等。

- 事件管理：事件管理流程的主要目标是尽快恢复服务提供并减少事件对业务的不利影响，尽可能保证最好的运维服务质量和可用性等级。事件管理流程通常涉及事件的侦测和记录、事件的分类和支持、事件的调查和诊断、事件的解决和恢复以及事件的关闭。

- 问题管理：问题管理流程的主要目标是预防问题和事故的再次发生，并将未解决事件的影响降到最小。问题管理流程包括诊断事件根本原因和确定问题解决方案所需要的活动，使用合适的控制过程，尤其是变更管理和发布管理，负责确保解决方案的实施。问题管理还应维护日常运维故障处理流程、应急预案和解决方案的信息。
- 配置管理：配置管理是通过技术或行政手段对软件产品及其开发过程和生命周期进行控制、规范的一系列措施。配置管理的目标是记录软件产品的演化过程，确保软件开发者在软件生命周期中各个阶段都能得到精确的产品配置。
- 变更管理：变更管理就是管理变更的全过程，以使任何变更都不会导致错误和引发与变更有关的事件。变更管理流程实现所有网络、主机、安全设施和应用系统的变更，应记录变更并对所有要求的变更进行分类，评估变更请求的风险、影响和业务收益。
- 发布管理：发布管理的主要目标是保证运行环境的完整性被保护以及正确的组件被发布。发布管理流程负责对硬件、软件、文档等进行规划、设计、构建、配置和测试，以便为实际运行环境提供一系列的发布组件，并负责将新的或变更的组件迁移到运行环境中。
- 知识管理：知识管理主要针对安全运维相关的管理制度、流程、操作文档、网络拓扑、配置清单、发布管理文档等技术资料，提供不同问题和事件的解决方案，以及安全运维过程中产生的安全测试方案、技术方案、变更申请等。

4. 安全运维活动

安全运维活动主要由日常运维、应急响应、优化改善和监管评估等组成。

- 日常运维：日常运维是指定期对信息系统的物理环境、网络平台、主机系统、应用系统和安全设施进行维护，检查运行状况和相关告警信息，提前发现并消除网络、系统异常和潜在故障隐患，以确保设备始终处于稳定工作状态，并对出现的软/硬件故障进行统计记录，以减少故障修复时间。
- 应急响应：应急响应是指在信息系统运行过程中发生安全事件时，按照既定的程序对安全事件进行处理的一系列过程，通常是在安全事件发生后提供的一种发现问题、解决问题的快速、有效的响应服务，以快速恢复系统的保密性、完整性和可用性，阻止和减小安全事件带来的影响为服务目标。
- 优化改善：优化改善是指对系统的各要素，如网络基本架构、网络和安全设备、系统服务器和操作系统、数据库和应用软件等的优化调整，主要涉及设备增减、配置改变和系统升级等情况。
- 监管评估：监管评估是指对安全运维对象、安全运维活动以及安全运维流程在运维过程中依据法律、法规、标准和规范并结合业务需求，通过对安全运维对象及安全运维活动的调研和分析，提供运维状态的安全合规性评估。对安全运维的监管评估一般通过检查、考核和惩戒来实现。

6.2 资产管理

近些年，随着网信、网安、科信等监管部门对网络安全工作的重视不断加强，攻防演练呈现常态化趋势，各单位不断强化对端口等资产外露面、高危安全漏洞的检查管理，涉及单位和部门的绩效考核。开展资产探测、摸清网络资产、明确监管对象和范围是开展网络安全管理工作的第一步。在摸清网络资产的基础上，对暴露在互联网的端口和服务进行实时、细粒度的监测，对漏洞实现闭环管理，能够有效应对监督管理，使单位的网络安全管理工作符合《网络安全法》等法律法规的相关要求。

近年来资产管理系统的实施大大提高了企业管理水平，资产稳定、安全、可靠地运行是企业运营管理的核心要素之一。它将技术与业务紧密结合，不仅实现了管理的信息化、智能化，还使得企业经济效益明显提高。

表 6-1 参照 ISO 27001 对资产的描述和定义，将信息相关资产进行了分类。

表 6-1　ISO 27001 中信息资产的分类

类别	解　释
数据文件	1. 包括各种业务相关的电子类及纸质文件资料，可按照部门现有文件明细列举，或者根据业务流程从头至尾列举 2. 要求识别的是分组或类别，不要具体到特定的单个文件 3. 数据资料的列举和分组应该以业务功能为主要考虑，也就是说识别出的数据资料应该具有某种业务功能。此外还应该重点考虑其保密性要求 4. 本部门产生的以及其他部门按正常流程交付过来供本部门使用的数据文件都在列举范畴内。本部门的尽量清晰，来自外部门的可以按照比较宽泛的类别来界定
软件资产	1. 各种本部门安装的软件，包括系统软件、应用软件（有后台数据库并存储应用数据的软件系统）、工具软件（支持特定工作的软件工具）和桌面软件（日常办公所需的桌面软件包） 2. 所列举的软件应该与产生、支持和操作已识别的数据文件资产有直接关系
实物资产	1. 各种本部门使用的硬件设施，这些硬件设施或者安装有已识别的软件，或者存放有已识别的数据文件资产，或者是对部门业务有支持作用 2. 基础设施，如机房、重要场地、消防设施和供电等
人员资产	本部门各种对已识别的数据文件、软件资产和实物资产进行使用、操作和支持（也就是对业务有支持作用）的人员角色
服务资产	包括业务流程和各种业务生产应用、为客户提供服务的能力、WWW、SMTP、POP3、FTP、DNS、内部文件服务、网络连接、网络隔离保护、网络管理、网络安全保障等；也包括外部对客户提供的服务，如网络接入、IT 产品售后服务和 IT 系统维护等服务

6.2.1　IT 资产管理平台

IT 资产管理（Information Technology Asset Manager，ITAM）平台是指企业中以计算机为基础的综合资产管理系统，通常情况下企业将 IT 资产信息与人、物、财、场地等资源相结合，从而达到企业资产管理和企业运营高效率的实现。作为一种业务流程集，其目的在于对 IT 资产的生命周期进行管理。它通过预定义的资产管理来减少 IT 成本、降低 IT 风险以及提高生产力，从而为企业提供价值、保障安全。

1. IT 资产管理的作用

IT 资产管理的作用主要表现在以下几个方面：发现、管理和追踪所有 IT 硬件资产，对资产的整个生命周期进行管理，对软件资产进行许可与合规性管理，跟踪管理，以及采购和合同管理等。

- 网络资产发现：自动扫描网络，获取全面的资产信息，包括硬件、软件、虚拟化产品以及资产所有权、状态等信息，呈现资产的详细信息，提供完整的资产清单。

- IT资产的生命周期管理：对支撑 IT 资产生命周期流转的流程（如采购、入库、出库、借出、使用、报废等）进行管理。
- 软件资产的许可、合规性管理：管理企业中关键商用软件的许可，确保持续可用；管理软件资产的合规性，比如 PCI-DSS、NIST 相关标准、SOC2、CSA 标准等国内外标准的合规；执行软件审计，防止安装恶意或禁用软件，降低安全风险。
- IT资产的跟踪管理：能够跟踪资产的所有权、状态、变更以及资产间的相互关系；能够对资产的登记、入账、使用、转移、维修、处置等进行实时动态管理，对资产数据可查询，对历史记录可追溯。
- IT资产的采购与合同管理：能够从申请、批准到交付进行完整的采购流程管理，集中管理组织所有资产的价格、售后服务等信息，能够管理所有 IT 采购合同。

2. IT 资产的管理平台

当前海量数据资产流动在网络空间中，这就需要组织和企业具备一定的资产发现能力，理解资产属性。

IT 资产管理通常基于 IT 资产管理平台进行完善的资产管理，或者统一资产管理平台里面含有 IT 资产管理模块。IT 资产管理平台主要由配置管理数据库、自动化管理平台、集中监控平台、流程管理平台和数据展现平台等组成，如图 6-3 所示。

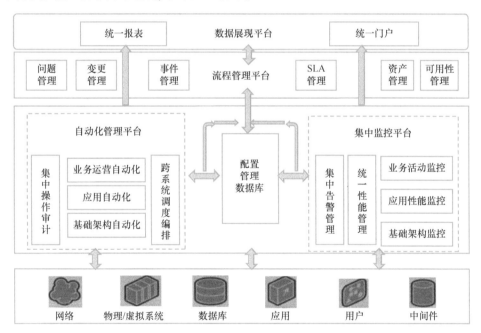

● 图6-3 IT 资产的管理平台

- 配置管理数据库：配置管理数据库（Configuration Management Database，CMDB）是一个逻辑数据库，包含了配置项全生命周期的信息以及配置项之间的关系。配置项以生命周期的方式存在于配置管理数据库中，如新建、生产中、维持中、测试中、暂停使用及报废。配置项都赋予了相关责任人明确的责任关系（包括物理关系、实时通信关系、非实时通信关系和依赖关系）。配置管理数据库与所有服务支持和服务交付流程都紧密相联，存储与管理企业 IT 架构中设备的各种配置信息，支持这些流程的运转、发挥配置信息的价值，更有效地进行问题管理、变更管理等流程，同时依赖相关流程来保证数据的准确性。

- 自动化管理平台：自动化管理平台能够支持完成基础架构自动化、业务运营自动化和应用自动化，在此基础上来开展集中操作审计与跨系统的调度编排。

- 集中监控平台：集中监控平台主要负责实施基础架构监控、应用性能监控、业务活动监控，以及整体的集中告警管控与统一性能管理。

- 流程管理平台：流程管理平台针对信息传递、数据同步、业务监控和企业流程的问题管理、变更管理、事件管理、SLA 管理、可用性管理等，提供了从业务流程梳理、建模到运行的整体管控、持续升级优化，从而实现跨应用、跨部门、跨合作伙伴的资产管理。

- 数据展现平台：数据展现平台通过对集中资产数据平台中的资产数据进行深度挖掘分析，形成可视化的统一图表、报告，为组织提供决策等支持，提升资产监管力度，优化资产配置，加强资产共享，提高资产使用率。

6.2.2　IT 资产管理系统框架

IT 资产管理系统（平台）从厂商功能来看有些偏重管理，网络安全领域的资产管理产品则更增加关注信息安全内容，如资产异常上报、信息资产泄露监测等。

IT 资产管理系统框架通过数据整合服务、数据联合服务、变更与配置管理数据库（Change and Configuration Management Database，CCMDB）服务以及资产数据呈现服务等来实现整个企业中的 IT 信息资产自动发现、整合分布，由此帮助 IT 人员了解这些不同资产之间的关系及依赖性。IT 资产管理系统框架如图 6-4 所示。

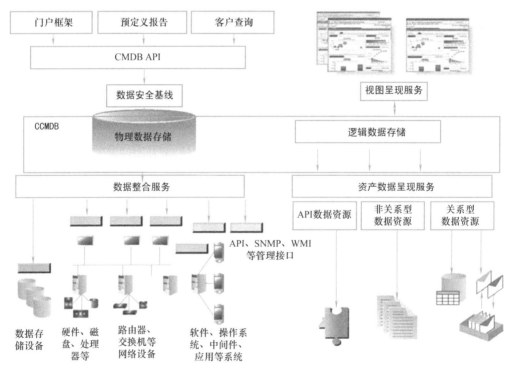

● 图 6-4　IT 资产管理系统框架

- 数据整合服务（Data Consolidation Service）：将服务器、存储设备资产、硬件设备资产、网络设备资产、软件系统资产、中间件和数据库资产等进行数据整合。

- 数据联合服务（Data Federation Service）：对各类关系型数据与非关系型数据进行采集，高度分散的数据源通过被动或主动采集、清洗与标准化后进入数据仓库。目前资产收集的方式主要有主动流量探测、被动流量探测、统一身份认证系统探测和 Agent 探测等。

主动流量探测通过自动化扫描和主动下发任务策略，结合 ICMP、ARP、SNMP、HTTP 等协议进行探测扫描，来获取相关的旗标，如主机名称、设备类型、端口情况、操作系统以及开放的服务等。被动流量探测在分析被动流量的基础上以资产的视角进行呈现，可识别 IP 地址、端口、协议、服务应用、框架、组件、开发语言、账号、域名、UserAgent 和证书等资产信息，也是一种很好的资产管理方法。统一身份认证系统探测比较依赖于 IAM 系统的接口和信息收集，所有的资产登录都需要统一身份认证系统进行维护和配置才可以收集相关的信息。

- CCMDB 服务：配置管理数据库包括管理范围内的 IT 资源信息（如设备信息、应用系统信息等）及 IT 资源间错综复杂的关联关系，比如链接、安装、使用、属性等。通过变更与配置管理数据库，将来自不同数据源的配置项目的单一主视图进行数据完整性与组合处理，用于维护与源数据的连接以及进行相关性分析。
- 资产数据呈现服务：形成可视化的统一图表、报告，通过列表展示、二维表展示、图表展示、图文结合的报告展示方式等来降低理解门槛、提升管理效率、构建统一视图。

许多 IT 资产都具有依赖性或超过资产本身的需求，以便确保其完整性，或确保其工作或构建。如图 6-5 所示，组织可以通过创建相关资产和使用依赖关系来管理依赖性。依赖性关系可分为应急、降级和故障，而相互之间的影响可分为正常、应急、降级和故障等。

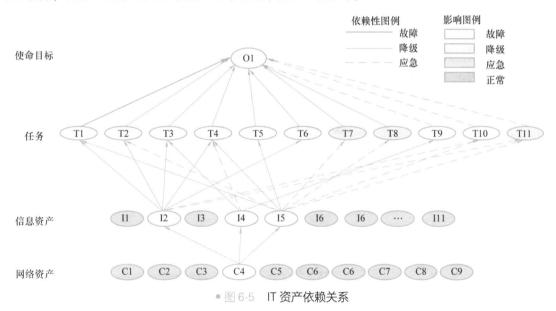

●图 6-5　IT 资产依赖关系

管理依赖性之前先要识别依赖性和定义依赖性。识别依赖性通过对资产类型进行定义和分类，可以指定资产的使用和查找方式以及资产的用途；定义资产类型的依赖性主要用来确定并定义要捆绑在资产中的必需文件和依赖性；管理依赖性主要为创建资产、工件以及新版本的资产和工件定义流程与策略。

6.2.3　IT 资产安全管理

随着时代的发展，对于 IT 资产管理的要求也在变化，从网络安全角度、信息资产管理角度，都要求 IT 资产管理增加安全管理功能，这对于 IT 资产管理来说都是全新挑战。

1. NIST CSF （网络安全框架） 资产管理分类

在 NIST CSF 标准框架的五大领域识别（Identify）、保护（Protect）、检测（Detect）、响应（Respond）和恢复（Recover）中，识别是第一步，而资产管理则是识别任务中最主要的活动。NIST CSF 标准将资产管理划分为六类，分别是物理设备的信息，软件平台和应用的信息，数据和通信的信息，外部信息系统，基于分类、重要性和商业价值的优先级排序和人员角色的相关责任（包括供应商、客户和合作伙伴等），见表 6-2。

表 6-2 NIST CSF 资产管理分类

分　　类	分　　类
资产管理（ID. AM） （根据数据、人员、设备、系统等对组织目标的相对重要性进行识别和管理，使组织能够实现业务目的和组织的风险战略）	ID. AM-1：物理设备的信息
	ID. AM-2：软件平台和应用的信息
	ID. AM-3：数据和通信的信息
	ID. AM-4：外部信息系统
	ID. AM-5：基于分类、重要性和商业价值的优先级排序
	ID. AM-6：人员角色相关责任（包括供应商、客户和合作伙伴等）

2. NIST SP 1800-5 安全资产管理标准

NIST SP 1800-5 是一个针对安全资产管理的标准，该标准的功能架构如图 6-6 所示。在该功能架构中，第三层主要是各种设备资产，包括硬件设备、软件系统以及虚拟机等；第二层主要与数据收集的方式相关，负责完成资产信息的收集，收集的主要是一些配置相关的信息；第一层包括数据存储、数据分析以及报告和可视化模块，主要完成合规等要求。

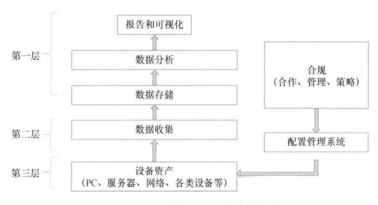

● 图 6-6　安全资产管理标准功能架构图

Balbix 在通过对美国几百家不同行业、不同规模的网络安全负责人进行调研而发布的《2020 企业安全态势状况报告》中指出：60% 的组织有至少 1/4 的联网设备未被统计和有效管理，很多企业即使知道资产的存在，也缺乏资产的分类、分布和业务关联性等信息。而在国内，资产的有效管理与发达国家更是有很大的差距。针对组织业务使命的完成，无论是法律法规、监管要求，还是组织应对网络安全的各种威胁，都对资产安全管理提出了明确的要求。

IT 资产安全管理可以从下述几个方面来展开。

● 资产属性安全管理：通过对资产属性进行安全管理来消除资产管理中的安全隐患，保障 IT

资产的安全性。

- 资产生命周期安全管理：资产自身的脆弱性是其易遭受安全威胁的重要原因，因此应在资产的开发过程、上线运行等阶段进行安全管理，将安全因素融入资产全生命周期来降低潜在的安全风险。
- 常态化的资产运行安全监测：基于资产安全管理平台，对在网运行的各类 IT 资产运营状态和安全风险进行监测，提供资产可视化监管能力，能够针对发现的安全漏洞及时提供检测与修复。

3. 网络空间测绘与安全

当前海量数据资产流动在网络空间中，这就需要组织和企业具备一定的资产发现能力，理解资产属性。网络空间测绘系统的作用也变得更加重要，要求能够提供优质可靠的资产管理和情报分析功能。

网络空间测绘不依赖传统规则、算法和模型，而是结合大数据资源库和威胁情报分析技术，通过扫描引擎、IP 地理定位、全球地理信息、DNS 服务器解析、社会/社交信息和 P2P 网络监测，基于测绘出的威胁 IoC，很大程度上能够使政府公安部门、政府监管单位、企业安全部门和互联网行业提高区域态势感知能力，即可对区域安全态势进行高效快速的感知分析，能够为失陷资产、APT攻击、DDoS 攻击、远程木马定向攻击和网络非法博彩等案件侦查提供可靠的情报分析能力。

6.3　变更管理

为规范信息系统的配置、变更和发布流程，使信息系统配置和变更等工作顺利实施，保障硬件设备和软件系统的正常运行，需要在信息系统安全运维中做好变更管理工作。

6.3.1　变更管理概述

1. 变更管理的定义

变更管理（Change Management，CM）是项目管理中最重要的过程之一，它是指项目组织为适应项目运行过程中与项目相关的各种因素的变化，保证项目目标的实现，而对项目计划进行相应的部分变更或全部变更，并按变更后的要求组织项目实施的过程。

变更管理的主要任务包括以下几个方面。

1）分析变更的必要性和合理性，确定是否实施变更。

2）记录变更信息，填写变更控制单。

3）做出更改申请，并交上级审批。

4）修改相应的配置项，确立新的版本。

5）评审后发布新版本。

2. 资产变更管理

资产变更管理是日常运维和安全管理的一部分，通过资产变更也可以发现一些异常安全事件，诸如新增库文件、新的计划任务、新的端口或新的服务。同时，资产从一个部门换到另外一个部门后的安全策略调整也需要进行跟踪管理。

资产和配置管理是变更管理的基础，如果没有资产和配置管理，组织的业务将面临更多的风险和不确定性。

3. 变更管理合规要求

《工业控制系统信息安全防护指南》中明确要求工业控制系统应用企业应从 11 个方面做好工控

安全防护工作，其中第二个方面便是对配置和补丁管理进行了规范，这对云计算领域的变更管理具有很好的借鉴作用。文件中明确要求：

1）做好工业控制网络、工业主机和工业控制设备的安全配置，建立工业控制系统配置清单，定期进行配置审计。

2）对重大配置变更制订变更计划并进行影响分析，配置变更实施前进行严格的安全测试。

3）密切关注重大工控安全漏洞及其补丁发布，及时采取补丁升级措施。在补丁安装前，需要对补丁进行严格的安全评估和测试验证。

在我国网络安全等级保护制度中，等级保护对象在运行过程中会面临各种各样的变更操作。如果变更过程缺乏管理和控制，将会带来重大的安全风险。因此，需要对变更操作实施全程管控，做到各项变更内容有章可循、有据可查，确保变更操作不会给系统造成安全风险。

《信息安全技术　网络安全等级保护测评要求》对变更管理主要从下述三个方面进行了规范。

1）应明确变更需求，变更前根据变更需求，制订变更方案，变更方案经过评审、审批后方可实施。

变更管理受控是降低系统由变更带来安全问题的有效手段，因此要对变更策略进行明确的规定，并对变更流程进行全程管控。

具体测评时，应核查变更方案内容是否包括了变更类型、变更原因、变更过程和变更前评估等内容；核查变更方案评审记录是否包括了评审时间、参与人员和评审结果等；核查变更过程记录是否包括了变更执行人、执行时间、操作内容和变更结果等。

2）应建立变更的申报和审批控制程序，依据程序控制所有的变更，记录变更实施过程。

执行变更操作要遵循变更管控的相关控制程序，约束变更过程，并有效记录。

具体测评时，应核查变更控制的申报、审批程序；核查变更实施过程的记录；核查记录内容是否包括了申报的变更类型、申报流程、审批部门和批准人等。

3）应建立中止变更并从失败变更中恢复的程序，明确过程控制方法和人员职责，必要时对恢复过程进行演练。

变更失败恢复程序一般会在变更方案中予以明确，变更方案除了描述变更过程操作外，重要的是明确变更失败后的恢复操作。

具体测评时，应核查变更失败后的恢复程序、工作方法和相关人员职责；核查恢复过程演练记录。

6.3.2　补丁生命周期管理

随着漏洞数量持续增长，虽然90%的安全问题可以通过升级、打补丁的方式来解决，但现有的漏洞管理方法显得越来越力不从心，各类行业组织存在没有时间和资源来及时打补丁、不能从企业整体的角度去管理补丁的挑战。

补丁管理是为解决使用大量第三方软件后，漏洞发现不及时、不会修复漏洞、无法批量进行补丁更新等诸多问题而推出的服务，它可以及时获取最新漏洞预警和补丁，并能通过云端一键下载补丁更新，做到漏洞快速发现、快速修复。

1. 补丁管理生命周期

补丁管理的生命周期主要包括更新漏洞信息数据库、扫描网络识别漏洞、下载和部署补丁、状态报告生成等几个阶段。

1）更新漏洞信息数据库。从各种信息来源获得最新的补丁相关信息，下载补丁并通过大量测试来验证补丁的真实性和准确性。

2）扫描网络识别漏洞。在组织的网络范围内发现、识别网络中系统的各类信息；定期评估系统中的漏洞，识别漏洞补丁；现有补丁情况分析与补丁缺失统计。

3）下载和部署补丁。从供应商站点下载所需的补丁，部署补丁，验证补丁安装的准确性。

4）状态报告生成。生成各类补丁管理任务的报告，并定期审计。

2. 补丁的变更管理

变更请求提交后，组织评审小组针对变更的必要性、风险和补丁推行计划等问题进行评审。评审通过后，由系统管理员和业务代表根据各系统业务的实际情况协商变更时间，确定每个系统的变更计划。确定变更计划后，每个系统管理员各自提交变更请求，通过批准后，实施系统变更，同时记录变更过程中提交的问题。

目前补丁管理流程一般由现状分析、补丁跟踪、补丁分析、部署安装、疑难处理和补丁检查六个环节组成，完整的补丁管理流程如图 6-7 所示。首先配置补丁设置，然后更新补丁数据库，启动补丁扫描；针对补丁缺失情况，根据补丁管理策略及时下载和部署补丁；补丁安装成功后，生成补丁状态报告并定期审计。

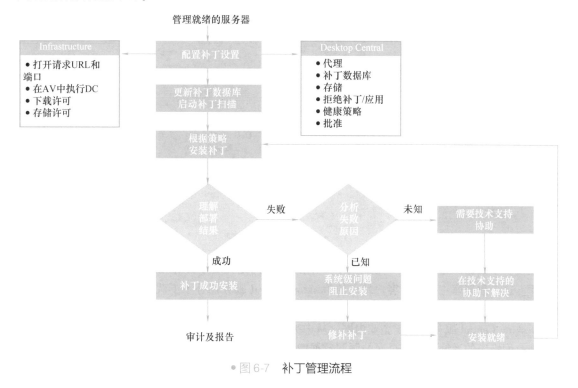

• 图 6-7 补丁管理流程

6.3.3 补丁管理架构

1. Desktop Central 补丁管理

本节以 Desktop Central 为例来介绍补丁管理架构。

Desktop Central 是一个统一终端管理解决方案，它能够从一个中央控制台保护和管理企业内部和外部所有形式的终端，包括服务器、台式计算机、笔记本计算机、平板计算机、智能手机和销售点设备。同时它也使用预定义的配置选项从一个控制台配置和管理终端。

Desktop Central 的功能涵盖了整个终端安全和管理范围，包括自动化补丁管理、软件部署、实时资产管理、远程系统管理、操作系统镜像和部署、现代化管理、移动设备管理、配置管理、审计和报表等。

使用 Desktop Central 进行补丁管理，实现的主要功能有下述几项：更新漏洞数据库、定期补丁扫描、制订系统健康策略、自动执行防病毒更新、拒绝特定应用的补丁、禁用自动更新、部署前自动测试和批准补丁、计划补丁部署、自动化补丁部署和使用移动应用程序进行补丁管理等。

（1）Desktop Central 补丁管理架构

如图 6-8 所示，Desktop Central 补丁管理架构由以下几部分组成：互联网、中心补丁数据库和 Desktop Central 服务器。

外部补丁爬虫基于网络反复探查互联网，从微软网站和苹果网站等信息源获取漏洞信息，同时还提供补丁下载、补丁真实性评估和功能正确性测试功能，得到一个加强的漏洞数据库，作为企业漏洞评估的基线。

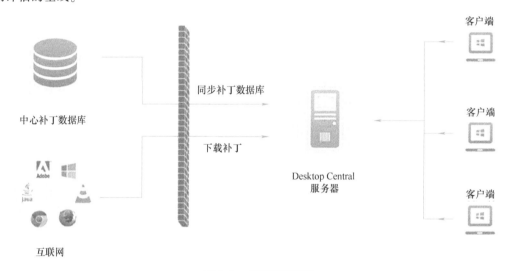

● 图 6-8　补丁管理架构

在线补丁数据库是 Zoho 公司的一个门户网站，该网站托管了经过彻底分析后发布的最新漏洞数据库。这个数据库主要用于客户站点的 Desktop Central 服务器补丁下载，并提供补丁扫描和安装所需的信息。

Desktop Central 服务器位于企业内网，从中央补丁数据库订阅，定期下载漏洞数据库。它可以扫描企业网络中的系统，根据全面的漏洞数据库检查缺少的和可用的补丁，下载并部署缺少的补丁和服务包，最终生成报告来有效地管理企业中的补丁。

（2）Desktop Central 的补丁管理流程

使用 Desktop Central 的补丁管理需要两个步骤，分别是补丁评估、扫描和补丁下载、部署。

Desktop Central 定期扫描网络中的系统，以评估补丁需求。扫描机制使用从微软和其他公告中整合的全面数据库通过执行文件版本、注册表和校验来检查补丁是否存在以及补丁的状态。漏洞数据库定期更新来自中央补丁数据库的补丁最新信息。扫描逻辑会自动决定每个客户端需要的更新。成功完成评估后，将返回每个评估的结果并将其存储在服务器数据库中。

在选择要部署的补丁时，可以触发下载或部署请求。首先，从互联网下载所选的补丁并将其存储在 Desktop Central 服务器的特定位置，并远程推送到目标机器上，之后将会周期性地安装。

2. 阿里云盾补丁管理

再以阿里云盾补丁管理解决方案为例来介绍企业级云端补丁管理方法。

阿里云盾补丁管理解决方案通过"云＋端"的架构，在云端支持一键批量操作，对于大规模爆发的漏洞，可一键进行补丁升级；同时提供实时的云端实时监控，对加入监控的主机进行周期性漏洞探测，确保漏洞可以被快速发现。

阿里云盾补丁管理解决方案能够实现的功能如下。

1）漏洞检测。云盾服务器安全管理软件（安骑士）会每天进行一次漏洞扫描，若发现存在漏洞，则会上报到云盾控制台，并推送告警信息到用户，实现了漏洞定时巡检。每天巡检的漏洞会实时更新。云盾拥有极大的漏洞知识库，同时共享了阿里巴巴的漏洞情报能力，大部分漏洞可提前获取。

2）自研补丁。云盾依靠积累的安全大数据，每天自动分析0day，会第一时间进行补丁自研，若开通补丁管理功能，可直接进行修复，防止损失的扩大。一般自研补丁均快于官方，在漏洞爆发和官方未发布补丁的窗口期，把黑客拦截在外。

3）批量修复。补丁管理采用云＋端的模式，用户可在控制台对受影响的服务器进行批量修复，下发批量修复指令后，服务器会同步进行修复，并反馈修复结果，原来非常烦琐的操作将能瞬间完成。

4）一键回滚。补丁修复成功后，若存在兼容和其他异常情况，用户可在控制台进行一键回滚，回滚到补丁安装前的状态，再也不会因为修错漏洞而导致业务长时间不可用。

6.4 安全配置

信息系统中的服务器、路由器、交换机、数据库、计算机终端以及各类软件系统，由于设计缺陷或管理操作失误，面临着极大的安全隐患和风险。安全配置主要是通过一定的配置操作来解决或者降低安全漏洞或隐患所带来的安全风险。

虚拟化平台是实现资源池化的基础，关系到迁移到该平台上众多租户信息系统的安全，针对云平台上服务器、虚拟机、虚拟网络等的安全加固与配置变得尤为重要。

6.4.1 主机服务器的安全配置

1. 传输主机服务器的安全配置

传输主机服务器的安全配置包括账户标识与鉴别、账户与组管理、访问控制、补丁管理、日志与审计、防火墙配置等方面。

（1）标识与鉴别

标识与鉴别机制的主要目的是阻止非授权账户访问系统，并确保账户在操作系统所赋予的权限内进行各种操作，不会发生越权访问的情况。

操作系统必须对每一个账户或实体进行标识，然后根据标识赋予相应的权限。账户标识是进行账户授权、账户活动记录以及访问控制的前提。账户标识可以与账户关联，也可与角色或账户组关联，从而实现对账户或账户组的管理。

鉴别是对账户所声明的身份进行判断和核实，主要包括基于账户所知、基于账户所有和基于账户特征等方式。常用的口令鉴别是一种基于账户所知的鉴别方式，而指纹、虹膜鉴别等则是基于账户特征的鉴别方式，采用智能卡、数字证书等实体物品进行的鉴别属于基于账户所有的鉴别方式。

（2）账户与组管理

现代操作系统基本都是多账户、多任务操作系统，多个账户可同时登录系统进行相关操作。操作系统根据账户来区分每个账户的操作、进程运行权限以及执行的任务等。这些都是在账户与账户组管理的基础上进行的。

现代操作系统大多采用了基于角色的账户管理方式。通常一组账户具有相同的权限，被称为一个角色或者账户组。操作系统可基于账户组进行相关权限的分配或变更，这样大大降低了账户管理的复杂度。

原则上，每个账户都必须至少属于一个账户组。账户组内的账户则自动拥有了属于该账户组的所有权限。例如，Administrators 组内的账户，无论账户名是否为 administrator，都是计算机的本地管理员，拥有管理员权限。一个账户也可能同时属于多个组，当这些组的权限发生冲突的时候，账户所拥有的权限是冲突权限的最小权限。

3）访问控制

访问控制机制根据预定义的访问控制策略对主体的各种访问行为实施检查，从而判断主体是否可以访问客体。

访问控制机制需要根据主体与客体的关系和客体的安全属性来综合判断主体对客体的访问权限。客体的安全属性包括拒绝访问、读操作、写操作以及执行操作等，而主体与客体的关系包括主体是客体的属主、主体与客体的属主是同一个账户组以及主体与客体的属主分属于不同账户组等。

4）补丁管理

操作系统不可避免地存在着漏洞，因此需要对发现的漏洞进行及时修补，甚至进行版本升级。不同的操作系统修复漏洞的技术手段可能会有一些区别，但是现在绝大多数操作系统都支持补丁在线升级。

例如，微软的补丁管理服务 WSUS（Windows Server Update Service）可自动完成在线补丁检测、下载和安装；安卓系统的补丁在线自动检测和升级，也能对发现的漏洞进行及时修复，甚至还支持补丁安装的方式选择，如定时安装、空闲时段下载、即时下载、即时安装等。

Linux 系统也提供了自动更新安全补丁的功能。例如，Ubuntu 系统支持使用 sudo apt-get update 和 sudo apt-get upgrade 这两条命令完成系统自动升级。但是对于内核的升级，往往需要下载内核源码后进行手动编译和安装。

5）日志与审计

日志是操作系统中发生的各种操作行为的真实记录。日志的作用主要包括故障排除、性能调优以及安全事件分析等。根据日志产生者的不同，可将日志分为系统日志、应用程序日志以及安全日志。

日志记录的内容一般包括事件发生的日期和时间、访问者和被访问者、账户名、事件类型、事件是否成功及其他与审计相关的信息。

审计是对日志记录根据一定的算法模型进行统计分析，并生成审计结果的过程。审计结果有助于诊断系统问题、发现违规操作、探索系统工作原理以及对安全事件进行溯源分析和损失评估等。

6）防火墙配置

为了便于对网络访问行为进行控制，很多操作系统都内置了防火墙功能。防火墙主要是对网络数据流进行过滤和控制，从而能够提高操作系统的安全性或者限制操作系统的某些网络行为。例如，Windows、Linux 等操作系统都内置了防火墙；有的操作系统还可以在多网口的情况下支持路由功能，在不同的网段间进行数据转发，如 Linux 的 IPtables 防火墙。

防火墙对数据流进行控制的方式主要是根据 MAC 地址、源 IP 地址、目的 IP 地址、源端口号、目的端口号等特征，对进出主机网口的网络数据包进行检查，并根据规则决定对数据包的处理方式（接受、转发或者丢弃）。高级的防火墙还支持状态监测功能，可以基于会话状态对数据流进行控制。

2. 云主机服务器的安全配置

为了保护云环境中的主机服务器,可采用以下最佳实践建议来开展工作。

1) 构建安全操作系统:充分实施,遵循安全操作系统供应商的具体建议部署它们提供的操作系统。

2) 安全基线配置:安全基线配置策略的制订主要考虑操作系统供应商、经营环境、业务需求、管理需求、风险评估、风险偏好和系统托管等。

常见的最佳实践清单如下所示。

1) 主机加固:从主机删除所有不必要的服务和软件。

2) 主机补丁:为了达到这个目标,由供应商提供安装所需的所有补丁的硬件和软件,用于创建主机服务器。它主要包括基本的输入/输出系统(BIOS)、固件更新、特定硬件组件的驱动程序更新和操作系统安全补丁。

3) 主机锁定:在不同的供应商处实现客户定制的安全措施。

4) 阻塞非 root 访问主机 : 本地控制台只能通过根账户访问。

5) 安全协议:只允许使用安全通信协议和工具访问远程主机,如 SSH 等。

6) 防火墙应用:配置和使用基于主机的防火墙,检查和监视所有通信的主机、所有访客操作系统及主机上运行的工作负载。

7) 访问控制策略:使用基于角色的访问控制(RBAC)限制哪些用户可以访问主机和他们有哪些权限。

8) 安全持续的配置维护:通过多种机制进行,有些是供应商特有的,有些不是。

9) 安全评估:定期评估主机、客户操作系统、主机上运行的应用程序工作负载。

10) 渗透测试:针对主机和客户操作系统的周期性渗透测试。

6.4.2 虚拟机上的安全配置

保障虚拟机的安全和正常运行是组织业务应用系统正常有序运行的必要保障。虚拟机上的安全配置与加固主要包括安装反病毒软件、身份认证、加密通信等措施,防止虚拟机被网络攻击者用于恶意抢占资源和数据窃取的风险以及病毒感染的安全隐患。

VMware vSphere 是 VMware 的虚拟化平台,可将数据中心转换为包括 CPU、存储和网络资源的聚合计算基础架构。vSphere 将这些基础架构作为一个统一的运行环境进行管理,并提供工具来管理加入该环境的数据中心。

在 VMware vSphere 中,虚拟机的安全性主要关注以下几个方面:通用虚拟机保护、使用模板部署虚拟机、在 vSphere 中保护虚拟机控制台、限制虚拟机资源使用、禁用不必要的虚拟机功能和使用基于虚拟化的安全性和 vTPM 等。

1. 通用虚拟机保护

1) 客户机操作系统修补。系统补丁是针对网络攻击的最佳保护之一,因此需要使用操作系统修补程序定期修补在虚拟机内运行的客户机操作系统。

2) 部署反恶意软件。虚拟机通常需要安装某种类型的反恶意软件,以确保扫描和修复客户机操作系统上可能存在的任何恶意软件。

3) 串行端口访问控制。串行端口允许将物理设备连接到虚拟机,并且可以通过将这些设备从主机传递到虚拟机来连接,而串行端口连接可以允许对虚拟机的低级访问,这样在某种程度上会带来安全隐患。因此限制具有串行端口访问权限的虚拟机以及将这些设备连接到虚拟机的访问权限是非常必要的。

2. 使用模板部署虚拟机

手动加载操作系统并安装应用程序时，可能会存在遗漏某些配置操作或内容的风险。使用虚拟机模板时，通常先创建虚拟机的"主"通用映像，然后再从该映像部署每个后续虚拟机，这样只要对"主"通用映像进行安全验证，就可以保证从主虚拟机配置的每个虚拟机将包含相同的已安装软件、应用程序、安全修补程序以及安全策略等。

3. 在 vSphere 中保护虚拟机控制台

虚拟机控制台是一种用于管理 VMware vSphere 内部虚拟机的强大机制。虚拟机控制台相当于将监视器连接到服务器。在 VMware vSphere 环境中，有权访问控制台的用户也有访问电源管理以及连接和断开设备、媒体等的能力，因此要在 VMware vSphere 中保护虚拟机控制台，确保其安全可靠。

4. 限制虚拟机资源使用

默认情况下，在 VMware vSphere 中，虚拟机可以使用所包含的已配置硬件根据需要获取尽可能多的资源。所有虚拟机均等地共享资源。如果特定虚拟机能够消耗过多的资源，导致主机上的其他虚拟机性能下降或无法再运行，则可能会发生利用虚拟机的拒绝服务攻击。为了避免这种情况，可以使用共享和资源池来防止允许一个虚拟机消耗所有可用资源的拒绝服务攻击。

5. 禁用不必要的虚拟机功能

在安全性的上下文中，禁用不必要的虚拟机功能是有意义的。主要包括以下方面。

1）未使用的服务：除非需要，否则不应在虚拟机内部运行诸如文件服务或 Web 服务之类的公共服务。

2）未使用的物理设备：连接的 CD / DVD 驱动器、软盘驱动器、USB、串行和其他端口应断开或移除，除非需要使用。

3）未使用的功能：除非需要，否则应禁用 VMware vSPhere 共享文件夹和执行复制/粘贴操作。

4）除非必要，否则不要在 Linux 上运行 X Windows 服务，否则会产生安全漏洞。

6. 使用基于虚拟化的安全性和 vTPM

VMware vSphere 利用基于虚拟化的安全性，允许虚拟机与 Windows 10 和 Windows Server 2016 及更高版本中的微软新 VBS 安全兼容，这使得攻击者窃取凭证的过程更加困难。另外，VMware vSphere 的虚拟 TPM 大大增强了 Guest 虚拟机的安全功能，它允许将虚拟化 TPM 2.0 兼容模块添加到 VMwarevSphere 中运行的虚拟机，这样 Guest 操作系统便可以使用 vTPM 模块存储敏感信息、提供加密操作、保证虚拟机平台的安全性了。

6.4.3 网络加固的最佳实践

云计算都会利用某种形式的虚拟网络来将物理网络抽象化，并创建网络资源池。云租户从网络资源池获取所期望的网络资源，并基于虚拟化技术对网络资源进行配置。

目前云计算环境中的网络虚拟化常见技术主要有 VxLAN 技术与 SDN 技术。

1）VxLAN 技术：虚拟扩展本地局域网（Virtual Extensible Local Area Network，VxLAN）技术是一种大二层的虚拟技术，它引入了一个 UDP 外层隧道作为数据链路层，而原来的二层数据报文内容作为隧道净荷，实现跨越三层网络的二层网络。

2）SDN 技术：SDN 是一种新型的网络可编程技术。通过将传统网络设备的控制平面和数据转发平面分离，实现对网络的集中控制和动态编程，从而能够快速构建不同的网络拓扑。控制平面可通过接口向转发平面下发控制信息，完成拓扑管理、资源控制、用户网络隔离等功能，转发平面接收控制平面的配置信息，更新自身配置，并按新的配置执行数据转发任务。

为了确保向云服务的最终用户提供安全可靠的网络，需要综合使用几种技术、协议和服务。例如，基于 TLS 和 IPSec VPN 协议来保护通信以防止窃听；使用域名系统安全扩展（DNSSec）应用来规避域名系统（DNS）中毒等。

1）使用网络隔断技术。网络隔断技术使不同用户的网络不能互相通信，保证了用户通信的安全。网络隔离技术主要包含物理隔离和逻辑隔离两类，云上网络隔离主要是逻辑隔离。在云山，可以通过 VLAN、VxLAN、VPC 等技术进行网络隔断。

2）使用 TLS 技术。安全传输层协议（TLS）用于在两个通信应用程序之间提供保密性和数据完整性。该协议由两层组成：TLS 记录协议和 TLS 握手协议。TLS 协议能够与高层的应用层协议（如 HTTP、FTP、Telnet 等）进行无缝耦合。应用层协议能透明地运行在 TLS 协议之上，由 TLS 协议创建加密通道需要的协商和认证，应用层协议传送的数据在通过 TLS 协议时都会被加密，从而保证通信的私密性。

3）使用 DNSSec 技术。域名系统安全扩展（DNSSec）是一组扩展 DNS 协议的规范，可为来自权威 DNS 服务器的响应添加加密身份验证，阻止网络攻击者采用各种 DNS 攻击技术来污染或破坏网站和服务器的 DNS 信息。

当前互联网环境异常复杂，面临着各种网络欺诈、攻击，由于 DNS 协议的脆弱性，针对 DNS 的网络攻击会导致互联网大面积瘫痪、网站主页篡改、网速变慢、网络钓鱼攻击等。而 DNSSec 允许注册人采取数字签名的方式签署他们存放在 DNS 中的信息，按照这种方式，客户端（如 Web 浏览器）可以在提出查询请求后验证所收到的 DNS 应答有没有遭到篡改。

4）使用 IPSec 技术。IPSec 是目前 VPN 技术中使用较多的一种应用技术，旨在为 IP 提供高安全性。IPSec 技术是一个框架性结构，主要提供两种安全机制：AH 和 ESP。AH（Authentication Header）协议可以同时提供数据完整性确认、数据来源确认、防重放等安全特性；ESP（Encapsulated Security Payload）协议可以同时提供数据完整性确认、数据加密、防重放等安全特性。ESP 通常使用 DES、3DES、AES 等加密算法实现数据加密，使用 MD5 或 SHA 系列算法来实现数据完整性。

1. 虚拟隔离网络安全最佳实践

虚拟交换机是云上的核心网络组件。将云平台的物理网卡（NIC）通过管理平面连接到虚拟机中的虚拟 NIC。在规划虚拟交换机体系结构时，必须决定如何使用物理网卡来分配虚拟交换机端口组，以确保冗余、隔离和安全。

所有这些交换机都支持 802.11Q 标签，允许在一个物理交换机端口上使用多个 VLAN，以减少主机中需要的物理网卡数量。这是通过对所有网络帧应用标签识别它们属于某个 VLAN 来实现的。在使用虚拟交换机时，安全性也是一个重要的考虑因素。单独使用几种类型的端口和端口组，而不是在单个虚拟交换机上一起使用，可以提供更高的安全性和更好的管理效果。

虚拟交换机冗余是另一个重要的考虑因素。冗余是通过将至少两个物理网卡分配给虚拟交换机来实现的，每个网卡连接到不同的物理交换机。冗余还可以通过端口通道的使用来实现，它能够增加两台设备之间的可用带宽，还可以创建一个逻辑路径的多个物理路径。

每个主机都有一个管理网络，通过它与其他主机和管理系统进行通信。在虚拟基础设施中，管理网络应该在物理上和虚拟上被隔离，将所有主机、客户端和管理系统连接到单独的物理网络，以确保流量安全。还应该为主机管理网络创建独立的虚拟交换机，并且不要将其虚拟交换机流量与普通虚拟机网络流量混用。

2. 其他虚拟网络安全最佳实践

除了隔离之外，其他虚拟网络安全最佳实践也要兼顾。需要考虑的方面如下。

1）考虑虚拟机迁移过程中的安全风险。在虚拟化网络环境中，虚拟机迁移会导致大量敏感明文数据信息传输受到影响，迁移过程中分割为独立的 VLAN 或 LAN 格式，对网络数据传输产生影响。攻击者对虚拟机迁移连接的攻击可能导致敏感信息泄露或大量未加密数据信息被盗，进而对虚拟化网络产生安全威胁。

2）处理内部和外部的网络时，总是为自己创建一个单独隔离的虚拟交换机物理网络接口卡，不能混合虚拟交换机内部和外部的流量。

3）锁定访问的虚拟交换机，这样攻击者就不能将虚拟机从一个网络向另一个网络、内部和外部网络之间跨越。在将物理网络作为虚拟网络扩展到主机的虚拟基础设施中时，物理网络安全设备和应用程序通常是无效的。通常这些设备无法看到从未离开主机的网络流量。另外，物理入侵检测系统和入侵防御系统可能无法保护虚拟机免受威胁。

4）应为虚拟基础设施使用安全应用程序或者直接将安全应用程序集成到虚拟网络层。这些安全应用程序包括网络入侵检测系统、网络入侵防御系统、网络监听和报告系统以及虚拟防火墙等，通过它们来提供完整的数据中心网络安全保护。

5）如果使用基于网络的存储（如 iSCSI 或网络文件系统），则要做适当的身份验证。对于 iSCSI，采用双向的 CHAP 身份验证是一种比较好的安全策略。流量通常以明文形式发送，任何访问同一网络的用户都可以监听和重构文件、改变流量，甚至可能破坏网络，因此一定要物理隔离存储网络流量。

6.5   漏洞扫描

6.5.1   漏洞扫描的功能

1. 漏洞定义及分类

漏洞是指系统硬件、应用程序、网络协议或系统安全策略配置方面存在的缺陷。漏洞可能导致攻击者在未授权的情况下访问系统资源或破坏系统运行，对系统的安全造成威胁。

操作系统、应用软件、数据库、路由器、交换机、防火墙及网络中的其他硬件设备都不可避免地存在漏洞。因此，漏洞的类型按照所在对象主要分为以下几种。

（1）操作系统的漏洞

目前主流的操作系统有 Windows、Linux、UNIX 等，在以往的使用中，这些操作系统的漏洞不断地被用户发现，并通过打补丁的方式加以修补，但是相关的软件公司每年仍要发布若干操作系统漏洞公告。目前，Windows 操作系统已经进入了产品稳定期，漏洞数目逐渐稳定；Linux 操作系统的源代码及其组件都是开放的，代码更容易被读懂，所以长期以来一直保持着比较高的漏洞发现率。

（2）交换机的漏洞

交换机在信息网络中具有举足轻重的地位，因此它也成为攻击者入侵网络的突破口之一。目前已知的利用交换机漏洞可能进行的网络攻击有 VLAN 跳跃攻击、生成树攻击、MAC 表 Flooding 攻击、ARP 攻击和 VTP 攻击等。除了这些已知的交换机漏洞之外，高性能交换机的漏洞在实践中也不断地被发现。

（3）路由器的漏洞

路由器作为网络互联的桥梁，担负着连接多个网络的重任。对路由器等网络基础设施的攻击所造成的后果，可能影响整个信息网络，比一般主机攻击更为严重，比如获得网络的控制权、非法截取甚至篡改流经的机密信息等。因此，如果路由器连自身的安全都没有保障，整个信息网络也就毫无安全可言，更谈不上达到保密的要求。

（4）应用软件和数据库的漏洞

应用软件和数据库也不可避免地存在着漏洞。近年，SQL Server、Oracle 等数据库系统以及其他应用软件的漏洞源源不断地被公布，许多漏洞已经被攻击者掌握并利用，给个人或社会的信息安全造成了严重的威胁。

还可按漏洞的成因、层面和生命周期所处的阶段进行分类。安全漏洞分类规范图表结构如图6-9所示。

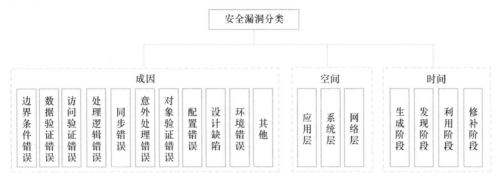

● 图6-9　安全漏洞分类规范图表结构

在安全漏洞的发现阶段，安全漏洞首次被漏洞发现者、使用者或厂商识别，可分为以下类别。
- 未确认：安全漏洞首次被发现，并未给出漏洞资料和可以确认的漏洞成因、危害等证据。
- 待确认：安全漏洞由漏洞发现者报告厂商或漏洞管理组织，具有漏洞分析报告或能够重现漏洞的场景。
- 已确认：安全漏洞由漏洞发现者、使用者或厂商正式确认或发布，具有标识与详细描述等相关信息。

在安全漏洞的利用阶段，安全漏洞按照信息验证、公开、利用及信息扩散范围可分为以下类别。
- 未验证漏洞：安全漏洞没有可验证的方法，其成因、危害暂时无法具体描述。
- 验证漏洞：安全漏洞已有可验证的方法，其成因、危害可被重视。
- 未公开漏洞：安全漏洞相关信息未向公众发布，扩散范围有限。
- 公开的漏洞：安全漏洞的相关信息已向公众发布。

在安全漏洞的修补阶段，可分为以下类别。
- 未修补漏洞：漏洞发现后，尚未进行任何修补。
- 临时修补漏洞：漏洞发现后，采用临时应急修补方案，该方案可能会以损失功能为代价，但漏洞并未得到实际修补。
- 正式修补：漏洞发现后，经过测试确认并提供有效的修补方案或补丁程序，保证计算机信息系统的正常使用。

2. 漏洞产生的原因

漏洞是与时间紧密相关的。一个系统从发布的时候起，随着用户的深入使用，系统中存在的漏洞会被不断暴露出来，这些被发现的漏洞也会不断被补丁软件修复，或在以后发布的新版系统中得以改正。而新版系统修补了旧版本系统漏洞的同时，也会引入一些新的漏洞和错误。因此，随着时间的推移，旧的漏洞会不断消失，新的漏洞也会不断出现。0day漏洞就是已被发现，而厂商提供有效，修复补丁可被用来实施网络攻击的安全缺陷。

漏洞的产生大致有以下几个原因。
- 人为因素：在程序编写过程中，为实现不可告人的目的，在程序代码的隐蔽处保留后门；受编程人员的能力、履历和当时安全技能所限，程序中难免会有缺陷，这些缺陷轻则影响程序运行效率，重则导致非授权用户权限的提升。

- 环境因素：由于当前信息环境从传统的封闭、静态和可控变为开放、动态和难以控制，给系统、软件带来了极大的漏洞风险。
- 技术因素：软件系统复杂性提高，质量难于控制，安全性降低，同时公用模块的重复使用也非常容易扩大漏洞的影响范围。
- 安全策略因素：由于系统管理员对网络安全策略设置不合理，导致系统存在可以被攻击者利用的漏洞。

3. 漏洞扫描的功能

漏洞扫描的功能主要表现在以下几个方面。

- 操作系统扫描：扫描虚拟机操作系统的漏洞和配置错误。
- 数据库扫描：扫描数据库系统的漏洞和配置错误。
- 大数据平台组件扫描：扫描大数据平台组件的漏洞和配置错误。
- 虚拟化平台扫描：扫描虚拟化平台的漏洞和配置错误。
- Web 应用系统扫描：扫描 Web 应用系统的漏洞和配置错误。

6.5.2　漏洞扫描的实现

系统中存在着安全漏洞，也就存在着安全威胁，如果能够根据具体的应用环境，尽可能早地通过网络隐患扫描系统来发现网络中主机、操作系统、应用软件以及网络基础设施存在的安全隐患，并及时采取适当的措施进行修补，就可以有效地阻止网络入侵事件的发生，漏洞扫描系统正是在这种情况下应运而生的。

漏洞扫描系统又称为网络隐患扫描系统，它可以对网络进行漏洞扫描，分析和指出网络的安全漏洞以及被扫描系统的薄弱环节，给出详细的检测报告，并针对检测到的网络安全隐患给出相应的修补措施和安全建议。漏洞扫描系统作为一种积极主动的安全防护技术，提供了针对内部攻击、外部攻击和误操作的实时保护，在网络系统受到危害之前提供安全防护解决方案。

漏洞扫描的实现主要分为基于网络探测的漏洞扫描和基于代理程序的漏洞扫描两种类型。

1. 基于网络探测

基于网络探测的漏洞扫描是采用积极、非破坏性的方法来检测系统是否有可能被攻击，它利用一系列的扫描脚本，向目标系统发送探测数据包或远程抓取目标系统的配置文件，然后对结果进行分析。这种方式的缺陷是当扫描目标主机较多时，控制节点或服务端会成为信息处理的瓶颈，从而导致性能下降。

2. 基于代理程序

基于代理的漏洞扫描程序是安装在主机上的代理程序监听主机行为，用于判断是否存在漏洞利用成功的事件。这种方法通过相关代理的协作来完成漏洞扫描任务，避免了性能瓶颈的产生，提高了扫描效率，适合完成较大规模的网络漏洞扫描任务。

6.5.3　漏洞管理

信息系统网络是一个整体，当组织被查出漏洞后没有及时修补时，就会由于一个普通的漏洞导致核心数据库失陷，从而造成用户数据的丢失，给整个业务系统造成很大的损失；同时，针对漏洞的发现、发掘、上报也应制订一套完整的策略，因此，网络安全漏洞的管理显得尤为重要。

目前，漏洞管理的主要困难主要表现在以下几个方面。

- 资产管控难：资产管理过程中需要明确企业总共有多少资产、有多少个资产在使用、资产责任人是谁、资产属于哪个业务系统、资产是否存在安全漏洞等一系列的问题。

- 量化困难：资产上存在哪些漏洞和脆弱性、修复情况是怎么样的、有多少是误报的漏洞，这些都难以量化。
- 知识沉淀难：针对漏洞是否有好的修复方案、是否有漏洞知识库支撑、新的修复方案是否及时归档，这些知识难以沉淀。
- 分析效率低：单一的扫描报告导致安全人员在漏洞确认的工作上痛苦不堪，由于漏洞具备传播快、范围广、影响大等特点，安全管理人员难以做出快速响应。
- 漏洞修复闭环难：目前企业停留在扫描器扫描、人工确认、漏洞分发、漏洞修复、修复核查扫描这样的人工流程，一直在修复验证，很难形成一个闭环管理。
- 漏洞修复跟踪难：需要明确漏洞有没有精确下发给责任人、责任人计划修复时间是什么、修复进度如何、修复结果如何、是否逾期等。

GB/T 30276 标准中明确指出了信息安全漏洞管理的原则，主要如下。

- 公平、公开、公正的原则：厂商在处理自身产品的漏洞时应坚持公开、公正原则；漏洞管理组织在处理漏洞信息时应遵循公平、公开、公正原则。
- 及时处理的原则：用户、厂商和漏洞管理组织在处理漏洞信息时都应该遵循及时处理的原则，及时消除漏洞与隐患。
- 安全风险最小化的原则：在处理漏洞信息时应遵循用户风险最小化原则，保障广大用户的利益。

2019 年 6 月 18 日，为贯彻落实《网络安全法》，加强网络安全漏洞管理，工业和信息化部会同有关部门起草了《网络安全漏洞管理规定（征求意见稿)》（以下简称规定），旨在加强网络安全漏洞管理。

《网络安全漏洞管理规定（征求意见稿)》全文共十二条，系统地规范了网络产品、服务、系统的网络安全漏洞验证、修补、防范、报告和信息发布等行为。

第三条 发现/获知存在漏洞后：（一）立即对漏洞进行验证，对相关网络产品应当在 90 日内采取漏洞修补或防范措施，对相关网络服务或系统应当在 10 日内采取漏洞修补或防范措施；（二）需要用户或相关技术合作方采取漏洞修补或防范措施的，应当在对相关网络产品、服务、系统采取漏洞修补或防范措施后 5 日内，将漏洞风险及用户或相关技术合作方需采取的修补或防范措施向社会发布或通过客服等方式告知所有可能受影响的用户和相关技术合作方，提供必要的技术支持，并向工业和信息化部网络安全威胁信息共享平台报送相关漏洞情况。

第四条 工业和信息化部、公安部和有关行业主管部门按照各自职责组织督促网络产品、服务提供者和网络运营者采取漏洞修补或防范措施。

第六条中：（一）不得在网络产品、服务提供者和网络运营者向社会或用户发布漏洞修补或防范措施之前发布相关漏洞信息；（二）不得刻意夸大漏洞的危害和风险；（三）不得发布和提供专门用于利用网络产品、服务、系统漏洞从事危害网络安全活动的方法、程序和工具。

第七条中：（一）明确漏洞管理部门和责任人；（二）建立漏洞信息发布内部审核机制；（三）采取防范漏洞信息泄露的必要措施。

6.6　日志审计

为了对云平台上的大量资源进行安全运维和风险控制，需要在云平台前部署日志审计系统，对云平台上的运维操作进行风险控制和会话审计，防止特权人员对虚拟化平台进行破坏，完整记录管理员的登录等各种操作行为，并可实时监控，为事后取证提供依据。

6.6.1 日志审计概述

1. 日志审计概述

（1）日志审计的定义

日志审计是根据一定的规则，核查信息系统中的用户行为日志，发现违规操作（行为）的过程。日志审计作为一种事后安全行为在实施过程中具有一定的周期性。

（2）日志审计的必要性

为了不断应对新的安全挑战，各个中大型企业和组织先后部署了防火墙、UTM、IDS、IPS、漏洞扫描系统、防病毒系统、终端管理系统、WAF、数据库审计系统等，构建起了一道道安全防线。然而，这些安全防线都仅能抵御来自某个方面的安全威胁，形成了一个个"安全防御孤岛"，无法产生协同效应。更为严重的是，这些复杂的 IT 资源及其安全防御设施在运行过程中不断产生大量的安全日志和事件，形成了大量"信息孤岛"。有限的安全管理人员面对这些数量巨大、彼此割裂的安全信息，操作着各种产品控制台界面和告警窗口，显得束手无策，工作效率极低，难以发现真正的安全隐患。

日志审计系统可以对日志进行收集、分析、展现及高效存储，帮助安全管理人员提高工作效率，及时发现问题。

（3）日志审计的事件类型

GB/T 20945—2013《信息安全技术　信息系统安全审计产品技术要求和测试评价方法》中对信息系统安全审计产品的设计、开发、测试和评价提出了相关要求。其中指出，事件审计的类型主要包括主机事件审计、网络事件审计、数据库事件审计和应用系统事件审计等。

1）主机事件审计型信息系统安全审计产品应该能够审计以下事件：主机启动和关闭、操作系统日志、网络连接、软硬件配置变更、外围设备使用、文件使用和其他事件等。

2）网络事件审计型信息系统安全审计产品应该能够审计以下事件：FTP 通信、HTTP 通信、SMTP/POP3 通信、Telnet 通信和其他网络协议通信。

3）数据库事件审计型信息系统安全审计产品应该能够审计以下事件：数据库用户操作，包括用户登录鉴别、切换用户、用户授权等；数据库数据操作，包括数据的增加、删除、修改、查询等；数据库结构操作，包括新建、删除数据库或数据表等。

4）应用系统事件审计型信息系统安全审计产品应该能够审计以下事件：用户登录、注销；用户访问应用系统提供的服务；用户管理应用系统；应用系统出现系统资源超负荷或服务瘫痪等异常；应用系统遭到 DoS、SQL 注入、XSS 等攻击；其他应用系统事件。

2. 云计算中源于各种目的的审计

（1）日志审计的需求来源

日志审计需求主要源自两个方面：一方面是从企业和组织自身安全角度产生的需求；另一方面是从国家法律法规和行业标准规范的要求角度产生的需求。

例如，国内《企业内部控制基本规范》第四十一条明确规定，企业应当加强对信息系统开发与维护、访问与变更、数据输入与输出、文件存储与保管、网络安全等方面的控制，保证信息系统安全稳定运行。美国《萨班斯法案》（也称《SOX 法案》）明确规定，外部审计人员必须检查和证实一个公司内部财务控制的有效性，这其中就包括信息系统的可靠性。根据该法案的审计要求，相关企业必须对信息系统的日志信息以及操作明细进行有效的保存，为外部审计人员对企业的合规性审计提供依据。

《中华人民共和国网络安全法》第二十一条（三）规定，采取监测、记录网络运行状态、网络安全事件的技术措施，并按照规定留存相关的网络日志不少于六个月；GB/T 22239—2019《信息安全技术　网络安全等级保护基本要求》中，对于二级以上信息系统，在网络安全、主机安全和应用安全等基本要求中明确要求进行安全审计；《商业银行内部控制指引》（2007）第一百二十六条规定，商业银行的网络设备、操作系统、数据库系统、应用程序等均当设置必要的日志，日志应当能够满足各类内部和外部审计的需要。

（2）云计算中的审计需求

云服务的客户和供应商都需要遵从众多监管条例的合规约束，审计是证明（或反驳）合规性的关键工具。云计算中的审计需求主要源于以下几个方面。

1）针对云服务商的第三方安全审计，代表租户监督云服务商保证履行安全承诺。

2）云服务商根据自身安全需要对云计算管理员进行运维审计。

3）租户对自己的管理员进行运维审计。

4）租户对自己的信息系统用户进行审计。

云平台中的安全监视和日志审计活动要满足以下要求。

1）确保对特权人员权限的监视和日志记录。

2）要确保对涉及收费问题的任何操作的监视和日志记录。

3）日志应定期进行审计，重要网络日志的存放周期应不低于六个月。

4）安全监视记录和日志应保证完整、可信，不得篡改。

6.6.2　日志审计系统

日志审计系统作为信息系统的综合性管理平台，通过对网络设备、安全设备、主机和应用系统日志进行全面的标准化处理，及时发现各种安全威胁、异常行为事件，为管理人员提供全局的视角，确保业务的不间断安全运营。

1. 日志审计系统的功能

日志审计系统提供的功能主要有以下几个方面。

- 全面日志采集：全面支持 Syslog、SNMP、IPSec、XML、FTP 及本地文件等协议，可以覆盖主流硬件设备、主机及应用，保障日志信息的全面收集。实现信息资产（网络设备、安全设备、主机、应用及数据库）的日志获取，并通过预置的解析规则实现日志的解析、过滤及聚合，同时可将收集的日志通过转发功能转发到其他网管平台等。
- 数据挖掘和数据预测：支持对历史日志数据进行数据挖掘，发现日志和事件间的潜在关联，并对挖掘结果进行可视化展示。系统自带多种数据统计预测算法，可以根据历史数据的规律对未来的数据情况进行有效预测。
- 可视化展示：实现所监控信息资产的实时监控、信息资产与客户管理、解析规则与关联规则的定义与分发、日志信息的统计与报表、海量日志的存储与快速检索以及平台的管理。通过各种事件的归一化处理，实现高性能的海量事件存储和检索优化功能，提供高速的事件检索能力、事后的合规性统计分析处理，可对数据进行二次挖掘。
- 智能关联分析：实现全维度、跨设备、细粒度关联分析，内置众多的关联规则，支持网络安全攻防检测、合规性检测，用户可轻松实现各资产间的关联分析。

2. 日志审计系统的价值

日志审计系统给组织带来的价值主要体现在以下几个方面。

- 统一日志采集：对不同日志源（主机系统、网络设备、安全设备、应用中间件、数据库等）所产生的日志进行收集，实现日志的集中管理和存储。支持解析任意格式、任意来源的日志，将解析规则标准化，使用无代理的方式收集日志，支持代理方式的日志收集。

- 追踪溯源，便于事后追查原因与界定责任：深入分析原始日志事件，快速定位问题的根本原因；达到很好的审计监控目的，从而有效进行责任认定。
- 监管合规：越来越多的组织面临一种或者几种合规性要求，安全审计系统有助于完善组织的 IT 内控与审计体系，提供 Windows 审计、Linux 审计、PCI-DSS、SOX、ISO 27001 等合规性报表，从而满足各种合规性要求，并且使组织能够顺利通过 IT 审计。
- 关联分析：预置多种事件关联规则，定位外部威胁、黑客攻击、内部违规操作、设备异常，关联规则定义简单灵活。
- 实时告警：通过邮件、短信、声音对发生的告警进行及时通知，并可通过接口调用自动运行程序或脚本；通过告警策略定义，对各类风险和事件进行及时告警或预警，提升运维效率。

3. 日志审计系统的实现

日志审计系统通常由若干个采集器（硬件、AGENT）、通信服务器、关联引擎和管理中心等组成，其基本结构如图 6-10 所示。

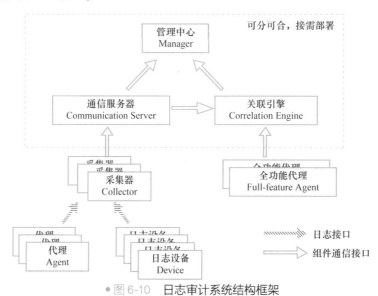

• 图 6-10　日志审计系统结构框架

（1）采集器

采集器是整个综合日志审计系统中非常重要的一个部分，主要完成日志采集、日志过滤、事件聚合、日志转发、日志解析（日志标准化）和日志缓存等任务。日志采集对象覆盖了主流的网络设备、安全设备、操作系统及各个应用等。日志采集方式支持 Syslog、SNMP Trap 等协议收集标准日志，也可以通过定制化的 Windows Agent 和 Linux Agent 收集 Windows 系统日志、文件日志等非标准日志。

采集器中的 Agent 主要完成非标准设备（不支持 Syslog 和 SNMP Trap）的安全日志采集，Agent 采集到日志信息后，通过 Syslog 发送给采集器。Agent 的主要功能如下。

- Windows 性能监控：通过 Agent 采集操作系统的 CPU、内存、磁盘空间、驱动空间、服务、页面、进程、线程和句柄等信息。
- Linux 性能监控：通过 Agent 采集 CPU、内存、磁盘空间、驱动器、系统负载、僵尸进程、用户数、网络流量和当前所有进程等信息。
- 目录文件发送：通过定义文件类型及目录将目标文件进行发送。
- 日志过滤：通过匹配预置的正则表达式及字符进行过滤，每个匹配条件可设置是否进行过滤的开关。

- 日志发送：将 Agent 采集到的信息以 Syslog 方式发送到采集器，包括地址、端口、编码和检测时间等参数的设置。

采集器中的日志过滤主要是在采集事件的同时对指定的事件进行过滤，并提供过滤规则的灵活定制。它可通过日志等级、攻击源地址、攻击目标地址等字段进行过滤。

采集器中的事件聚合主要是在重复出现过多的日志事件时，在一定时间内根据相关性等规则进行聚合处理，防止出现海量日志事件。

采集器中的日志解析把采集的数据过滤并转化为安全运营管理平台定义的标准数据格式，为进一步的数据整理分析做准备。它支持 Syslog、SNMP Trap 等多种协议类型，支持多种解析方法，如正则表达式、分隔符、MIB（管理信息库）信息映射配置等。

（2）通信服务器

通信服务器完成采集器与平台间的通信，将格式统一后的日志直接写入数据库，同时提交给关联引擎模块进行分析处理，该模块的主要功能是获取采集器的日志信息和日志处理结果。它与其他模块之间的关系如图 6-11 所示。

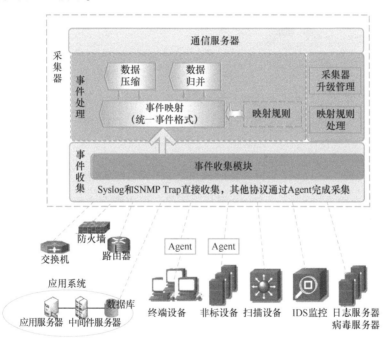

● 图 6-11　通信服务器与其他模块的关系

（3）关联引擎

关联引擎对海量的事件进行分析和处理，确保第一时间对各种存在的安全问题采取措施。它支持对单一资产和跨资产事件进行基于事件因果关系、基于事件安全要素、基于跨协议层的实时关联分析运算，并支持以下元素作为关联分析触发条件：根据攻击源进行信息关联分析、根据攻击目标进行信息关联分析、根据受攻击的设备类型进行关联分析、根据受攻击的操作系统类型及版本信息进行关联分析、根据安全事件类型进行关联分析、根据特定时间要求和用户策略进行横向事后关联分析。

6.6.3　基于云的日志审计

应用上云之后，对访问流量、访问者 IP、访问的文件类型等数据进行分析对管理来说非常重要。

另外，网站应用作为对外的服务窗口，会面临各种各样的用户群体，包括正常的访问者、恶意探测者、恶意攻击者等。为对恶意攻击形成有效反制效果，当发现某些异常的访问行为时，对其进行深度审计，记录服务器返回的内容，便于取证式分析，以及作为案件的取证材料。

1. 基于云的日志审计功能

基于云的日志审计可以通过云日志审计与云堡垒机对客户遇到的各类违规行为和异常操作进行分析和预警，包括对云资源日志和运维操作的审计，及时发现各种安全威胁、异常行为事件，为运维提供全局的视角，一站式提供数据收集、清洗、分析、可视化和告警功能。基于云的日志审计平台体系架构如图 6-12 所示。它提供的核心功能主要如下。

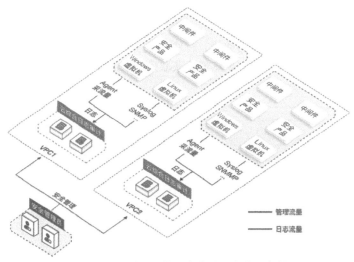

● 图 6-12　基于云的日志审计平台体系架构

- 日志采集：全面支持 Syslog、SNMP 等日志协议，可以覆盖主流安全设备、主机及应用，保障日志信息的全面收集。
- 日志解析：可接收主机、安全设备、应用及数据库的日志，并通过预置的解析规则实现日志的解析、过滤和聚合。
- 关联分析：支持全维度、跨设备、细粒度的关联分析，内置众多的关联规则，支持网络安全攻防检测、合规性检测，客户可轻松实现各资产间的关联分析。
- 数据检索：通过各种事件的归一化处理，实现高性能的海量事件存储和检索优化功能，提供高速的事件检索能力、事后的合规性统计分析处理。

2. 云堡垒机的功能

云堡垒机具备强大的输入输出审计功能，为云平台运维提供完全的审计信息，通过账号管理、身份认证、资源授权、实时监控、操作还原、自定义策略和日志等操作增强审计信息的粒度，广泛适用于需要统一运维安全管理与审计的政府、金融、运营商、公安、能源、税务、工商、社保、交通、卫生、教育和电子商务等云用户。

部署云堡垒后可以实现所有云平台运维人员、云主机、安全设备、云数据库的集中管理。结合云平台防火墙 ACL 访问控制等措施可以确保云堡垒机是所有运维的唯一通道，确保云平台所有运维人员的操作行为能够被完整审计和控制。

云堡垒机将访问控制分成了运维授权、运维策略和用户策略三个部分。

- 运维授权：是指运维用户和资产、应用之间的权限关系，即指定某个运维管理员可以管理那些资产 IP、账号。

- 运维策略：可以为运维管理员可管理的资产实现更加精细化的控制，包括运维来源的 IP 范围、运维时间段的控制及特殊命令的审批、阻断等。
- 用户策略：可对全局的密码策略、登录策略进行控制，也可以对单个账号的登录范围、登录时间、账号有效期进行控制。

云堡垒机可以完整记录运维管理员的运维过程，包括哪个账号通过哪个 IP 地址登录了什么设备、在设备上面做了什么操作、目标设备的返回什么结果等。针对审计日志的分析也具备了一些独特的优势。比如，某云堡垒机产品有以下功能。

1）图形会话支持键盘输入、窗口标题名字、屏幕文字内容的搜索，其中，屏幕文字内容搜索是产品特色功能，可以方便识别查看敏感信息等违规行为。

2）支持强大的文件审计能力，不仅能够对 SFTP、FTP 文件的传输审计，还能够支持远程桌面复制粘贴、Linux 下的 SZ/RZ 命令文件传输审计，而且都能够完整记录原始文件，实现真实取证。

3）提供全局搜索能力，一次性查找出满足查询条件的图形会话、字符会话、文件传输记录、应用发布日志。

4）审计日志的展示可分成左右两部分，左边是对审计日志提取的关键信息，右边是操作的录像过程，如图 6-13 所示。

● 图 6-13 审计日志的展示

3. 日志审计与 SIEM

（1）基于日志分析的 SIEM

初期的日志管理大多以收集 IT 网络资源产生的各种日志、统一存储、以备查询为目的。到了 20 世纪 90 年代末期，出现了安全信息管理（Security Information Management，SIM）和安全事件管理（Security Event Management，SEM）两个技术。这些技术基于日志管理，更多地关注日志采集后的分析、审计、问题发现。2005 年 Gartner 提出了 SIEM（安全信息和事件管理）的概念，首次将 SIM 和 SEM 整合到了一起，强调 SIM 关注于内控，包括特权用户和内部资源访问控制的行为监控、合规性管理；而 SEM 则关注于内外部的威胁行为监控和安全事故应急处理，更偏重于安全本身。

基于日志分析的 SIEM 进行异源日志的全面收集、海量存储，通过强大的分析、搜索引擎，为用户提供多方位、全视角的分析报表，以此来满足 SIEM 的核心管理要求。

（2）Azure 日志管理与 SIEM

Azure 针对每个 Azure 服务生成大量日志记录。这些日志代表三种日志类型。

- 控制/管理日志：提供 Azure 资源管理器创建、更新和删除操作的相关信息。Azure 活动日志是此类日志的示例。

- 数据平面日志：提供使用 Azure 资源时引发事件的相关信息。此日志类型的一个示例是位于 Windows 虚拟机上 Windows 事件查看器的系统、安全和应用程序频道，另一个示例是通过 Azure Monitor 配置的 Azure 诊断日志记录。
- 已处理的事件：提供已处理的已分析事件和警报信息。此类事件的一个示例是 Azure 安全中心警报。Azure 安全中心处理并分析订阅来提供与当前安全状况相关的警报。

Azure 日志集成可用于简化将 Azure 日志与本地 SIEM 系统集成的任务。Azure 日志集成从来自 Azure 资源的 Windows 事件查看器日志、Azure 活动日志、Azure 安全中心警报和 Azure 诊断日志收集 Windows 事件。其工作流程如图 6-14 所示。

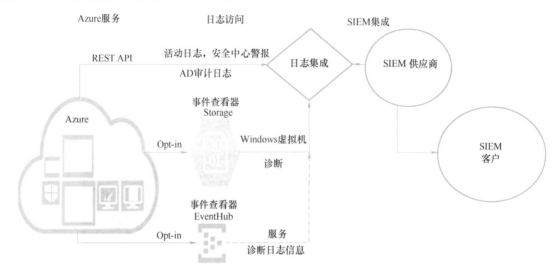

• 图 6-14　Azure 日志集成

Azure Sentinel 是可缩放的云原生 SIEM 和 SOAR（安全业务流程自动响应）解决方案。Azure Sentinel 基于现有的各种 Azure 服务，原生集成了经过证实的基础服务，如日志分析和逻辑应用。Azure Sentinel 在整个企业范围内提供智能安全分析和威胁智能，为警报检测、威胁可见性、主动搜寻和威胁响应提供单一解决方案。其平台框架如图 6-15 所示。

Azure Sentinel 的默认仪表板首先会将所监控的所有日志中所产生的事件、网络峰值等信息按时序展现给用户，并且把从事件所引申出来的威胁警报及案件作为用户最关心的重点展现在首页。Azure Sentinel 关于事件的管理如图 6-16 所示。

这些事件的汇聚及案件中各个事件的关联性，都来自 Azure 平台所赋予的机器学习能力，以及微软安全团队专家在应对每天数以亿计的安

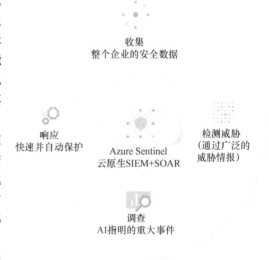

• 图 6-15　Azure Sentinel 框架

全事件中寻找真正威胁所在的经验等，将这个能力转化到 Azure Sentinel 平台上，第一时间即可甄别

出企业与可疑 IP 之间的流量往来、企业内部用户的异常行为等，第一时间帮助用户防御潜在的威胁。

● 图 6-16　Azure Sentinel 事件管理

为了能够赋能用户已有的安全产品及其他监控组件，用户在使用 Azure Sentinel 的第一时间就应当来到 Data Connector 栏，将已有的微软的一方安全产品日志信息及三方的日志信息对接到平台上。

6.7　应急响应

网络安全应急响应系统作为网络安全管理系统不可或缺的组成部分，在检测到网络违规行为后可以迅速在管理网络范围内进行一致化响应，充分协调各种资源共同应对网络安全事件，以防止进一步破坏或者封锁下一波攻击。完善的网络安全体系要求在防护体系之外必须建立应急响应体系。

6.7.1　应急响应概述

1. 应急响应概述

应急响应（Incident Response/Emergency Response）通常是指一个组织为了应对各种突发意外事件的发生所做的准备，以及在事件发生后采取的措施和行动，是网络安全管理的重要内容。

应急响应的目标是采取紧急措施，恢复业务到正常服务状态；调查安全事件发生的原因，避免同类安全事件再次发生；在需要司法机关介入时，提供数字证据等。

《网络安全法》第二十五条要求，在发生危害网络安全的事件时，立即启动应急预案，采取相应的补救措施，并按照规定向有关主管部门报告。云服务商的应急演练计划需要与客户的应急演练计划相协调。在实施应急演练时，出于保密性考虑，客户与云服务商应该根据各自的实际情况分别进行演练；要根据具体情况来决定哪些应急演练信息进行共享。

2. 信息安全事件的分类分级

应急响应的对象是信息安全事件，信息安全事件是指由于人为原因、软硬件缺陷或故障、自然灾害等，对网络和信息系统或者其中的数据造成危害，对社会造成负面影响的事件。

依据《信息安全技术 信息网络攻击事件分类分级指南》（GB/Z 20986—2007），从信息系统重要程度、系统损失和社会影响三个要素进行考虑，将信息安全事件划分为四个级别：特别重大事件、重大事件、较大事件和一般事件；根据信息安全事件发生的原因、表现形式等，将信息安全事件分为有害程序事件、网络攻击事件、信息破坏事件、信息内容安全事件、设备设施故障、灾害性事件和其他信息安全事件七大类。

6.7.2 应急响应步骤

《信息安全技术 信息系统应急响应规范》（GB/T 20988—2007）中提出安全事件应急响应按照准备、检测、抑制、根除、恢复、跟进的步骤完成，如图6-17所示。

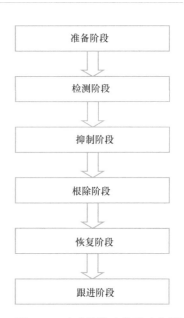

1）准备阶段。准备阶段的目标是确定重要资产和风险，实施针对风险的防护措施；编制和管理应急响应计划。准备阶段还应包括建立安全保障措施、对系统进行安全加固，制订安全事件应急预案，进行应急演练等内容。在这个阶段还要准备相关资源，诸如成立应急响应组织，准备财力资源、物质资源、技术资源和社会关系资源等。

2）检测阶段。检测阶段的目标是检测并确认事件的发生，确定事件的类型和等级。检测阶段是应急响应全过程中最重要的阶段，在这个阶段需要系统维护人员使用初级检测技术进行检测，确定系统是否出现异常。主要的工作内容有进行监测、报告及信息收集，确定事件类型和级别，评估事件的影响范围，指定事件处理人，进行初步响应，进行事件通告（诸如信息通报、信息上报、信息披露等）。

● 图6-17 安全事件应急响应步骤

3）抑制阶段。抑制阶段是对攻击所影响的范围、程度进行遏制，通过各种方法控制、阻断、转移安全攻击。抑制阶段主要是针对前面检测阶段发现的攻击特征，比如攻击利用的端口和服务、攻击源、攻击利用的系统漏洞等，采取针对性的安全补救工作，以防止攻击进一步加深和扩大。主要的工作内容有启动应急响应计划、确定适当的响应方式、实施遏制行动（如物理遏制、网络遏制、主机遏制、应用遏制等）、要求用户按应急行为规范要求配合遏制工作。云计算的虚拟化技术和云平台的弹性可扩展，使得云环境比非云环境更能有效地对安全事件进行遏制和恢复。

4）根除阶段。根除阶段的目标是避免问题再次发生的长期修复。主要的工作内容有详细分析、确定原因，实施根除措施、修复漏洞，实施替代措施、消除隐患等。

5）恢复阶段。恢复阶段的目标是把受影响系统、设备、软件和应用服务还原到正常的工作状态。主要的工作内容有根据破坏程度决定是在原系统还是备份系统中恢复，按恢复优先顺序恢复系统和业务运行，按照业务允许的恢复指标进行等。

6）跟进阶段。跟进阶段的目标是回顾并汇总所发生事件的相关信息。跟进阶段是应急响应的最后一个阶段，主要是对抑制或根除的效果进行审计，确认系统没有被再次入侵。这个阶段的主要工作内容有关注系统恢复以后的安全状况并记录跟踪结果，评估损失、响应措施效果，分析和总结经验教训，重新评估和改进安全策略、措施和应急响应计划，对进入司法程序的事件进行进一步调查、打击违法犯罪活动，编制并提交应急响应报告、进行应急经验分享，更新组织的安全基线等。

6.7.3　应急响应活动

紧急事件主要包括病毒和蠕虫事件、黑客入侵事件、误操作或设备故障事件等，但通常在事件爆发初始很难界定具体是什么事件。通常根据安全威胁事件的影响程度来分类。

- 单点损害：只造成独立个体的不可用，安全威胁事件影响弱。
- 局部损害：造成某一系统或一个局部网络不可用，安全威胁事件影响较高。
- 整体损害：造成整个网络系统不可用，安全威胁事件影响高。

当入侵或者破坏发生时，对应的处理方法主要原则是首先保护或恢复计算机、网络服务的正常工作，然后再对入侵者进行追查。因此对于紧急事件的响应服务主要包括准备、识别事件（判定安全事件类型）、抑制（缩小事件的影响范围）、解决问题、恢复以及后续跟踪。

应急响应活动的组织可以按照图 6-18 所示来实施。

1. 准备工作

1）建立客户事件档案。

2）与客户就故障级别进行定义。

3）准备安全事件紧急响应服务相关资源。

4）为一个突发事件的处理取得管理方面的支持。

5）组建事件处理队伍。

6）提供易实现的初步报告。

7）制订一个紧急备用方案。

8）与管理员保持联系。

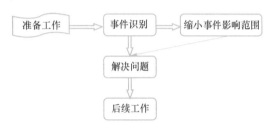

● 图 6-18　应急响应流程图

2. 事件识别

1）在指定时间内指派安全服务小组去负责此事件。

2）事件抄送专家小组。

3）初步评估，确定事件来源。

4）注意保护可追查的线索，如立即对日志、数据进行备份。

5）联系客户系统的相关服务商或厂商。

3. 缩小事件的影响范围

1）确定系统继续运行的风险如何，决定是否关闭系统及其他措施。

2）客户相关工作人员与服务商相关工作人员保持联系、协商。

3）根据需求制订相应的应急措施。

4. 解决问题

1）事件的起因分析。

2）事后取证追查。

3）后门检查。

4）漏洞分析。

5）提供解决方案。

6）结果提交专家小组审核。

5. 后续工作

1）检查是否所有的服务都已经恢复。
2）攻击者所利用的漏洞是否已经解决。
3）发生的原因是否已经处理。
4）生成应急响应报告。
5）拟定事件记录和跟踪报告。

6.8 电子取证

电子取证就是为了重建数字犯罪过程，或者预测并杜绝有预谋的破坏性未授权行为，通过使用科学、已证实的理论和方法，对源于数字设备等资源的电子证据进行保存、收集、确认、识别、分析、解释、归档和陈述等活动的过程。

6.8.1 电子取证概述

电子证据是指在计算机、网络、手机等数字设备的运行过程中形成，以数字技术为基础，能够反映数字设备运行状态、活动以及具体思想内容等事实的各类数字数据或信息，如文本、图形、图像、动画、音频及视频，系统日志、防火墙与入侵检测系统的工作记录，反病毒软件日志、系统审计记录、网络监控流量、电子邮件、操作系统文件、数据库文件和操作记录、软件设置参数和文件、完成特定功能的脚本文件、Web 浏览器数据缓冲、历史记录或会话日志，实时聊天记录等。

电子取证主要包括获取证据、鉴定证据、分析证据、追踪证据和归档证据五个步骤。

（1）获取证据

数字取证时，第一件要做的事是冻结计算机系统，不给犯罪分子提供破坏证据的机会，避免发生任何更改系统设置、损坏硬件、破坏数据或病毒感染的情况，尽量避免直接检查原始的存储介质。计算机取证时，应优先提取内存信息证据。

收集一切可能通过合法手段获得的电子证据。用磁盘镜像工具对目标系统磁盘驱动中的所有数据进行字符流的镜像备份；用取证工具收集相关的电子证据，对系统的日期和时间进行记录归档；记录系统的硬件配置，把各硬件之间的连接情况记录在案，以便计算机系统移到安全的地方保存和分析的时候能重新恢复到初始的状态。对计算机的操作情况要记录归档，对关键的证据数据要用光盘备份，有条件的可以直接将电子证据打印成文件证据。

电子证据可能被不留痕迹地修改或破坏，因此需要用适当的存储介质进行原始的镜像备份。对获取的电子证据采用安全措施进行保护，非相关人员不准操作存放电子证据的计算机，不轻易删除或修改与证据有关的文件，以免造成有价值的证据文件永久丢失。

（2）鉴定证据

计算机证据的鉴定主要是解决证据的完整性验证问题。证明所收集到的证据没有被修改过是一件非常困难的事，可以通过证据监督链、时间戳、电子指纹等相关技术对证据的完整性进行验证。

（3）分析证据

证据分析是数字取证的核心部分。必须在海量的数据中区分哪些是电子证据，哪些是垃圾数据。可根据系统的破坏程度确定哪些是主要的电子证据，这些记录存在哪里、是怎样存储的。由于原始的电子证据存放在磁盘等介质里，具有不可见性，所以需要借助计算机的辅助程序来查看。对电子证据进行分析并得出结果报告是电子证据在法庭上展示出来，作为起诉计算机犯罪者的犯罪证据的重要过程。证据分析需要很深的专业知识，应由专业的取证专家来进行，分析可疑的硬盘分区表、系统日志等。取证专家完成电子证据的分析后应给出专家证明。

（4）追踪证据

对于在取证期间犯罪还在不断进行的计算机系统，采用入侵检测系统对网络攻击进行监测是十分必要的。也可以采用相关的设备或设置陷阱来跟踪、捕捉犯罪嫌疑人。

（5）归档证据

在电子取证的归档阶段，应整理取证分析的结果供法庭作为诉讼证据。主要对涉及计算机犯罪的日期和时间、硬盘的分区情况、操作系统和版本、运行取证工具时数据和操作系统的完整性、计算机病毒评估情况、文件种类、软件许可证以及取证专家对电子证据的分析结果和评估报告等进行归档处理。尤其值得注意的是，在处理电子证据的过程中，为保证证据的可信度，必须对各个步骤的情况进行归档，以使证据经得起法庭的质询。

6.8.2　云上的电子取证

云取证是电子取证的子集，基于特定方法调查云环境。特定于云计算的取证问题主要涉及管辖权、多租户和对云服务商的依赖这几方面。

在多租户环境中可能访问到其他客户的数据，为了安全起见，供应商不愿允许客户访问自己的硬件；即使在私有云中，取证也非常困难。在云环境中，客户可能无法和在自己的环境中一样申请或使用电子取证工具。为了保证客户在云计算环境下的数据安全，云服务商为云租户提供了数据加密服务，这也加大了证据分析的难度。由于云平台数据分布式存储的特性，这些资源被分布在不同的地理位置，在调查取证时会涉及不同地域或跨境法规的困境。

此外，客户可能没有能力或管理权限去搜索或访问托管在云中的数据。例如，客户可以立即访问在自己服务器上的员工电子邮件账户，但不具备访问托管在云中的员工电子邮件账户的能力。

因此，客户需要考虑通过协商或补充云服务协议来消除这种风险。供应商和客户最好从合作开始就考虑数字取证所导致的复杂度并在服务等级协议中说明，以保障他们的共同利益。

云上的电子取证在证据的发现、固定、提取、处理和分析等各个阶段都需要充分考虑云计算环境的特殊性，并针对其特点采取相适应的工具与技术，或者综合利用各类工具和技术，既要在细节上缜密考虑，又要使环节处理依规合法，逐步地将取证工作从传统的推理方式转变到能有效适应云计算环境并兼具高效证据提取和复杂数据挖掘能力的新型取证方式。

6.9　本章小结

本章从安全运维概念出发，介绍了安全运维模型与安全运维体系的组成；基于云计算的业务场景分析了云安全运维的主要内容。本章重点从资产管理、变更管理、安全配置、漏洞扫描、日志审计、应急响应和电子取证等方面介绍了安全运维的基本概念、技术体系与最佳实践。

习题

1. 安全运维的定义是什么？信息系统安全运维模型里安全运维与运维安全的思想分别是什么？两者有何区别？

2. ISO 27001 中定义的信息资产类别有哪些？IT 资产管理的作用价值有哪些？IT 资产管理

平台功能框架组成是什么样的？

   3. 主机服务器、虚拟机和网络安全配置与加固的最佳实践方案分别是什么？

   4. 补丁管理生命周期有哪几个环节？补丁管理流程是什么？

   5. 漏洞的定义和分类方法是什么？漏洞扫描的技术实现主要有哪些？

   6. 云上的日志审计需要体现在哪些方面？日志审计平台的价值有哪些？

   7. 应急响应流程包括哪些环节？应急响应活动应该如何组织？

   8. 电子取证流程是怎么样的？云上的电子取证面临的挑战有哪些？

参考文献

[1] 朱胜涛，温哲，位华，等. 注册信息安全专业人员培训教材 [M]. 北京：北京师范大学出版社，2019.

[2] 布赖恩·奥哈拉，本·马里索乌，等. CCSP 官方学习指南 [M]. 栾浩，译. 北京：清华大学出版社，2018.

[3] 张剑. 信息系统安全运维 [M]. 成都：电子科技大学出版社，2016.

[4] 周凯. 云安全：安全即服务 [M]. 北京：机械工业出版社，2020.

[5] 陈驰，于晶，马红霞. 云计算安全 [M]. 北京：电子工业出版社，2020.

[6] 江雷，任卫红，袁静，等. 美国 FedRAMP 对我国等级保护工作的启示 [J]. 信息安全与通信保密，2015，(8)：73-77.

[7] 高运，伏晓，骆斌. 云取证综述 [J]. 计算机应用研究，2016，(1)：1-6.

[8] 许兰川，卢建明，王新宇，等. 云计算环境下的电子取证：挑战及对策 [J]. 刑事技术，2017，(42)：151-156.

[9] 阿里云补丁管理. [EB/OL]. [2021-09-10]. https：//cn. aliyun. com/product/vipaegis.

[10] ManageEngine 桌面管理 [EB/OL]. [2021-09-10]. https：//www. manageengine. cn/products/desktop-central/help/introduction/what-is-desktop-central. html.

第7章 云安全服务

学习目标：

- 了解云计算自服务的内容。
- 掌握云安全增值服务的表现形式。
- 了解云安全服务的基本能力要求。
- 掌握云安全即服务的内涵。
- 掌握常见的云安全服务业务内容。

伴随着云计算、大数据的兴起，以服务为中心的交付模式广泛应用，云服务商开始为客户提供全方面的关于系统、网络、租户、应用等安全的各项服务。根据拟迁移到云计算平台上的政务信息、业务的敏感度及安全需求的不同，对云服务商应具备的安全能力也相应地提出了具体要求。通过渗透测试、系统加固、安全评估、性能测试、等级测评、安全监测和规划咨询等服务形式，从技术和管理两方面来保障云安全。

7.1 云安全服务概述

基于云计算技术提供的安全服务有两层含义：一是云服务商直接面向云租户提供的安全服务；二是云服务商将安全厂商服务通过云计算平台面向云租户提供的安全服务。

7.1.1 云计算自服务

美国国家标准与技术研究院（NIST）定义了云计算的五个特征：按需自助服务、广泛的网络连接、资源共享、快速伸缩性或扩展以及可度量的服务。自服务作为云计算的一个重要特性，大大改变了传统 IT 服务模式，企业云应用商店的建立不仅可以让企业应用分类呈现、构建起统一的门户，还可以支持维护和更新，并自动开通各种应用。云计算服务提供租户自服务门户网站，允许用户自行选择并订阅服务，同时提供租户资源的运行监测服务。

随着云计算部署模式的不同，云计算自服务模式提供的服务也略有不同。在云计算的 SaaS 层，应用的自服务可以让服务商提供应用的完整交付，用户则可以自助使用应用；在 PaaS 层，环境的自服务可以让服务商提供应用运行环境，用户则可以自动提交代码；在 IaaS 层，资源的自服务可以让服务商提供资源，用户则自助创建、使用和运维资源。

7.1.2 云安全增值服务

云安全的基本服务一般包括身份认证、访问控制、密钥管理、审计追踪和备份冗余等。其内容如图 7-1 所示。

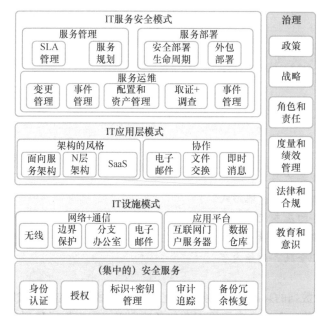

● 图 7-1　云计算中的基本安全服务

云安全增值服务根据服务内容不同可分为弹性容量服务、云安全服务、云安全运维服务和业务提升专业服务等。如图 7-2 所示，云安全增值服务包括等保合规服务、信息安全风险评估服务、综合审计服务、SSL VPN 服务、防恶意程序、网页防篡改服务、漏洞扫描服务、渗透测试服务、Web 应用防护服务、抗 DDoS、入侵防护、数据脱敏与加密和安全管理制度体系建设等。

● 图 7-2　云计算中的增值安全服务

（1）阿里云安全增值服务

阿里云产品与服务可在图 7-3 所示的官网进行查询和了解，阿里云的增值服务涉及弹性计算、存储、数据库、大数据、人工智能、网络与 CDN、视频服务、容器与中间件、网络安全、开发与运维、物联网 IoT 和混合云等内容。

● 图 7-3　阿里云产品与服务

　　阿里云安全增值服务如图 7-4 和图 7-5 所示，其大体分为安全服务、身份管理、数据安全和业务安全四大类。

● 图 7-4　阿里云安全服务内容（一）

　　安全服务包括安全管家、渗透测试、应急响应、代码审计、云安全产品托管、安全众测、安全培训、安全加固、等保咨询、安全评估和 PCI DSS 合规查询等；身份管理包括终端访问控制系统、访问控制、应用身份服务（IDaaS）等；数据安全包括数据库审计、加密服务、密钥管理服务等；

业务安全包括内容安全、风险识别、爬虫风险管理等。

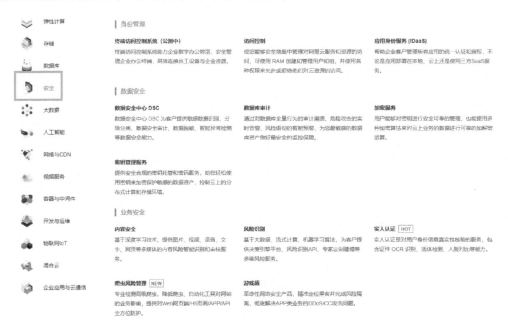

● 图 7-5　阿里云安全服务内容 （二）

(2) 腾讯云安全增值服务

腾讯云服务可在图 7-6 所示的官网进行查询和了解。

● 图 7-6　腾讯云服务

腾讯云安全增值服务主要包括 DDoS 防护、数据安全审计、注册保护、敏感数据处理、高级威胁检测系统、反病毒引擎、密码管理系统、Web 应用防火墙、云加密机、高级威胁追溯系统、漏洞扫描服务、移动应用安全、云防火墙和零信任无边界访问控制系统等。

（3）亚马逊云安全增值服务

亚马逊云安全增值服务大体分为身份访问控制与识别、检测、基础设施保护、数据保护、事故响应和合规性等。

7.2　云服务安全能力要求

云服务安全能力要求包括组织与管理要求和技术能力要求，主要涵盖系统开发与供应链安全、系统与通信保护、访问控制、配置管理、维护、应急响应与灾备、审计、风险评估与持续监控、安全组织与人员、物理与环境保护等方面。

7.2.1　云安全服务基本能力要求

《信息安全技术　云计算服务安全能力要求》（GB/T 31168—2014）描述了以社会化方式为特定客户提供云计算服务时云服务商应具备的信息安全技术能力，适用于对政府部门使用的云计算服务进行安全管理，也可供重点行业和其他企事业单位使用云计算服务时参考，还适用于指导云服务商建设安全的云计算平台和提供安全的云计算服务。

标准分为一般要求和增强要求。根据拟迁移到社会化云计算平台上的政府和行业信息、业务的敏感度及安全需求的不同，云服务商应具备的安全能力也各不相同。该标准提出的安全要求分为十类，分别如下。

- 系统开发与供应链安全：云服务商应在开发云计算平台时对其提供充分保护，对为其开发信息系统、组件和服务的开发商提出相应要求，为云计算平台配置足够的资源，并充分考虑信息安全需求。云服务商应确保其下级供应商采取了必要的安全措施。云服务商还应为客户提供与安全措施有关的文档和信息，配合客户完成对信息系统和业务的管理。
- 系统与通信保护：云服务商应在云计算平台的外部边界和内部关键边界上监视、控制和保护网络通信，并采用结构化设计、软件开发技术和软件工程方法有效保护云计算平台的安全性。
- 访问控制：云服务商应严格保护云计算平台的客户数据和用户隐私，在授权信息系统用户及其进程、设备访问云计算平台之前，应对其进行身份标识及鉴别，并限制授权用户可执行的操作和使用的功能。
- 配置管理：云服务商应对云计算平台进行配置管理，在系统生命周期内建立和维护云计算平台（包括硬件、软件、文档等）的基线配置和详细清单，并设置和实现云计算平台中各类产品的安全配置参数。
- 维护：云服务商应定期维护云计算平台设施和软件系统，并对维护所使用的工具、技术、机制以及维护人员进行有效的控制，且做好相关记录。
- 应急响应与灾备：云服务商应为云计算平台制订应急响应计划，并定期演练，确保在紧急情况下重要信息资源的可用性。云服务商应建立事件处理计划，包括对事件的预防、检测、分析、控制、恢复等，对事件进行跟踪、记录并向相关人员报告。云服务商应具备灾难恢复能力，建立必要的备份设施，确保客户业务可持续。

- 审计：云服务商应根据安全需求和客户要求，制订可审计事件清单，明确审计记录内容，实施审计并妥善保存审计记录，对审计记录进行定期分析和审查，还应防范对审计记录的未授权访问、篡改和删除行为。
- 风险评估与持续监控：云服务商应定期或在威胁环境发生变化时，对云计算平台进行风险评估，确保云计算平台的安全风险处于可接受水平。云服务商应制订监控目标清单，对目标进行持续安全监控，并在异常和非授权情况发生时发出警报。
- 安全组织与人员：云服务商应确保能够接触客户信息或业务的各类人员（包括供应商人员）上岗时具备履行其信息安全责任的素质和能力，还应在授予相关人员访问权限之前对其进行审查并定期复查，在人员调动或离职时履行安全程序，对于违反信息安全规定的人员进行处罚。
- 物理与环境保护：云服务商应确保机房位于中国境内，机房选址、设计、供电、消防、温湿度控制等符合相关标准的要求。云服务商应对机房进行监控，严格限制各类人员与运行中的云计算平台设备进行物理接触，确需接触的，需通过云服务商的明确授权。

7.2.2 信息安全服务（云计算安全类）基本能力要求

中国信息安全测评中心的信息安全服务（云计算安全类）资质认定是对云计算安全服务提供者的资格状况、技术实力和云计算安全服务实施过程质量保证能力等方面的具体衡量和评价。

信息安全服务（云计算安全类）资质级别的评定，是依据《信息安全服务资质评估准则》和不同级别的信息安全服务资质（云计算安全类）具体要求，在对申请组织的基本资格、技术实力、云计算安全服务能力以及云计算安全服务项目的组织管理水平等方面的评估结果基础上进行综合评定后，由中国信息安全测评中心给予相应的资质级别。

基本能力要求包括组织与管理要求和技术能力要求。

1. 组织与管理要求

组织与管理要求包括必须拥有健全的组织和管理体系，为持续的云计算安全服务提供保障；必须具有专业从事云计算安全服务的队伍和相应的质量保证；与云计算安全服务相关的所有成员要签订保密合同，并遵守有关法律法规。

2. 技术能力要求

技术能力要求包括了解信息系统技术的最新动向，有能力掌握信息系统的最新技术；具有不断的技术更新能力；具有对信息系统面临的安全威胁、存在的安全隐患进行信息收集、识别、分析和提供防范措施的能力；能根据对用户信息系统风险的分析，向用户建议有效的安全保护策略及建立完善的安全管理制度；具有对发生的突发性安全事件进行分析和解决的能力；具有对市场上的信息系统产品进行功能分析，提出安全策略和安全解决方案及安全产品的系统集成能力；具有根据服务业务的需求开发信息系统应用、产品或支持性工具的能力；具有对集成的信息系统进行检测和验证的能力，有能力对信息系统进行有效的维护；有跟踪、了解、掌握、应用国际、国家和行业标准的能力。

7.2.3 信息安全服务（云计算安全类）过程能力要求

云计算安全服务过程能力要求涵盖七个云计算安全服务过程域：云计算安全服务的基础能力、云计算安全服务的设计与部署能力、云计算安全服务的订购能力、云计算安全服务的执行能力、云计算安全服务的交付能力、云计算安全服务过程的保障能力和云计算平台保障自身安全的能力。

1. 云计算安全服务的基础能力

1）应具有提供云计算安全服务的必要基础设施，如云计算平台、安全代理模块、虚拟化安全防护资源和实体安全防护设备等。

2）对于云计算安全服务基础设施，应当进行持续维护，以确保这些设施的可用性，以及设施中安全策略配置的合理性与及时更新。

2. 云计算安全服务的设计与部署能力

1）应针对不同类型的云计算安全服务，设计相应的服务方案，方案应明确服务部署方案、服务流程及预期成果等内容。

2）云计算安全服务的类型通常指云主机安全防护、漏洞扫描、流量清洗/抗 DDos 攻击、网站攻击防护和数据防泄露等服务。

3）对于需要进行额外部署/配置的云计算安全服务，应提供具体的部署方式说明，如云病毒查杀服务是否需要在客户主机上部署代理软件、如何部署、代理软件实现的功能；异常流程检测与清洗服务是否需要通过 DNS 引流等方式将客户流量牵引至云平台中，如何进行相关配置等。

3. 云计算安全服务的订购能力

1）应说明提供自动化订购云计算安全服务的形式，如基于 Web 或智能终端 App 等方式，以及订购系统如何对客户的身份进行认证，订购界面是否包括注册登录界面、订购选项、服务对象范围、服务类型选择等内容。

2）应说明订购过程中如何明确云安全服务的具体形式和内容，如提供客户选择服务类型的选项；应说明订购过程中如何明确云安全服务对象的资产范围，如系统名称、IP 地址范围、涉及端口范围等。

3）服务协议中应明确服务提供方与客户之间的安全责任划分，如明确客户个人数据安全归客户负责，基础硬件及操作系统安全归云服务提供方负责等。

4. 云计算安全服务的执行能力

1）云计算安全服务的连续性保障能力可体现在服务是否设计了合理的服务提供机制、使用了充足的系统资源等，以避免局部故障、外部攻击或突发业务增长等导致的服务不可用。

2）云计算安全服务的弹性扩展能力是指根据任务量的大小动态调配资源的能力，可以依托云架构的可扩展性，也可设计专门的资源分配机制来提供该能力。

3）应具备按照特定时间、特定时长、周期性执行等需要提供安全服务的能力，如仅能在业务闲时进行扫描服务，扫描时长不能连续超过 1 小时，每天扫描一次等定制化服务能力。

4）应提供快速配置高危端口、漏洞库、指纹特征等方法，快速检测、防护高危安全漏洞，避免突发安全事件的扩散。

5. 云计算安全服务的交付能力

1）应明确服务成果交付方式，如电子邮件方式、订购中心直接呈现报表方式、终端 App 推送报表方式等。

2）应说明服务成果交付内容，如资产、漏洞等不同维度的展示情况，包含的字段信息（IP、系统名称、URL、漏洞信息、发现或拦截数量等），整改加固建议等。

6. 云计算安全服务过程的保障能力

1）应具备对云计算安全服务中注册、订购、部署、执行及交付等环节的异常情况监测能力，如注册失败、订购计费异常、执行异常、交付内容缺少数据等情况，明确触发告警的阈值与机制。

2）应说明针对云计算安全服务的应急处理预案是否完善，如是否包含了与供应商的联动应对，针对不同服务中出现的问题设置接口处理人，针对不同级别告警的上报机制与处理时限要求等。

7. 云计算平台保障自身安全的能力

1）云计算平台指提供云计算安全服务的云平台。

2）云计算平台安全技术防护情况通常包含基础网络安全防护、数据防泄露、虚拟化软件与虚拟机安全、业务与内容安全等方面。

3）云计算平台识别并处理安全风险及事件，通常关注云计算平台的安全运营流程设计与实施情况，如针对云平台的安全方案设计、安全开发、安全运维等方面。

7.3 SECaaS 概述

SECaaS（安全即服务）是云计算技术在网络安全领域的应用和拓展，它通过将提升网络安全防护、病毒和恶意代码的检测和处理、网络流量的安全检测和过滤、邮件等应用的安全过滤、网络扫描、Web 等特定应用的安全检测、网络异常流量检测等的资源集群和池化，在不需要自身对安全设施进行维护管理、最小化服务成本、尽量减少业务提供商之间交互的情况下，通过互联网得到便捷、按需、可伸缩的网络安全防护服务。

1. SECaaS 的收益和挑战

SECaaS 给云服务商和用户带来很多益处，它通过灵活的服务提供方式、更好的安全能力和服务效率有效提高业务弹性和连续性，其带来的收益具体表现在以下几个方面。

1）云计算的优势。云计算本身所具有的优势（如降低成本、高可用性、弹性资源等）都适用于 SECaaS。

2）专业的人员和知识供给。当前网络安全领域的专业人才相对整个市场比较匮乏，由于组织成本限制或日常需求的局限性，很难获得组织所需要的网络安全专业人员和专家知识，而 SECaaS 提供商带来了广泛的专业领域知识和人才，较好地解决了当前这种困境。

3）安全信息共享。SECaaS 提供商同时服务多个云租户，这便给云租户之间相互共享安全信息、情报和数据提供了可能性。当一个云租户的应用环境中检测到恶意代码样本时，SECaaS 提供商可以在第一时间将该恶意代码样本添加到云安全服务中心，从而对整个云平台上其他的云租户进行安全预警。

4）灵活的部署模式。SECaaS 本身是基于使用互联网访问和弹性计算的云计算模式来提供服务的，因此它可以很好地支持云迁移和不同云计算业务场景下的部署。

除了上述收益，SECaaS 面临的困境和潜在困境主要体现在云租户的能见度不足、SECaaS 提供商面对各种监管差异时的合规性满足、安全业务迁移到 SECaaS 时实施的挑战、可能面临云服务商锁定的风险等。

2. SECaaS 的业务分类

按照云安全联盟（Cloud Security Alliance，CSA）的分类，SECaaS 的业务类型主要包括身份、授权和访问管理服务，云访问安全代理，Web 安全，电子邮件安全，安全评估，入侵检测和防御，安全信息和事件管理，加密和密钥管理，业务持续性和灾备、分布式拒绝服务防护等。

（1）身份、授权和访问管理服务

随着企业业务的发展，组织规模的持续扩大，需要借助大量应用系统进行日常的运营管理，其中有本地部署的核心系统，也有公有云部署的 SaaS 服务，这就构成了相对复杂的 IT 系统环境，随之而来的问题主要包括登录安全的问题、账号管理的问题以及应用权限管理的问题等。

身份、授权和访问管理服务是一套全面建立和维护数字身份，并提供有效、安全的 IT 资源访问的业务流程和管理手段，可以实现组织信息资产统一的身份认证、授权和身份数据集中管理与审计。它的核心目标是为企业业务的每个用户赋予一个身份，该数字身份一经建立，在用户的整个"访问生命周期"存续期间都应受到良好的维护、调整与监视。

基于云的 IDaaS 为位于企业内部及云端的系统提供身份及访问管理功能。IDaaS 是一个云服务平台，客户使用提供 IDaaS 服务相关功能的产品（如单点登录、智能多因素认证）来实现云时代所需的既安全又高效的身份和访问管理功能。可以简单地认为 IDaaS 是一个提供集统一账户管理（Account）、统一身份认证（Authentication）、统一授权管理（Authorization）、统一应用管理（Application）和统一审计管理（Audit）五项能力于一体的统一身份平台。

（2）云访问安全代理

云访问安全代理（Cloud Access Security Broker，CASB）最早是 2012 年由 Gartner 提出的，它的四大核心功能是可见性、合规性、数据安全和威胁防护。从企业网访问云计算服务时，先经过云访问安全代理而不是直接访问云计算服务器，主要目的是防止数据泄露等。

- 可见性：通过监测云访问流量，CASB 可以帮助安全团队了解哪些员工正在使用云服务以及如何访问云服务，以发现不安全的访问。
- 合规性：许多合规要求需要知道数据存储在哪里以及如何存储，而且除了外部合规，许多企业内部也有对某些特定数据如何存储和处理的规定。有了 CASB，就有了云端数据的可见性，帮助安全团队检测并纠正策略之外的数据存储和使用。
- 数据安全：基于对云端数据状态的可见性，CASB 能够进一步执行数据安全保护。CASB 能够实施以数据为中心的安全策略，以防止基于数据分类、数据发现以及因监控敏感数据访问或提升权限等用户活动而进行有害活动。它通常通过审计、警报、阻止、隔离、删除和只读等控制措施来实施策略。
- 威胁保护：CASB 可以根据登录期间和登录之后观察到的信息来进行 UEBA 识别异常行为、威胁情报、网络沙箱以及恶意软件识别和缓解等各类威胁。

（3）Web 安全

Web 网站是企业与用户、合作伙伴及员工快速、高效的交流平台，但其也容易成为黑客或恶意程序的攻击目标，造成数据损失，网站篡改或其他安全威胁。

Web 安全防护应具备以下能力：Web 安全扫描系统、Web 应用防火墙、网页防篡改系统、数据库审计与风险控制系统等。

Web 安全扫描系统通过漏洞扫描和持续监控来发现网站的安全隐患，全面、深度、准确评估 Web 应用弱点。该系统对 Web 应用进行深度弱点探测，支持 OWASP TOP 10 等主流安全漏洞的自动检测和网页木马、暗链、Webshell 后门的检测，扫描结果通过完整的评估报告方式呈现给用户。它可帮助应用开发者和管理者了解应用系统存在的脆弱性，为改善并提高应用系统安全性提供依据，帮助用户建立安全可靠的 Web 应用服务，并提升抵抗各类 Web 应用攻击的能力，协助用户满足等级保护、内控审计等合规要求。

Web 应用防火墙是集 Web 防护、网页保护、负载均衡、应用交付于一体的 Web 整体安全防护产品。它对网站业务流量进行多维度检测和防护，结合深度机器学习，智能识别恶意请求特征和防御未知威胁，提供截获所有 HTTP 数据或者仅仅满足某些规则的会话审计功能、用来主动或被动控制对 Web 应用的访问控制功能或屏蔽 Web 应用固有弱点、保护 Web 应用编程错误导致的安全隐患等功能，全面避免网站被黑客恶意攻击入侵。

网页防篡改系统主要是针对网站篡改攻击的一套安全防护系统，提供攻击事件的监测功能并防止修改，修改后能够快速自动恢复。它通过文件底层驱动技术，基于轮询检测技术、内嵌技术、事件触发机制等，对 Web 站点目录提供全方位的保护，防止黑客、病毒等对目录中的网页、电子文档、图片、数据库等任何类型的文件进行非法篡改和破坏。

数据库审计与风险控制系统能够对进出核心数据库的访问流量进行数据报文字段级的解析操作，完全还原出操作的细节，并给出详尽的操作返回结果，以可视化的方式将所有的访问都呈现在管理者面前，数据库不再处于不可知、不可控的状态，数据威胁将被迅速发现和响应。

（4）电子邮件安全

电子邮件作为商业交流的主要工具，面临着网络诈骗、勒索软件攻击、机密泄露、信息篡改、假冒地址和垃圾邮件等安全威胁，电子邮件安全的防护需求变得越来越迫切。

针对电子邮件安全的防护措施主要有：通过电子邮件加密保证邮件在传输过程中和存储时都处于密文状态，有效避免因服务器攻击和传输中被窃听、篡改等各种情况导致的邮件泄密；针对接收邮件的客户端本身存在设计缺陷也会造成电子邮件的安全漏洞风险，应尽可能使用独立的软件系统，减少第三方获取邮件数据的可能；或者使用独立的安全邮件客户端，对邮件数据从信息源头上进行加密，全方位避免邮件数据泄露事件；企业因社会工程学攻击而发生数据泄露的可能性是因存在网络漏洞而发生数据泄露的数倍，因此要加强企业员工信息安全意识，在使用电子邮件时保持足够的警惕性。

（5）安全评估

安全评估通过云方式提供对云服务第三方或客户驱动的审核，或对本地部署系统的评估的解决方案。STAR 云安全评估是一个全新而独特的服务，旨在应对与云安全相关的特定问题，是 ISO/IEC 27001 的增强版本。它结合云控制矩阵（Cloud Control Matrix）、成熟度等级评价模型，以及相关法律法规和标准要求，对云计算服务进行全方位的安全评估。

STAR 云安全评估的管控要求极为严格，评估过程采用国际先进的成熟度等级评价模型，涵盖应用和接口安全、审计保证与合规性、业务连续性管理和操作弹性、变更控制和配置管理、数据安全和信息生命周期管理、加密和密钥管理、治理和风险管理、身份识别和访问管理、基础设施和虚拟化安全、安全事件管理、供应链管理、威胁和脆弱性管理等 16 个控制域的全方位安全评估。

通过 STAR 云安全评估，接受认证的公司将能使其潜在客户更深入地了解安全控制水平。STAR 云安全评估带来的收益主要体现在下述几个方面。

1）确保管理层能够掌握全面的信息，从而评估其管理体系是否能够有效达到国际标准与云安全行业的预期。

2）开展定制化的审计工作，反映出如何将公司目标定位于实现云服务的优化。

3）使公司通过外部认证机构的独立评级来证明进展情况和绩效水平。

4）使公司将其业绩表现与同行进行基准比较。

安全评估的技术方法主要有：在本地化或云中部署的传统安全/漏洞评估，如虚拟系统或 SAST、DAST 和 RASP 等应用安全评估技术；通过 API 直接与云服务连接的云平台评估工具来评估部署在云中的资产或评估云配置。

（6）入侵检测和防御

入侵检测系统（Intrusion Detection System，IDS）是对网络中传输的数据进行实时监测，发现其中存在的攻击行为并进行相应响应（报警或根据策略采取措施）的网络安全设备。IDS 是一种主动的安全防护技术，是防火墙的良好补充，也是构建完善信息安全防御体系必不可少的设备。对网络安全管理员来说，IDS 的主要作用是发现并报告系统中未授权或违反安全策略的行为，为网络安全策略的制订提供指导。在实际环境部署的 IDS 一般为分布式结构，关键的主机系统上部署主机 IDS，关键的网络节点上部署网络 IDS，采集的数据统一送到管理中心进行分析。

入侵防御系统（Intrusion Prevention System，IPS）是一种分析网络流量，检测入侵（包括缓冲区溢出攻击、木马、蠕虫等），并通过一定的响应方式实时中止入侵行为，保护企业信息系统和网络架构免受侵害的系统。它是一种主动积极的入侵防范阻止系统，也是一种既能发现又能阻止入侵行为的新安全防御技术。它通过检测发现网络入侵后，能自动丢弃入侵报文或者阻断攻击源，从而从根本上避免攻击行为。入侵防御的主要优势有如下几点。

- 实时阻断攻击：设备采用串联方式部署在网络中，能够在检测到入侵时实时对入侵活动和攻击性网络流量进行拦截，把其对网络的入侵降到最低。
- 深层防护：IPS 能检测报文应用层的内容，还可以对网络数据流重组进行协议分析和检测，并根据攻击类型、策略等来确定哪些流量应该被拦截。
- 全方位防护：IPS 可以提供针对蠕虫、病毒、木马、僵尸网络、间谍软件、Web 攻击、溢出攻击、代码执行、拒绝服务、扫描工具和后门等攻击的防护措施，全方位防御各种攻击，保护网络安全。

（7）安全信息和事件管理

随着网络规模、业务应用的不断增长，以及安全事件的逐渐增加，在网络安全建设方面，用户往往通过部署多台安全设备来实现对信息网络的分域分级保护。通常，网络安全产品多聚焦于安全策略，通过策略缓解网络威胁。但在缺乏有效集中安全管理手段的前提下，部署的多台安全设备总是"孤立"地进行安全检测和控制，这使得系统管理人员无法从全局角度对信息网络的安全状态做到有效监控，更无法实施整网安全策略。

安全信息和事件管理（SIEM）是软件和服务的组合，是安全信息管理（SIM）和安全事件管理（SEM）的融合体。SEM 侧重于实时监控和事件处理，SIM 侧重于历史日志分析和取证。SIEM 为企业和组织中所有 IT 资源产生的安全信息进行统一的实时监控、历史分析，对外部入侵和内部违规、误操作行为进行监控、审计分析、调查取证，并出具各种报表报告，实现 IT 资源合规性管理的目标，同时提升企业和组织的安全运营、威胁管理和应急响应能力。

（8）加密和密钥管理

加密技术用来保护数据在存储和传输（链路加密技术）过程中的安全性。当缺乏对云服务商的有效监督和审计手段时，对云平台中的数据进行加密存储是防范云服务商窃取用户数据的有效手段。

云数据安全方面的加密主要分为客户端的加密和云服务端的加密。云上的加密服务可以提供的任务有：生成、存储、导入、导出、管理加密密钥，包括对称密钥和非对称密钥对；使用对称和非对称算法来加密和解密数据；使用 Hash 函数来计算消息摘要和基于 Hash 的消息认证码；对数据进行数字签名并验证签名。

云服务商可以提供基础加密密钥管理方案来保护基于云的应用开发和服务，密钥管理服务（Key Management Service，KMS）是一款安全管理类服务，可以创建和管理密钥，保护密钥的保密性、完整性和可用性，满足用户多应用多业务的密钥管理需求，满足监管和合规性的要求。KMS 与对象存储、分布式数据库、云硬盘等服务的加密特性无缝集成，方便快捷地管理这些服务所存储数据的加密。

（9）业务连续性和灾备

SECaaS 的业务连续性和灾备保障可以通过双机热备、多副本冗余、数据备份和数据恢复等技术来实现。

- 双机热备：云数据库采用热备架构，物理服务器出现故障后服务完成秒级切换，整个切换过程对应用透明。
- 多副本冗余：云数据库服务器中的数据构建于 RAID 之上，数据备份存储在内容存储上。
- 数据备份：云数据库提供自动备份的机制。用户可以自行选择备份周期，也可以根据自身业务特点随时发起临时备份。
- 数据恢复：支持按备份集和指定时间点的恢复。在大多数场景下，用户可以将 7 天内任意一个时间点的数据恢复到云数据库临时实例上，数据验证无误后即可将数据迁回云数据库主实例，从而完成数据回溯。

(10) 分布式拒绝服务防护

当用户使用外网连接和访问云数据库实例时，可能会遭受 DDoS 攻击。当云安全防护体系认为用户实例正在遭受 DDoS 攻击时，会首先启动流量清洗的功能，如果流量清洗无法抵御攻击或者攻击达到黑洞阈值时，将会进行黑洞处理。

- 流量清洗：只针对外网流入流量进行清洗，处于流量清洗状态的云应用实例可正常访问。
- 黑洞处理：只针对外网流入流量进行黑洞处理，处于黑洞状态的云应用实例不可被外网访问。此时应用程序通常也处于不可用状态。黑洞处理是保证云数据库整体服务可用性的一种手段。

7.4 常见云安全服务

云安全服务和云安全运维在具体实践活动中没有清晰的划分，常见的云安全服务形式有渗透测试、系统加固、安全评估、应用系统上云、性能测试、等级测评、安全监测和规划咨询等内容。

7.4.1 渗透测试

1. 渗透测试概述

渗透测试是对安全情况最客观、最直接的评估方式，主要是模拟黑客的攻击方法对系统和网络进行非破坏性的攻击性测试，目的是侵入系统获取系统控制权并将入侵的过程和细节生成报告给用户，由此证实用户系统所存在的安全威胁和风险，并能及时提醒安全管理员完善安全策略。

渗透测试服务利用目标信息系统的安全弱点模拟真正的黑客入侵攻击方法，以人工渗透为主，以漏洞扫描工具为辅，在保证整个渗透测试过程都在可以控制和调整的范围之内尽可能获取目标信息系统的管理权限及敏感信息。

渗透测试是工具扫描和人工评估的重要补充。工具扫描具有很好的效率和速度，但是存在一定的误报率，不能发现高层次、复杂的安全问题；渗透测试需要投入的人力资源较大、对测试者的专业技能要求很高但是非常准确，可以发现逻辑性更强、更深层次的弱点。

2. 渗透测试服务流程

如图 7-7 所示，渗透测试服务的主要流程如下。

1) 信息收集。信息收集是指渗透实施前尽可能多地获取目标信息系统相关信息，如网站注册信息、共享资源、系统版本信息、已知漏洞及弱口令等。通过对以上信息的收集，发现可利用的安全漏洞，为进一

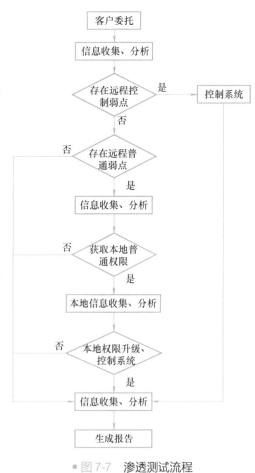

● 图 7-7　渗透测试流程

步对目标信息系统进行渗透入侵提供基础。

2）弱点分析。对收集到的目标信息系统可能存在的可利用安全漏洞或弱点进行分析，并确定渗透方式和步骤，实施渗透测试。

3）获取权限。对目标信息系统渗透成功，获取目标信息系统普通权限。

4）权限提升。当获取目标信息系统普通管理权限后，利用已知提权类漏洞或特殊渗透方式进行本地提权，获取目标系统远程控制权限。

3. 渗透测试的风险规避

渗透测试过程的最大风险在于测试过程中对业务产生影响，为此可采取以下措施来减小风险：在渗透测试中不使用含有拒绝服务的测试策略；渗透测试时间尽量安排在业务量不大的时段或者晚上。

在渗透测试过程中如果出现被渗透系统没有响应的情况，应当立即停止渗透工作，与工作人员一起分析，在确定原因后，等待正确恢复系统，采取必要的预防措施（如调整测试策略等）之后，才可以继续进行。

为防止在渗透测试过程中出现异常情况，所有被渗透系统均应在被渗透之前做一次完整的系统备份或者关闭正在进行的操作，以便在系统发生灾难后及时恢复。

- 操作系统类：制作系统应急盘，对系统信息、注册表、sam 文件、/etc 中的配置文件以及其他含有重要系统配置信息和用户信息的目录和文件进行备份，并确保备份的自身安全。
- 数据库系统类：对数据库系统进行数据转储，并妥善保护好备份数据。同时对数据库系统的配置信息和用户信息进行备份。
- 网络应用系统类：对网络应用服务系统及其配置、用户信息、数据库等进行备份。
- 网络设备类：对网络设备的配置文件进行备份。
- 桌面系统类：备份用户信息、用户文档、电子邮件等信息资料。

7.4.2　系统加固

云安全服务针对源代码、页面以及网站中存在的安全漏洞进行点对点安全修复与加固。云安全服务提供商提供安全加固服务，旨在针对评估中发现的风险确定修补方案，并在安全评估后进行安全加固服务。有紧急需求时，安全服务专家可随时到现场针对信息系统进行安全加固。

1. 安全加固风险与控制措施

安全加固存在以下安全风险。

1）安全加固过程中的误操作。

2）安全加固后造成业务服务性能下降、服务中断。

3）厂家提供的加固补丁和工具可能存在新的漏洞，带来新的风险。

云安全服务提供商采取以下措施来控制和避免上述风险。

1）制订严格的安全加固计划，充分考虑对业务系统的影响，实施过程避开业务高峰时段。

2）严格审核安全加固的流程和规范。

3）严格审核安全加固的各子项内容和加固操作方法、步骤，实施前进行统一的培训。

4）严格要求员工工作纪律和操作规范，实施前进行统一的培训。

5）制订意外事件的紧急处理和恢复流程。

2. 安全加固

安全加固主要从操作系统、应用系统和数据库三个层面考虑。

（1）操作系统

主要从以下方面进行安全加固和优化。

1）安全补丁的选择性安装。

2）最小服务原则的贯彻，禁用不必要的系统服务。

3）最小授权原则的贯彻，细化授权原则。

4）SSH 管理数据加密配置。

5）账号、密码安全策略。

6）文件、目录访问控制。

7）关键系统服务安全配置。

8）安全日志策略。

9）关键服务安全配置。

10）Windows 系统 RPC DCOM 安全配置。

11）Windows 系统注册表安全配置。

（2）应用系统

主要从以下方面进行安全加固和优化。

1）安全补丁的选择性安装。

2）最小服务原则的贯彻，禁用不必要的服务模块。

3）最小授权原则的贯彻，尽量削弱应用系统服务的运行权限。

4）IIS 的安全加固和优化。

5）Tomcat 的安全加固和优化。

6）WebLogic 的安全加固和优化。

7）邮件系统的安全加固和优化。

（3）数据库

主要从以下方面进行安全加固和优化。

1）安全补丁的选择性安装。

2）最小服务原则的贯彻，禁用不必要的服务模块。

3）最小授权原则的贯彻，细化用户访问不同数据库、数据表的授权原则。

4）数据库系统默认账号的禁用或调整。

5）数据库系统账号、密码安全策略。

6）数据库系统认证和审核策略配置。

7）SQL Server 扩展存储过程的调整。

8）SQL Server 注册表访问过程的调整。

9）SQL Server 缓冲区溢出漏洞的安全加固。

10）Oracle 缓冲区溢出隐患的安全加固。

3. 安全加固的基本流程

安全加固的基本流程如图 7-8 所示。加固过程所涉及的工作主要有以下几点。

- 准备工作：仔细分析评估结果，确认加固方案。
- 准备加固工具：操作时要边记录边操作，尽量防止可能出现的误操作。
- 收集系统信息：加固之前收集所有的系统信息和用户服务需求，收集所有应用和服务软件信息，做好加固前预备工作。
- 做好备份工作：系统加固之前，先对系统做完全备份。加固过程可能存在任何不可预见的风险，当加固失败时，可以恢复到加固前状态。
- 加固方案：为保证业务系统的正常运行，加固过程中对业务系统造成的异常情况应降到最

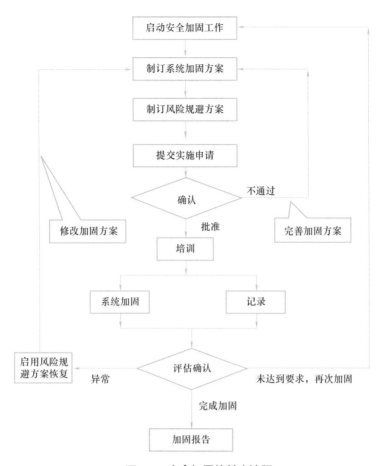

● 图 7-8　安全加固的基本流程

低点，应对加固对象运行的操作系统和应用系统进行调研，制订合理的、复合系统特性的加固方案，并且加固方案应通过可行性论证，得到具体的验证，实施严格按照加固方案所确定内容和步骤进行，确保每一个操作步骤都对在线系统没有损害。

- 加固系统：按照系统加固方案逐项按顺序执行操作。
- 复查配置：对加固后的系统全部复查一次所做加固工作，确保正确无误。
- 应急恢复：当出现不可预料的后果时，首先使用备份恢复系统提供服务，同时及时解决问题。

7.4.3　安全评估

《中华人民共和国网络安全法》第三十八条明确规定：关键信息基础设施的运营者应当自行或者委托网络安全服务机构对其网络的安全性和可能存在的风险每年至少进行一次检测评估，并将检测评估情况和改进措施报送相关负责关键信息基础设施安全保护工作的部门。

安全评估是针对事物潜在影响正常执行其职能的行为产生干扰或者破坏的因素进行识别、评价的过程。它是对一个具有特定功能的工作系统中固有的或潜在的危险及其严重程度所进行的分析与评估，并以既定的指数、等级或概率值做出定量的表示，最后根据定量值的大小决定采取的预防或防护对策。

安全评估的价值主要体现在，它是安全建设的起点和基础、信息安全建设和管理的科学方法、保护网络空间安全的核心要素和重要手段。

风险评估是在国家、行业安全要求的基础上，以被评估系统特定安全要求为目标而开展的风险识别、风险分析、风险评价活动。风险评估常用基于知识分析的评估、定量的风险评估和定性的风险评估来开展。在实际的风险分析活动中，经常采用半定量的风险分析方法，它综合使用定性和定量风险分析技术对风险要素进行赋值，以实现对风险各要素的度量数值化。通常情况下，将威胁可能性等级乘以威胁影响来计算风险值。

风险评估服务依照信息资产价值、弱点被利用的难易程度、威胁的可能性、风险值四个要素对组织的信息系统进行风险评估。风险分析基本流程如图 7-9 所示。

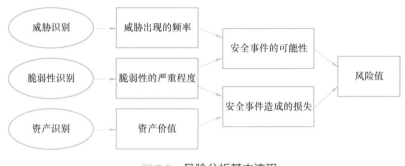

● 图 7-9　风险分析基本流程

风险评估服务主要包括以下几个环节。

- 信息资产的识别和赋值：确定组织信息资产的范围，对信息资产进行识别、分组和分类，并根据其安全特性（机密性、完整性、可用性）进行赋值，建立信息资产列表。
- 威胁评估：对组织的资产引起不期望事件而造成损害的潜在可能性进行分析，包括潜在威胁分析、威胁审计和日志分析，得到对组织信息系统的安全威胁综合分析报告。
- 弱点评估：通过技术检测、实验和审计等方式寻找信息资产中可能存在的弱点，并对弱点的严重性进行估值，包括技术性弱点检测、网络架构和业务流程分析、策略与安全控制审计，得到对组织信息系统的安全弱点综合分析报告。
- 现有安全措施评估：对组织目前已经采取的用于控制风险的技术和管理手段的效果评估，在针对性、有效性、集成特性、标准特性、可管理特性、可规划特性等方面进行评价，得到对组织信息系统的现有安全措施的综合分析报告。
- 综合风险分析：依据前面的评估结果，对组织的信息系统风险进行评价和评级，得到对组织信息系统的安全风险综合评估报告和信息安全现状报告。

7.4.4　应用系统上云

云服务商通过远程方式协助客户将网站数据、应用程序迁移至云服务器，并进行网站基础环境配置，让客户网站的整体上云过程更加简单。

应用系统上云的最大难题在于应用系统和数据的上云。云服务商会充分配合客户完成应用系统和数据的迁移工作，保证客户数据的完整性和安全性。

- 系统环境配置及部署：帮助客户进行云产品的开通、配置以及参数测试。如协助客户对操作系统、环境变量、网络参数进行设置等。
- 应用迁移：针对客户原有系统配置参数进行收集和评估，并基于云资源进行迁移和部署，包括中间件、应用软件的安装、配置及部署。如 Tomcat、Nginx、PHP-fpm、IIS、应用代码等部署服务。

- 数据库迁移：协助客户将常见的数据库系统迁移至云平台，包括 MySQL、Oracle、SQL Server、MongoDB 等，并根据业务需求考虑迁移过程的业务连续性，如全量、增量数据备份及迁移等。
- 网络设置及迁移：根据原有系统的网络拓扑结构在云平台上进行专有网络 VPC、VPN、路由表、ACL（安全组）、防火墙的设置和部署。
- 安全策略设置及迁移：根据业务需求对云服务器 ECS、数据库、网络等层面的安全参数和策略进行设置，如访问控制、端口设置等。
- 文件数据迁移。根据客户需求，协助客户将文件数据迁移至云平台的云磁盘、对象存储等云资源上。

7.4.5 云应用测试

在应用系统和数据上云完成之后，必须进行全面的测试，并形成完整的测试报告。测试工作至少应包括以下几个方面。

1. 功能测试

云服务商协助客户开展功能测试工作，对照开发手册对云端服务的全部功能进行全面测试，通过编制功能测试用例逐项进行测试，对应用系统各功能进行验证。常见的测试方法包括但不限于以下内容。

- 页面链接检查：每一个链接是否都有对应的页面，并且页面之间切换正确。
- 相关性检查：删除/增加一项会不会对其他项产生影响，如果产生影响，这些影响是否都正确检查按钮的功能是否无误，如新建、编辑、删除、关闭、返回、保存和导入等功能。
- 字符类型检查：在应该输入指定类型内容的地方输入其他类型的内容，看系统处理是否正确，如输入标点符号、特殊字符、超长字符串等。
- 搜索检查：在有搜索功能的地方输入系统存在和不存在的内容，看搜索结果是否正确；如果可以输入多个搜索条件，可以同时添加合理和不合理的条件，看系统处理是否正确。
- 上传下载文件检查：上传下载文件的功能是否实现，对文件的校验是否正确等。
- 直接 URL 链接检查：在 Web 系统中，直接输入各功能页面的 URL 地址，看系统如何处理。
- 系统数据检查：这是最重要的功能测试，检查测试数据随业务过程、状态的变化是否保持正确。

2. 性能测试

对应用系统常用的应用场景进行采样，编制各个场景脚本，分别进行独立场景的并发测试和多个场景的综合性能测试，并根据测试结果进行性能调优。性能测试应尽可能满足以下条件。

1）条件允许的情况下，尽量使用不同测试工具或手段分别进行测试，并将结果相互印证，避免单一工具或测试手段自身缺陷影响结果的准确性。

2）查找性能瓶颈的过程为由易到难逐步排查，如服务器硬件及网络瓶颈→应用服务器及中间件操作系统瓶颈（数据库、Web 服务器等参数配置）→应用业务瓶颈（SQL 语句、数据库设计、业务逻辑、算法、数据等）。

3）性能调优过程中不宜对系统的各种参数进行随意的改动，应该以用户配置手册中相关参数设置为基础，逐步根据实际现场环境进行优化，一次只对某个领域进行性能调优（如对 CPU 的使用情况进行分析），并且每次只改动一个设置，避免相关因素互相干扰。

4）调优过程中应仔细进行记录，保留每一步的操作内容及结果，以便比较分析。

5）尽可能在开始前明确调优工作的终止标准。

3. 安全性测试

云端的各种虚拟环境与传统物理环境的差别可能会引入新的安全问题，因此安全性测试也必不可少，关注的安全层面至少应该覆盖网络层、系统层和应用层。安全性测试要在确保测试过程都在可以控制和调整的范围内的前提下尽可能获取目标信息系统的管理权限以及敏感信息，具体步骤可参考 7.4.1 节渗透测试的相关内容。

7.4.6 等级测评

网络安全等级保护测评是对信息和信息载体按照重要性等级分级别进行保护的一种工作。网络安全等级保护要求不同安全等级的信息系统应用具有不同的安全保护能力。网络安全等级测评是验证信息系统是否满足相应安全保护等级的评估过程。

《信息安全技术　网络安全等级保护测评要求》（GB/T 28448—2019）中对云计算安全测评扩展要求的规定主要有下述七个方面。

1. 安全物理环境

主要包括基础设施位置测评单元（L3-PES2-01）。

- 该测评单元的测评指标：应保证云计算基础设施位于中国境内。
- 该测评单元的测评对象：机房管理员、办公场地、机房和平台建设方案。
- 该测评单元的测评实施：应访谈机房管理员云计算服务器、存储设备、网络设备、云管理平台、信息系统等运行业务和承载数据的软硬件是否均位于中国境内；应核查云计算平台建设方案，云计算服务器、存储设备、网络设备、云管理平台、信息系统等运行业务和承载数据的软硬件是否均位于中国境内。

2. 安全通信网络

（1）测评单元（L3-CNS2-01）

- 该测评单元的测评指标：应保证云平台不承载高于其安全保护等级的业务应用系统。
- 该测评单元的测评对象：云计算平台和业务应用系统定级备案材料。
- 该测评单元的测评实施：应核查云计算平台和云计算平台承载的业务应用系统相关定级备案材料，云计算平台安全保护等级是否不低于其承载的业务应用系统安全保护等级。

（2）测评单元（L3-CNS2-02）

- 该测评单元的测评指标：应实现不同云服务客户虚拟网络之间的隔离。
- 该测评单元的测评对象：网络资源隔离措施、综合网管系统和云管理平台。
- 该测评单元的测评实施：应核查云服务客户之间是否采取网络隔离措施、应核查云服务客户之间是否设置并启用网络资源隔离策略、应测试验证不同云服务客户之间的网络隔离措施是否有效。

（3）测评单元（L3-CNS203）

- 该测评单元的测评指标：应具有根据云服务客户业务需求提供通信传输、边界防护、入侵防范等安全机制的能力。
- 该测评单元的测评对象：防火墙、入侵检测系统、入侵保护系统和抗 APT 系统等设备。
- 该测评单元的测评实施：应核查云计算平台是否具备为云服务客户提供通信传输、边界防护、入侵防范等安全防护机制的能力；应核查上述安全防护机制是否满足云服务客户的业务需求。

（4）测评单元（L3-CNS2-04）

- 该测评单元的测评指标：应具有根据云服务客户业务需求自主设置安全策略的能力，包括定义访问路径、选择安全组件、配置安全策略。
- 该测评单元的测评对象：云管理平台、网络管理平台、网络设备和安全访问路径。
- 该测评单元的测评实施：应核查云计算平台是否支持云服务客户自主定义安全策略，包括定义访问路径、选择安全组件、配置安全策略；应核查云服务客户是否能够自主设置安全策略，包括定义访问路径、选择安全组件、配置安全策略。

（5）测评单元（L3-CNS2-05）

- 该测评单元的测评指标：应提供开放接口或开放性安全服务，允许云服务客户接入第三方安全产品或在云计算平台选择第三方安全服务。
- 该测评单元的测评对象：相关开放性接口和安全服务及相关文档。
- 该测评单元的测评实施：应核查接口设计文档或开放性服务技术文档是否符合开放性及安全性要求；应核查云服务客户是否可以接入第三方安全产品或在云计算平台选择第三方安全服务。

3. 安全区域边界

（1）访问控制测评单元（L3-ABS2-01）

- 该测评单元的测评指标：应在虚拟化网络边界部署访问控制机制，并设置访问控制规则。
- 该测评单元的测评对象：访问控制机制、网络边界设备和虚拟化网络边界设备。
- 该测评单元的测评实施：应核查是否在虚拟化网络边界部署访问控制机制，并设置访问控制规则；应核查并测试验证云计算平台和云服务客户业务系统虚拟化网络边界访问控制规则和访问控制策略是否有效；应核查并测试验证云计算平台的网络边界设备或虚拟化网络边界设备安全保障机制、访问控制规则和访问控制策略等是否有效；应核查并测试验证不同云服务客户间访问控制规则和访问控制策略是否有效；应核查并测试验证云服务客户不同安全保护等级业务系统之间访问控制规则和访问控制策略是否有效。

（2）访问控制测评单元（L3-ABS2-02）

- 该测评单元的测评指标：应在不同等级的网络区域边界部署访问控制机制，设置访问控制规则。
- 该测评单元的测评对象：网闸、防火墙、路由器和交换机等提供访问控制功能的设备。
- 该测评单元的测评实施：应核查是否在不同等级的网络区域边界部署访问控制机制，设置访问控制规则；应核查不同安全等级网络区域边界的访问控制规则和访问控制策略是否有效。应测试验证不同安全等级的网络区域间进行非法访问时，是否可以正确拒绝该非法访问。

（3）入侵防范测评单元（L3-ABS203）

- 该测评单元的测评指标：应能检测到云服务客户发起的网络攻击行为，并能记录攻击类型、攻击时间和攻击流量等。
- 该测评单元的测评对象：抗 APT 攻击系统、网络回溯系统、威胁情报检测系统、抗 DDoS 攻击系统和入侵保护系统或相关组件。
- 该测评单元的测评实施包括以下内容。

应核查是否采取了入侵防范措施对网络入侵行为进行防范，如部署抗 APT 攻击系统、网络回溯系统和网络入侵保护系统等入侵防范设备或相关组件。

应核查部署的抗 APT 攻击系统、网络入侵保护系统等入侵防范设备或相关组件的规则库升级方式，核查规则库是否进行及时更新。

应核查部署的抗 APT 攻击系统、网络入侵保护系统等入侵防范设备或相关组件是否具备异常流量、大规模攻击流量、高级持续性攻击的检测功能，以及报警功能和清洗处置功能。

应验证抗 APT 攻击系统、网络入侵保护系统等入侵防范设备或相关组件对异常流量和未知威胁的监控策略是否有效（如模拟产生攻击动作，验证入侵防范设备或相关组件是否能记录攻击类型、攻击时间和攻击流量）。

应验证抗 APT 攻击系统、网络入侵保护系统等入侵防范设备或相关组件对云服务客户网络攻击行为的报警策略是否有效（如模拟产生攻击动作，验证抗 APT 攻击系统或网络入侵保护系统是否能实时报警）。

应核查抗 APT 攻击系统、网络入侵保护系统等入侵防范设备或相关组件是否具有对 SQL 注入、跨站脚本等攻击行为的发现和阻断能力。

应核查抗 APT 攻击系统、网络入侵保护系统等入侵防范设备或相关组件是否能够检测出具有恶意行为、过分占用计算资源和带宽资源等恶意行为的虚拟机。

应核查云管理平台对云服务客户攻击行为的防范措施，核查是否能够对云服务客户的网络攻击行为进行记录，记录应包括攻击类型、攻击时间和攻击流量等内容。

应核查云管理平台或入侵防范设备是否能够对云计算平台内部发起的恶意攻击或恶意外连行为进行限制，核查是否能够对内部行为进行监控。

通过对外攻击发生器伪造对外攻击行为，核查云租户的网络攻击日志，确认是否正确记录相应的攻击行为，攻击行为日志记录是否包含攻击类型、攻击时间、攻击者 IP 和攻击流量规模等内容。

应核查运行虚拟机监控器（VMM）和云管理平台软件的物理主机，确认其安全加固手段是否能够避免或减少虚拟化共享带来的安全漏洞。

（4）入侵防范测评单元（L3-ABS2-04）

- 该测评单元的测评指标：应能检测到对虚拟网络节点的网络攻击行为，并能记录攻击类型、攻击时间和攻击流。
- 该测评单元的测评对象：抗 APT 攻击系统、网络回溯系统、威胁情报检测系统、抗 DDoS 攻击系统和入侵保护系统或相关组件。
- 该测评单元的测评实施：应核查是否部署网络攻击行为检测设备或相关组件对虚拟网络节点的网络攻击行为进行防范，并能记录攻击类型、攻击时间、攻击流量等；应核查网络攻击行为检测设备或相关组件的规则库是否为最新；应测试验证网络攻击行为检测设备或相关组件对异常流量和未知威胁的监控策略是否有效。

（5）入侵防范测评单元（L3-ABS2-05）

- 该测评单元的测评指标：应能检测到虚拟机与宿主机、虚拟机与虚拟机之间的异常流量。
- 该测评单元的测评对象：虚拟机、宿主机、抗 APT 攻击系统、网络回溯系统、威胁情报检测系统、抗 DDoS 攻击系统和入侵保护系统或相关组件。
- 该测评单元的测评实施：应核查是否具备虚拟机与宿主机之间、虚拟机与虚拟机之间的异常流量的检测功能；测试验证对异常流量的监测策略是否有效。

（6）入侵防范测评单元（L3-ABS2-06）

- 该测评单元的测评指标：应在检测到网络攻击行为、异常流量时进行告警。
- 该测评单元的测评对象：虚拟机、宿主机、抗 APT 攻击系统、网络回溯系统、威胁情报检测系统、抗 DDoS 攻击系统和入侵保护系统或相关组件。
- 该测评单元的测评实施：应核查检测到网络攻击行为、异常流量时是否进行告警；应测试验证其对异常流量的监测策略是否有效。

（7）安全审计测评单元（L3-ABS2-07）

- 该测评单元的测评指标：应对云服务商和云服务客户在远程管理时执行的特权命令进行审计，至少包括虚拟机删除、虚拟机重启。
- 该测评单元的测评对象：堡垒机或相关组件。
- 该测评单元的测评实施：应核查云服务商（含第三方运维服务商）和云服务客户在远程管理时执行的远程特权命令是否有相关审计记录；应测试验证云服务商或云服务客户远程删除或重启虚拟机后，是否有产生相应的审计记录。

（8）安全审计测评单元（L3-ABS2-08）
- 该测评单元的测评指标：应保证云服务商对云服务客户系统和数据的操作可被云服务客户审计。
- 该测评单元的测评对象：综合审计系统或相关组件。
- 该测评单元的测评实施：应核查是否能够保证云服务商对云服务客户系统和数据的操作（如增、删、改、查等操作）可被云服务客户审计；应测试验证云服务商对云服务客户系统和数据的操作是否可被云服务客户审计。

4. 安全计算环境

（1）身份鉴别测评单元（L3-CES2-01）
- 该测评单元的测评指标：当远程管理云计算平台中的设备时，管理终端和云计算平台之间应建立双向身份验证。
- 该测评单元的测评对象：管理终端和云计算平台。
- 该测评单元的测评实施：应核查当进行远程管理时是否建立双向身份验证机制；应测试验证上述双向身份验证机制是否有效。

（2）访问控制测评单元（L3CES2-02）
- 该测评单元的测评指标：应保证当虚拟机迁移时，访问控制策略随其迁移。
- 该测评单元的测评对象：虚拟机、虚拟机迁移记录和相关配置。
- 该测评单元的测评实施：应核查虚拟机迁移时访问控制策略是否随之迁移；应测试验证虚拟机迁移后访问控制措施是否随其迁移。

（3）访问控制测评单元（L3-CES2-03）
- 该测评单元的测评指标：应允许云服务客户设置不同虚拟机之间的访问控制策略。
- 该测评单元的测评对象：虚拟机和安全组或相关组件。
- 该测评单元的测评实施：应核查云服务客户是否能够设置不同虚拟机间的访问控制策略；应测试验证上述访问控制策略的有效性。

（4）入侵防范测评单元（L3-CES2-04）
- 该测评单元的测评指标：应能检测虚拟机之间的资源隔离失效，并进行告警。
- 该测评单元的测评对象：云管理平台或相关组件。
- 该测评单元的测评实施：应核查是否能够检测到虚拟机之间的资源隔离失效并进行告警，如 CPU、内存和磁盘资源之间的隔离失效。

（5）入侵防范测评单元（L3-CES2-05）
- 该测评单元的测评指标：应能检测非授权新建虚拟机或者重新启用虚拟机，并进行告警。
- 该测评单元的测评对象：云管理平台或相关组件。
- 该测评单元的测评实施：应核查是否能够检测到非授权新建虚拟机或者重新启用虚拟机，并进行告警。

（6）入侵防范测评单元（L3-CES2-06）
- 该测评单元的测评指标：应能检测恶意代码感染及在虚拟机间蔓延的情况，并进行告警。
- 该测评单元的测评对象：云管理平台或相关组件。

- 该测评单元的测评实施：应核查是否能够检测恶意代码感染及在虚拟机间蔓延的情况，并进行告警。

（7）镜像和快照保护测评单元（L3CKS2-07）

- 该测评单元的测评指标：应针对重要业务系统提供加固的操作系统镜像或操作系统安全加固服务。
- 该测评单元的测评对象：虚拟机镜像文件。
- 该测评单元的测评实施：应核查是否对生成的虚拟机镜像进行必要的加固，如关闭不必要的端口、服务及进行安全加固配置。

（8）镜像和快照保护测评单元（L3-CES2-08）

- 该测评单元的测评指标：应提供虚拟机镜像、快照完整性校验功能，防止虚拟机镜像被恶意篡改。
- 该测评单元的测评对象：云管理平台和虚拟机镜像、快照或相关组件。
- 该测评单元的测评实施：应核查是否对快照功能生成的镜像或快照文件进行完整性校验，是否具有严格的校验记录机制，防止虚拟机镜像或快照被恶意篡改；应测试验证是否能够对镜像、快照进行完整性验证。

（9）镜像和快照保护测评单元（L3-CES2-09）

- 该测评单元的测评指标：应采取密码技术或其他技术手段防止虚拟机镜像、快照中可能存在的敏感资源被非法访问。
- 该测评单元的测评对象：云管理平台和虚拟机镜像、快照或相关组件。
- 该测评单元的测评实施：应核查是否对虚拟机镜像或快照中的敏感资源采用加密、访问控制等技术手段进行保护，防止可能存在的针对快照的非法访问。

（10）数据完整性和保密性测评单元（L3-CES2-10）

- 该测评单元的测评指标：应确保云服务客户数据、用户个人信息等存储于中国境内，如需出境应遵循国家相关规定。
- 该测评单元的测评对象：数据库服务器、数据存储设备和管理文档记录。
- 该测评单元的测评实施：应核查云服务客户数据、用户个人信息所在的服务器及数据存储设备是否位于中国境内；应核查上述数据出境时是否符合国家相关规定。

（11）数据完整性和保密性测评单元（L3-CES2-11）

- 该测评单元的测评指标：应只有在云服务客户授权下，云服务商或第三方才具有云服务客户数据的管理权限。
- 该测评单元的测评对象：云管理平台、数据库、相关授权文档和管理文档。
- 该测评单元的测评实施：应核查云服务客户数据管理权限授权流程、授权方式、授权内容；应核查云计算平台是否具有云服务客户数据的管理权限，如果具有，核查是否有相关授权证明。

（12）数据完整性和保密性测评单元（L3CES2-12）

- 该测评单元的测评指标：应使用校验技术或密码技术保证虚拟机迁移过程中重要数据的完整性，并在检测到完整性受到破坏时采取必要的恢复措施。
- 该测评单元的测评对象：虚拟机。
- 该测评单元的测评实施：应核查在虚拟资源迁移过程中，是否采取校验技术或密码技术等措施保证虚拟资源数据及重要数据的完整性，并在检测到完整性受到破坏时采取必要的恢复措施。

（13）数据完整性和保密性测评单元（L3CES2-13）

- 该测评单元的测评指标：应支持云服务客户部署密钥管理解决方案，保证云服务客户自行实现数据的加解密。
- 该测评单元的测评对象：密钥管理解决方案。
- 该测评单元的测评实施：当云服务客户已部署密钥管理解决方案时，应核查密钥管理解决方案是否能保证云服务客户自行实现数据的加解密过程；应核查云服务商支持云服务客户部署密钥管理解决方案所采取的技术手段或管理措施是否能保证云服务客户自行实现数据的加解密过程。

（14）数据备份恢复测评单元（L3-CES2-14）
- 该测评单元的测评指标：云服务客户应在本地保存其业务数据的备份。
- 该测评单元的测评对象：云管理平台或相关组件。
- 该测评单元的测评实施：应核查是否提供备份措施保证云服务客户可以在本地备份其业务数据。

（15）数据备份恢复测评单元（L3-CES2-15）
- 该测评单元的测评指标：应提供查询云服务客户数据及备份存储位置的能力。
- 该测评单元的测评对象：云管理平台或相关组件。
- 该测评单元的测评实施：应核查云服务商是否为云服务客户提供数据及备份存储位置查询的接口或其他技术、管理手段。

（16）数据备份恢复测评单元（L3CES2-16）
- 该测评单元的测评指标：云服务商的云存储服务应保证云服务客户数据存在若干个可用的副本，各副本之间的内容应保持一致。
- 该测评单元的测评对象：云管理平台、云存储系统或相关组件。
- 该测评单元的测评实施：应核查云服务客户数据副本存储方式，核查是否存在若干个可用的副本；应核查各副本内容是否保持一致。

（17）数据备份恢复测评单元（L3-CES2-17）
- 该测评单元的测评指标：应为云服务客户将业务系统及数据迁移到其他云计算平台和本地系统提供技术手段，并协助完成迁移过程。
- 该测评单元的测评对象：相关技术措施和手段。
- 该测评单元的测评实施：应核查是否有相关技术手段保证云服务客户能够将业务系统及数据迁移到其他云计算平台和本地系统；应核查云服务商是否提供措施、手段或人员协助云服务客户完成迁移过程。

（18）剩余信息保护测评单元（L3-CES2-18）
- 该测评单元的测评指标：应保证虚拟机所使用的内存和存储空间回收时得到完全清除。
- 该测评单元的测评对象：云计算平台。
- 该测评单元的测评实施：应核查虚拟机的内存和存储空间回收时，是否得到完全清除；应核查在迁移或剔除虚拟机后，数据以及备份数据（如镜像文件、快照文件等）是否已清理。

（19）剩余信息保护测评单元（L3-CES2-19）
- 该测评单元的测评指标：云服务客户删除业务应用数据时，云计算平台应将云存储中所有副本删除。
- 该测评单元的测评对象：云存储系统和云计算平台。
- 该测评单元的测评实施：应核查当云服务客户删除业务应用数据时，云存储中所有副本是否被删除。

5. 安全管理中心

(1) 集中管控测评单元（L3-SMC2-01）

- 该测评单元的测评指标：应对物理资源和虚拟资源按照策略做统一管理调度与分配。
- 该测评单元的测评对象：资源调度平台、云管理平台或相关组件。
- 该测评单元的测评实施：应核查是否有资源调度平台等提供资源统一管理调度与分配策略；应核查是否能够按照上述策略对物理资源和虚拟资源做统一管理调度与分配。

(2) 集中管控测评单元（L3-SMC2-02）

- 该测评单元的测评指标：应保证云计算平台管理流量与云服务客户业务流量分离。
- 该测评单元的测评对象：网络架构和云管理平台。
- 该测评单元的测评实施：应核查网络架构和配置策略能否采用带外管理或策略配置等方式实现管理流量和业务流量分离；应测试验证云计算平台管理流量与业务流量是否分离。

(3) 集中管控测评单元（L3-SMC2-03）

- 该测评单元的测评指标：应根据云服务商和云服务客户的职责划分，收集各自控制部分的审计数据并实现各自的集中审计。
- 该测评单元的测评对象：云管理平台、综合审计系统或相关组件。
- 该测评单元的测评实施：应核查是否根据云服务商和云服务客户的职责划分，实现各自控制部分审计数据的收集；应核查云服务商和云服务客户是否能够实现各自的集中审计。

(4) 集中管控测评单元（L3-SMC2-04）

- 该测评单元的测评指标：应根据云服务商和云服务客户的职责划分，实现各自控制部分，包括虚拟化网络、虚拟机、虚拟化安全设备等的运行状况的集中监测。
- 该测评单元的测评对象：云管理平台或相关组件。
- 该测评单元的测评实施：应核查是否根据云服务商和云服务客户的职责划分，实现各自控制部分，包括虚拟化网络、虚拟机、虚拟化安全设备等的运行状况的集中监测。

6. 安全建设管理

(1) 云服务商选择测评单元（L3-CMS2-01）

- 该测评单元的测评指标：应选择安全合规的云服务商，其所提供的云计算平台应为其所承载的业务应用系统提供相应等级的安全保护能力。
- 该测评单元的测评对象：系统建设负责人和服务合同。
- 该测评单元的测评实施：应访谈系统建设负责人是否根据业务系统的安全保护等级选择具有相应等级安全保护能力的云计算平台及云服务商；应核查云服务商提供的相关服务合同是否明确其云计算平台具有与所承载的业务应用系统相应或高于的安全保护能力。

(2) 云服务商选择测评单元（L3-CMS2-02）

- 该测评单元的测评指标：应在服务水平协议中规定云服务的各项服务内容和具体技术指标。
- 该测评单元的测评对象：服务水平协议或服务合同。
- 该测评单元的测评实施：应核查服务水平协议或服务合同是否规定了云服务的各项服务内容和具体技术指标等。

(3) 云服务商选择测评单元（L3-CMS2-03）

- 该测评单元的测评指标：应在服务水平协议中规定云服务商的权限与责任，包括管理范围、职责划分、访问授权、隐私保护、行为准则和违约责任等。
- 该测评单元的测评对象：服务水平协议或服务合同。
- 该测评单元的测评实施：应核查服务水平协议或服务合同中是否规范了安全服务商和云服务供应商的权限与责任，包括管理范围、职责划分、访问授权、隐私保护、行为准则和违约责任等。

（4）云服务商选择测评单元（L3-CMS2-04）

- 该测评单元的测评指标：应在服务水平协议或服务合同中规定服务合约到期时，完整提供云服务客户数据，并承诺相关数据在云计算平台上被清除。
- 该测评单元的测评对象：服务水平协议或服务合同。
- 该测评单元的测评实施：应核查服务水平协议或服务合同是否明确服务合约到期时，云服务商完整提供云服务客户数据，并承诺相关数据在云计算平台上被清除。

（5）云服务商选择测评单元（L3-CMS2-05）

- 该测评单元的测评指标：应与选定的云服务商签署保密协议或服务合同，要求其不得泄露云服务客户数据。
- 该测评单元的测评对象：保密协议或服务合同。
- 该测评单元的测评实施：应核查保密协议或服务合同是否包含对云服务商不得泄露云服务客户数据的规定。

（6）供应链管理（L3CMS2-07）

- 该测评单元的测评指标：应确保供应商的选择符合国家有关规定。
- 该测评单元的测评对象：记录表单类文档。
- 该测评单元的测评实施：应核查云服务商的选择是否符合国家的有关规定。

（7）供应链管理测评单元（L3-CMS2-08）

- 该测评单元的测评指标：应将供应链安全事件信息或威胁信息及时传达到云服务客户。
- 该测评单元的测评对象：供应链安全事件报告或威胁报告。
- 该测评单元的测评实施：应核查供应链安全事件报告或威胁报告是否及时传达到云服务客户，报告是否明确相关事件信息或威胁信息。

（8）供应链管理测评单元（L3CMS2-09）

- 该测评单元的测评指标：应将供应商的重要变更及时传达到云服务客户，并评估变更带来的安全风险，采取措施对风险进行控制。
- 该测评单元的测评对象：供应商重要变更记录、安全风险评估报告和风险预案。
- 该测评单元的测评实施：应核查供应商的重要变更是否及时传达到云服务客户，是否对每次供应商的重要变更都进行风险评估并采取控制措施。

7. 安全运维管理

云计算环境管理测评单元（L3-MMS2-01）具体如下。

- 该测评单元的测评指标：云计算平台的运维地点应位于中国境内，境外对境内云计算平台实施运维操作应遵循国家相关规定。
- 该测评单元的测评对象：运维设备、运维地点、运维记录和相关管理文档。
- 该测评单元的测评实施：应核查运维地点是否位于中国境内，从境外对境内云计算平台实施远程运维操作的行为是否遵循国家相关规定。

7.4.7 安全监测

云计算服务中对租户提供的运行监测服务，其服务内容一般包括安全隐患监测、响应性能监测、数据篡改监测和外部服务监测。下面以安恒信息的云安全监测系统"玄武盾"平台为例进行功能说明。

安恒玄武盾利用网站安全监测技术及 APT 预警平台的 APT 预警技术，对网站进行 7×24 小时安全监控。监控内容包括可用性、木马、篡改、关键字以及 APT 攻击等，并对监测结果进行预警。

安恒信息的"玄武盾"系统基于多年在信息安全领域的经验积累，借力大数据及云计算技术构建了基于大数据的安全监测引擎，为网站的安全基础数据采集、大范围风险评估、威胁情报分析、重大安全事件监测等提供有力的技术支撑和管理决策参考，能够对网站定期进行风险评估，实时进行安全事件监测，并由专家团队对安全风险进行验证确认，对发现的安全事件进行预警、实时告警，提供前沿安全技术与专业团队有机结合的一体化服务。

当互联网中出现了 0day 漏洞或有针对性的攻击事件等威胁时，安全研究团队会对最新的安全问题进行威胁情报分析，并提取出指纹特征，由于日常的指纹检测识别累计了大量的已有指纹数据库，将 0day 的指纹特征在系统中快速匹配，即可形成定向预警，帮助用户建立有效的预警机制。

此外，还会形成网站整体安全态势分析结果，采用多维度的展现方式展示网站安全情况以及安全事件播报等，专家团队也会对安全数据进行定期分析挖掘，形成统计分析报告推送给用户。

1. 网页木马监测

"玄武盾"系统采用特征分析和沙箱行为分析技术对网站进行木马监测，从而快速、准确地发现和定位网页木马，确保在第一时间发现感染的木马并及时消除。

1）特征分析技术。特征分析技术是通过对网页中的恶意脚本链接进行分析，基于链接分析的网页木马检测技术，利用网页中的链接追查出网页木马传播的病毒、木马程序所在位置，从而实现网络中有害程序的准确定位。

2）沙箱行为分析技术。沙箱行为分析技术主要用于网页恶意代码检测之后发现一些可疑代码片段，无法正常理解的编码内容，网页中嵌入的 Flash、ActiveX 等无法分析代码组件的网页木马。针对上述内容，网页木马检测引擎通过构建试验样本，利用各种软件工具结合适当方法采集其代码行为和运行行为的特征，以进程监视技术为核心，结合内核模式下的 API 函数调用拦截技术，通过拦截浏览器激活网页木马所必需的 API 函数来实现检测，并通过拦截报警方式解决可能存在的误报问题，从而实现基于网页行为分析的网页木马检测。

2. 网页篡改监测

"玄武盾"系统通过远程定时监测技术，有效监测网页篡改行为，特别是一些越权篡改、暗链篡改等情形。它针对篡改方式提供篡改截图取证功能，并对疑似篡改的网页进行内容鉴别，及时通告网站责任人并提供处置建议。

网页篡改监测采用 HTML 标签域比对技术实现，监测引擎对网站进行初始化采样并建立篡改监测基准，对基准内容进行泛格式化处理，解析出 HTML 的相关标签作为后续比对的基准。

篡改监测技术的基础是网页变更监测，因此如果将所有的网页变更都认为是篡改将导致大量的误判，为此安恒信息使用了四个级别的监测策略：低度变更、中度变更、高度变更和确认篡改。管理员可自行定义篡改策略，如果检测到网页的 Title 标签变更将视为确认篡改，或定义监测到某特定的关键字即视为确认篡改。

3. 网站可用性监测

网站可用性监测提供三个级别的网站可用性监测功能，从域名解析可用性、网站服务可用性再深入到网站程序可用性的监测，较为全面地实现了网站可用性的监测功能。

（1）域名解析可用性

任何一个解析的域名均有对应的权威 DNS 服务器为其提供域名解析服务，如果提供权威 DNS 信息的域名服务器出现故障或解析出错误的信息，将导致用户无法访问到真实的网站。

"玄武盾"系统通过监测权威服务器的可用性以及权威服务器解析 IP 地址是否与"玄武盾"记录的历史基准一致来判断域名是存否发生安全问题，当检测到故障时会在第一时间向网站管理员发出预警信息及相关建议。

（2）网站服务可用性

网站正常工作时会自动监听指定的 TCP 端口，通常是 TCP 80 端口，且通过 HTTP 协议访问时能获得一个 200 的响应状态码，则说明网站已经正常服务。

云端网站使用独立的云服务器，而且网站页面基本都是静态内容，使用自动监听指定端口获取响应状态码的技术可以很好地跟踪网站的可用性。

（3）网站程序可用性

网站程序可用性主要用于解决虚拟主机环境、复杂应用程序等环境的可用性识别。该功能类似于网上银行系统的预留信息确信技术，采用该技术时监测引擎每隔一段时间就会向监测网站发起 HTTP 请求，并核对响应页面内容是否有预留的文本或数据，若能匹配就认为网站能正常访问。

通过上述三种基于远程监测可用性的技术，能够有效监测域名劫持、DNS 中毒、ISP 线路等原因导致的网站可用性问题，如业务中断、访问延时、不同 ISP 服务质量等，并提供平稳性的图表，直观地表现网站在一定时间段内业务延迟的平稳性情况。此外还可调用部署在全国各地的 32 个监测节点，提供多线路监测技术，使用户对网站的可用性获得更为全面详细的数据，同时能够实现对网站可用性状态与可用性内容两方面的监测，结合状态码与页面内容的可用性监测，提供网站可用性的周密监测服务。

4. 网页关键字监测

"玄武盾"系统采用中文关键词以及语义分析技术对网站进行敏感关键字监测，实现精确的敏感字识别，确保网站内容符合互联网相关规定，避免出现敏感信息以及被监管部门封杀，并防止敏感信息引发的不良舆论传播。

"玄武盾"系统可以灵活识别网站中存在的敏感关键字，有效地解决了关键字中夹杂符号而无法识别的问题。此外，还使用了主辅关键字技术，使关键的告警控制在更为有效的范围之内，用更为合理的关键字监测降低人工二次确认的庞大工作量。

5. APT 攻击监测

APT 攻击具有目标明确、持续、隐蔽，并使用社会工程学、0day 攻击等多种攻击手段组合的特点，传统手段无法有效检测。

安恒信息采用自有云 APT 预警平台，提供 APT 攻击行为的深度检测服务。通过对双向网络流量的深度解析，利用多种解码算法，可以实现 Web、邮件、文件三个维度多个层次的 APT 攻击检测，并通过加权判断技术、静态分析技术、动态检测技术、综合关联分析技术等深入全面发现所有 APT 攻击行为，极大提高了 APT 攻击的检测成功率，减少了误报情况。

（1）针对基于 Web 的 APT 攻击行为

云 APT 攻击预警平台具备业界成熟且全面的 Web 漏洞检测特征库，同时支持其他 Web 检测产品不具备的 WebShell 攻击检测、Web 恶意文件传输检测和 Web 动态行为分析，深入发现所有已知和未知的基于 Web 的 APT 攻击行为。

（2）针对基于邮件的 APT 攻击行为

云 APT 攻击预警平台支持基于 WebMail 的漏洞攻击检测和基于邮件附件的恶意文件传输行为检测，同时还具备基于邮件头欺骗、发件人欺骗、邮件钓鱼、恶意链接等邮件欺骗行为检测，确保发现所有基于邮件的 APT 攻击行为。

（3）针对基于文件的 APT 攻击行为

云 APT 攻击预警平台集成了全面的恶意文件检测特征库、成熟的沙箱检测机制、特有的 shell-code 检测技术，通过多维度提取攻击行为集成大量的 0day 算法，快速有效地发现用户网络中的各种隐藏威胁。

综合上述，对 Web 攻击检测、邮件攻击检测和文件攻击检测捕捉到的信息进行关联分析，直观展示攻击事件的内容和意图，并提供预警及报告，利用数据的关联性进行统一分析和展现，能够更有效地发现真正的 APT 攻击。

6. 钓鱼监测

通过 URL 特征判断以及网站指纹信息比对等技术，对互联网上出现的客户网站钓鱼页面进行探测，发现存在模仿客户网站的钓鱼页面时，能够及时生成告警，经过值守专家人工判断后，将结果报告给相关单位联系人，并会同监管部门对钓鱼网站进行关停处理。

7. 网站漏洞检测

通过大数据漏洞扫描技术，每周对应用系统进行全面的安全漏洞扫描，发现系统存在的各类安全隐患，并持续跟踪漏洞修复情况。具体包括以下类型的漏洞。

1）常见的 Web 应用漏洞，支持 OWASP TOP 10 等主流安全漏洞，以及各种挂马方式的网页木马，如 Iframe、CSS、JS、SWF、ActiveX 等。

2）系统层漏洞，支持 Windows 扫描、Linux 扫描（CentOS、Ubuntu、Debian 等）、类 UNIX 扫描、数据库扫描、路由交换设备扫描和 CVE 漏洞扫描等 30 余种。

3）0day 漏洞以及其他漏洞类型。

7.4.8 规划咨询

用户在上云前希望了解如何选择适合自身业务特点的云产品和配置，并在上云时根据云产品特点及典型使用场景设计符合云特色的软件架构、系统架构等，通过架构设计来提升 IT 架构治理水平，以满足弹性、高可用、高性能等需求。

1）云资源技术选型。云安全服务提供商将通过丰富的经验及配套工具，分析用户 IT 系统特点及参数，兼顾成本、性能、扩展性等，帮助用户选择正确的云产品以及合适的配置。

2）云产品使用咨询。云安全服务提供商针对使用较为复杂的云产品向用户提供咨询和指导，如针对对象存储、大数据计算服务、企业级分布式应用服务等云产品向用户提供使用咨询及编程指导服务。

3）云上 IT 架构设计。云安全服务提供商从应用、数据、网络等多个层面分析用户的 IT 系统，结合用户自身业务特点和云资源的特性，帮助用户对 IT 系统架构进行规划设计，包括对应用系统分布式架构、数据结构架构、网络架构的设计和规划，以实现用户 IT 架构的高可用、高性能等需求。

4）安全架构设计。云安全服务提供商根据用户业务及系统数据特点，对整体系统的安全架构进行设计，将 DDoS 攻击、安全入侵和数据泄露等安全风险降至最低。

5）云上软件架构设计。云安全服务提供商根据用户业务特点进行需求分析、技术选型，并对整体软件系统的架构进行规划设计，结合云产品特性，使软件系统的可用性更强、可扩展性更高。

7.5 本章小结

本章从云安全服务入手，介绍了云计算的安全服务类型、云安全服务的能力要求，并对渗透测试、系统加固、安全评估、性能测试和安全监测等常见的云安全服务进行了深入分析。

习题

1. 云计算安全服务的两层含义分别是什么？
2. 云计算自服务和安全增值服务主要内容有哪些？
3. 云安全服务能力基本要求有哪些？
4. SECaaS 的概念及主要内容有哪些？
5. 渗透测试在云计算业务中的作用和必要性体现在哪里？
6. 云安全评估的主要流程和核心环节是什么？
7. 应用系统上云过程中的安全风险与所需的安全服务内容有哪些？
8. 云上安全监测的主要内容以及所采用的主要技术形式和系统有哪些？

参考文献

[1] 朱胜涛，温哲，位华，等．注册信息安全专业人员培训教材［M］，北京：北京师范大学出版社，2019．
[2] 布赖恩·奥哈拉，本·马里索乌．CCSP 官方学习指南［M］．栾浩，译．北京：清华大学出版社，2018．
[3] 周凯．云安全：安全即服务［M］．北京：机械工业出版社，2020．
[4] 陈驰，于晶，马红霞．云计算安全［M］．北京：电子工业出版社，2020．
[5] 闵京华．信息安全治理的概念、原则和过程［J］．中国信息安全，2011，(7)：70-72．
[6] 周祥生．SECaaS 中的增值业务分析［J］．信息通信技术，2017，(9)：23-28．
[7] 江雷，任卫红，袁静，等．美国 FedRAMP 对我国等级保护工作的启示［J］．信息安全与通信保密，2015，(8)：73-77．
[8] 刘彬芳，刘越男，钟端洋．欧美电子政务云服务安全管理框架及其启示［J］．现代情报，2018，(10)：32-37．
[9] 李少鹏．CASB 入门：可见性、合规、数据安全和威胁保护．［EB/OL］.（2020-03-21）［2021-03-16］．https：//www.dwcon.cn/．
[10] 华为云高分通过公安部安全等保 4 级［Z/OL］.（2018-11-29）［2021-03-16］．https：//bbs.huaweicloud.com/blogs/105665．
[11] 三大云安全工具（CASB、CSPM、CWPP）的使用场景［Z/OL］.（2019-12-04）［2021-03-16］．https：//www.anquanke.com/post/id/194220．

第8章 云安全治理

学习目标：

- 掌握信息安全治理的目标和原则。
- 理解云计算相关法规标准的要求。
- 了解云计算面临的法律风险。
- 掌握常见云计算合规性要求。
- 理解云计算服务安全能力评估方法。
- 理解云计算服务用户数据保护能力的评估。

云计算安全和传统信息安全在安全目标、系统资源类型、基础安全技术方面是相同的，而云计算又有其特有的安全问题，云计算信息安全治理与管理也基本延续了信息安全治理的基本思想和原则，同时又有自己的独特性。本章从云安全相关的法规标准、合规要求和安全认证等方面进行概要介绍。

8.1 信息安全治理与管理

本节以《信息技术 安全技术 信息安全治理》（GB/T 32923—2016）标准与 ISO/IEC 27001系列标准为参考，从信息安全治理的目的、原则、实现和体系等方面来介绍信息安全治理与管理相关的知识。

8.1.1 信息安全治理目的

1. 信息安全的基本目标

信息安全的基本目标主要是满足信息的机密性、完整性和可用性要求。除了满足这三个基本安全要素外，有时还要满足可追溯性、可恢复性和不可抵赖性等要求。

- 机密性：机密性是指个人或团体的信息不被泄露给非授权的用户，只有被验证过的用户才能获得敏感数据，也就是在系统中不能随意公开访问的数据。如果机密性不高，非授权用户就有可能获取到重要数据，导致泄密。为保证机密性，往往将敏感数据进行加密，并将访问权限分配给指定用户。
- 完整性：完整性是指数据不能被未授权用户修改，它要求验证通过的用户访问到的数据是原生数据。
- 可用性：可用性是指系统因遭受攻击等原因受到损害时仍能继续完成工作，并且具备从损害中恢复的能力，从而保证经过授权的用户能及时准确地访问数据。具体包括系统抵抗攻击的能力、检测攻击和评估损失的能力、维持和及时恢复服务能力、根据已获取的攻击信息增强自身抵抗力的能力。

2. 信息安全治理的目的

信息安全治理需要使信息安全目的和战略与业务目的和战略一致，并要求符合法律、法规、规章和合同要求。应通过风险管理途径对安全进行评估、分析和实现，并得到内部控制系统的支持。

治理者最终对组织的决策和绩效负责。在信息安全方面，治理者的关键聚焦点是确保组织的信息安全方法是有效率的、有效果的、可接受的，与业务目的和战略是一致的，并充分考虑到利益相关者的期望。各种利益相关者可能有不同的价值取向和需要。

信息安全治理目的主要有下述三点。

- 战略一致：使信息安全目的和战略与业务目的和战略一致。
- 价值提供：为治理者和利益相关者带来价值。
- 责任承担：确保信息风险得到充分解决。

信息安全治理实现的期望成果如下。

- 可见、可度量：信息安全状态对治理者可见，且可采用某种方式度量安全的程度。
- 敏捷性：信息风险的决策方法敏捷。
- 有回报：信息安全投资高效且有效。
- 满足合规性：符合外部（如法律、法规、规章或合同等）合规要求。

8.1.2 信息安全治理原则

信息安全治理原则为信息安全治理活动提供良好的实践指导。为了确保信息安全的指导和控制能够保障组织实现其期望的业务价值，满足利益相关者的需求，为达成使信息安全与业务目标紧密一致的治理目标并为利益相关者带来价值，信息安全治理的原则主要有下述六项。

原则 1：建立组织范围的信息安全。

信息安全治理应确保信息安全活动在整个组织范围内是全面和集成的。信息安全问题应在整个组织层面的决策中进行处理，应该密切协调涉及物理和逻辑安全的各项活动。为了建立组织范围的安全，应该建立覆盖组织活动的全部范围的信息安全责任制和问责制。

原则 2：采用基于风险的决策方法。

信息安全治理应建立在基于风险的决策基础上，基于风险评估的结果以及组织能够承受和愿意承受的风险程度来决定安全保障程度。高层管理者应审定一个适用其组织的风险管理方法，使其与组织的整体风险管理方法一致并集成到一起，并设定和签署准备接受的风险级别、配备相应的资源，以实现所采用的风险管理方法。

原则 3：确定投资决策的方向。

信息安全治理应建立基于业务产出的信息安全投资战略，使得业务和信息安全要求之间无论短期还是长期都是匹配的。组织高层管理者应将信息安全集成到资本规划和投资控制过程、法律法规合规性审计以及风险管控过程中，从而满足利益相关者不断变化的需求。

原则 4：确保符合内部和外部的要求。

信息安全治理应确保信息安全策略和实践符合所有应遵循的法律法规、规章制度和标准规范，以及内部或外部合规性要求。组织高层管理者应通过自评估或独立审计来满足一致性和合规性要求。

原则 5：营造安全良好的环境。

因为人的行为是支撑信息安全适当级别的基本要素之一，信息安全治理应建立在人员的良好行为基础上，各种利益相关者之间的协调和方向一致非常重要。

除了在安全意识教育和安全技能培训方面的持续努力外，组织高层管理者应建立良好的信息安全文化，还应协调各种利益相关者的活动，以达到信息安全方向上的连贯一致。

原则6：关联业务产出评审绩效。

在约定的信息安全级别下，信息安全治理应确保所采用的信息保护方法和措施适合组织当前和未来的业务需要。除了对安全控制措施效果和效率的评估，组织高层管理者还应从治理角度来评审信息安全绩效，从而将信息安全绩效关联到业务绩效。

8.1.3 信息安全治理实现

信息安全治理过程是组织高层管理者开展信息安全治理活动的过程。这些活动分为评价、指导、监督、沟通和保障，它们之间的关系如图8-1所示。组织高层关联者执行评价、指导、监督、沟通过程来治理信息安全，而保障过程提供关于信息安全治理和其所达到级别的独立和客观意见。

1. 评价

评价活动是基于当前的过程和计划变更，结合当前和预期要达到的安全目标，确定有效达成未来战略目标所需要的最佳调整。

为了执行评价过程，组织高层管理者应确保业务新计划中涵盖了信息安全问题，响应信息安全绩效评价结果，优化并启动所需要的行动。为了推动评价过程，组织高层管理者应确保信息安全充分支持和维护业务目标，向组织管理层提交有显著影响的新的信息安全项目。

2. 指导

组织高层管理者通过指导过程，为需要实现的信息安全目标和战略指明方向，指导所涉及的活动包括资源配置级别的变更、资源的分配、活动优先级的确认，以及策略、重大风险的接受和风险管理计划的批准等。

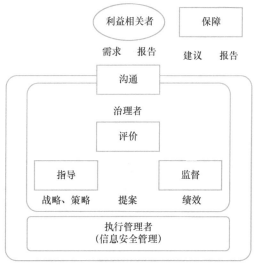

● 图8-1　信息安全治理相关的活动

为了执行指导过程，组织高层管理者应确定组织对风险的承受能力，批准信息安全战略和策略，分配足够的投资和资源。为了推动指导过程，组织高层管理者应制订和实现信息安全战略和策略，使信息安全目标与业务目标一致，促进良好的信息安全文化。

3. 监督

组织高层管理者通过监督过程来评估战略目标的实现程度。

为了执行监督过程，组织高层管理者应评估信息安全管理活动的效果，确保符合内部和外部的要求，考虑不断变化的业务、法律、法规和规章制度及其对信息风险的潜在影响。为了推动监督过程，组织高层管理者应从业务角度选择适当的绩效测度，反馈信息安全绩效结果，向治理者预警影响信息风险和信息安全的最新发展趋势。

4. 沟通

组织高层管理者与利益相关者之间通过沟通过程来交流彼此之间特定需要的关于信息安全的信息。

为了执行沟通过程，组织高层管理者应向外部利益相关者报告组织在实行与其业务性质相符合的信息安全级别，通知执行管理者已发现的信息安全问题并要求采取纠正措施的外部评审结果，识别信息安全相关的监管义务、利益相关者的期望和业务需要。为了推动沟通过程，组织的具体执行者应向组织高层管理者建议任何需要注意和需要决策的事项，在采取支持治理者指示和决定的具体行动上指导有关的利益相关方。

5. 保障

组织高层管理者通过保障过程以委托方式开展独立和客观的审核、评审或认证，以此识别和确认与治理活动开展和操作运行相关的目标和行动，以便获得信息安全的期望水平。

为了执行保障过程，组织高层管理者应通过委托获得对其履行信息安全期望水平责任的独立和客观的意见。为了推动保障过程，执行管理者应支持由治理者委托的审核、评审或认证。

8.1.4 信息安全管理体系

1. 信息安全管理

信息安全管理作为组织完整的管理体系中的一个重要环节，它构成了信息安全具有能动性的部分，是指导和控制组织关于信息安全风险的相互协调的活动。信息安全管理的前提是有效管理组织的信息资产，通过对资产的有效识别和授权使用来促进对当前组织目标的持续改进和调整，并使资产的保密性、完整性和可用性得到有效、持续的保障。

2. 信息安全管理体系

信息安全管理体系（Information Security Management System，ISMS）是组织整体管理体系的一个部分，是组织在整体或特定范围内建立信息安全方针和目标，以及完成这些目标所用方法的体系。

ISMS 由组织共同管理的政策、程序、指导方针及相关资源与活动组成，旨在保护其信息资产。基于对业务风险的认识，ISMS 用一种系统化的方法，通过建立、实施、运营、监控、审查、维护和改进等一系列的管理活动使组织实现业务目标。它基于风险评估和组织的风险接受水平，旨在有效处理和管理风险。周期性的风险评估、内部审核、有效性测量、管理评审是 ISMS 规定的四个必要活动，能确保 ISMS 进入良性循环、持续自我改进。

通俗意义上的 ISMS 是指以 ISO/IEC 27001 为代表的一套成熟的标准族。经过各方对标准的不断改进、演化，从 BS 7799（10 个控制类，147 个控制点）开始，一直到现行的 ISO/IEC 27001：2013（14 个控制类，113 个控制点）。ISMS 的本质就是风险管理，因此，ISMS 首先要对风险进行客观的识别和评价。

ISMS 采用通用的 PDCA（Plan-Do-Check-Adjust）过程方法。PDCA 是管理学中常用的一个过程模型，该模型在应用时，按照 P-D-C-A 的顺序依次进行，一次完整的 PDCA 可以看成组织在管理上的一个周期，每经过一次 PDCA 循环，组织的管理体系都会得到一定程度的完善，同时进入下一个更高级的管理周期，通过连续不断的 PDCA 循环，组织的管理体系能够得到持续的改进，管理水平将随之不断提升。

《信息安全管理体系要求》（ISO/IEC 27001）中定义了 PDCA 过程方法的四个阶段主要工作，分别为规划与建立、实施与运行、监视与评审、完善和改进等。

ISMS 建立在文档化基础之上，其文件的建立和管理遵从质量管理体系文件规范和要求。ISMS 文档体系中第一层文件包括组织的方针、政策；第二层文件包括制度、流程和规范；第三层文件包括使用手册、操作指南和作业指导书等；第四层文件包括整个组织所形成的检查列表、表单、日志等记录性文件。

3. 信息安全风险管理

信息安全风险指的是某种特定的威胁利用资产或一组资产的脆弱点，导致这些资产受损或破坏的潜在可能。风险分析的目的是在实施保护所需的成本与风险可能造成的影响之间进行经济平衡。

信息安全风险管理是一个持续的过程。该过程应该建立范畴，评估风险，并利用风险处置计划来实施建议和决策以处置风险。风险管理分析是在决定应该做什么和什么时候做之前分析可能发生什么以及可能的后果是什么，力求将风险降低到可以接受的程度。

信息安全风险管理应该建立外部和内部环境，评估风险，并使用风险处理计划来处理风险，然后执行建议和决策。风险管理在决定应该做什么以及何时将风险降低到可接受的水平之前，应分析可能发生的事情和可能的后果。

信息安全风险管理过程可以迭代用于风险评估和风险处理活动。迭代的风险评估方法可以在每次迭代中增加评估的深度和细节。迭代方法在识别控制所费时间最小化与确保适当评估高风险的努力之间提供了良好的平衡。

首先创建环境，然后进行风险评估，如果这提供了足够的信息来有效确定将风险调整到可接受水平所需的行动，那么任务就完成了，随后进行风险处理。获得管理层接受风险评估团队所建议的残余风险的确认是风险评估活动中的一个重要过程。风险接受活动必须确保组织的管理者明确地接受剩余风险。

风险处置有四种选择：风险降低、风险接受、风险规避和风险转移。选择风险处置选项时，宜基于风险评估结果以及实施这些选项的预期成本和收益来进行。

4. 信息安全管理控制措施

《信息技术-安全技术-基于 ISO/IEC 27002 的云服务信息安全控制的实用规则》（ISO/IEC 27017）与 ISO/IEC 27001 系列标准配合使用，为云服务商和云服务客户提供了加强控制。

ISO/IEC 27017 阐明了云服务商和云服务客户双方在帮助确保云服务安全可靠方面所扮演的角色和承担的责任，不仅提供了基于 ISO/IEC 27002 中多个控制措施的针对云服务的特殊要求，还介绍了七个全新的云服务控制措施。

通过 ISO/IEC 27017 的认证，可以有效地保护数据，降低数据泄露以及违反法律法规带来的风险和负面影响，增强客户对企业的信任。ISO/IEC 27001 是最基础的规范，所以在进行 ISO/IEC 27017 之前，必须先经过基本的 ISO/IEC 27001 认证。ISO/IEC 27017 认证也有可能会与 ISO/IEC 27001 认证审核一并进行。该标准针对 ISO/IEC 27002 中的 37 个控件提供了特定于云服务商的指南，但还具有七个新控件。

1）云计算环境中的角色和职责共享。
2）删除云服务客户资产。
3）虚拟计算环境中的隔离。
4）虚拟机强化。
5）管理员的操作安全。
6）监控云服务。
7）虚拟网络和物理网络的安全管理对齐。

8.2 云计算相关法律法规和标准

云计算标准化工作作为推动云计算技术产业与应用发展、行业信息化建设的重要基础性工作之一，近年来受到各国政府以及国内外标准化组织和协会的高度重视。

8.2.1 云计算法律风险

1. 云计算法律风险

云计算服务具有应用地域广、信息流动性大等特点，信息服务或用户数据可能分布在不同地区甚至不同国家，可能导致组织（如政府）信息安全监管等方面的法律差异与纠纷。同时，云计算的多租户虚拟化等特点使用户间的物理界限模糊，可能导致司法取证难等问题。

2. 政策与组织风险

（1）可移植性风险（过度依赖风险）

用户将数据存放在云计算平台，没有云服务商的配合很难独自将其数据安全迁出。因此，在服务终止或发生纠纷时，云服务商可能以删除或不归还用户数据为要挟，损害用户对数据的所有权与支配权。

此外，云服务商可以通过收集和统计用户的资源消耗、通信流量、缴费等数据，获取用户的大量信息。对这些信息的归属往往没有明确规定，容易引起纠纷。云计算服务缺乏统一的标准与接口，导致不同云计算平台上的用户数据与业务难以相互迁移，同样也难以从云计算平台迁移回用户的数据中心。同时，云服务商出于自身利益考虑，往往不愿意为用户的数据与业务提供可迁移能力。这种对特定云服务商的潜在依赖，可能导致用户的业务因云服务商的干扰或停止服务而终止，也可能导致数据与业务迁移到其他云服务商的代价过高。

（2）可审查性风险（合规风险）

可审查性风险是指用户无法对云服务商如何存储、处理、传输数据进行审查。虽然云服务商对云服务的安全性提供技术支持，但最终仍是云服务用户对其数据安全负责。因此云服务商应满足合规性要求，并应进行公正的第三方审查。

8.2.2　网络安全法律法规

1.《网络安全法》出台背景

《中华人民共和国网络安全法》（简称《网络安全法》）的出台是落实国家总体安全观的重要举措，是维护网络安全的客观需要，也是维护人民群众切身利益的迫切需要。《网络安全法》从制定到实施经历了三次审议和两次公开征求意见。

第一次审议（2015 年 6 月 26 日） 明确了网络空间主权原则；对关键基础设施安全实行重点保护；加强网络安全监测预警和应急制度建设。

第二次审议（2016 年 6 月 28 日） 明确了重要数据境内存储，建立数据跨境安全评估制度并鼓励关键信息基础设施以外的网络运营者自愿参加关键信息基础设施保护体系。

第三次审议（2016 年 10 月 31 日） 进一步界定了关键信息基础设施范围；增加了惩治攻击破坏我国关键信息基础设施的境外组织和个人的规定以及惩治网络诈骗等新型网络违法犯罪活动的规定；同时强调加强网络安全人才培养、保护未成年人上网安全的相关问题。

2016 年 11 月 7 日，《网络安全法》正式发布，2017 年 6 月 1 日实施。《网络安全法》从我国的国情出发，坚持问题导向，总结实践经验，确定了各相关主体在网络安全保护中的义务和责任、网络信息安全各方面的基本制度，注重保护网络主体的合法权益，保障网络信息依法、有序、自由地流动，促进网络技术创新，最终实现以安全促发展，以发展促安全。

2.《网络安全法》主要内容

《网络安全法》共计七章，79 条。主要内容包括网络空间主权原则、网络运行安全制度、关键信息基础设施保护制度、网络信息保护制度、应急和监测预警制度、网络安全等级保护制度、网络安全审查制度等。

（1）网络空间主权原则

作为我国网络安全治理的基本法，《网络安全法》在总则部分确立了网络主权原则，明确了网络安全管理体制、分工及域外的适用效力。

（2）网络运行安全制度

明确网络运营者的安全义务。主要包括：

1）内部安全管理：制订内部安全管理制度和操作规程，确定网络安全负责人，落实网络安全保护责任。

2）安全技术措施：采取防范网络安全行为的技术措施；采取监测、记录网络运行状态、网络安全事件的技术措施，留存相关的网络日志不少于6个月。

3）数据安全管理：采取数据分类、重要数据备份和加密等措施，防止网络数据泄露或者被窃取、篡改。

4）网络身份管理：网络运营者为用户办理网络接入、域名注册服务，办理固定电话、移动电话等入网手续，或为用户提供信息发布、即时通信等服务，应要求用户提供真实身份信息。

5）应急预案机制：制订网络安全事件应急预案，及时处置系统漏洞、计算机病毒、网络攻击、网络侵入等安全风险，在发生危害网络安全的事件时，立即启动应急预案，采取相应的补救措施，并按照规定向有关主管部门报告。

6）安全协助义务：为公安机关、国家安全机关依法维护国家安全和侦查犯罪的活动提供技术支持和协助。

明确网络产品、服务提供者的安全义务。主要包括：

1）强制标准义务：网络产品、服务应当符合相关国家标准的强制性要求，不得设置恶意程序；网络关键设备和网络安全专用产品应当按照相关国家标准的强制性要求，由具备资格的机构安全认证合格或者安全检测符合要求后，方可销售或者提供。

2）告知补救义务：网络产品、服务提供者发现其网络产品、服务存在安全缺陷、漏洞等风险时，应当立即采取补救措施，及时告知用户并向有关主管部门报告。

3）安全维护义务：网络产品、服务提供者应为其产品、服务持续提供安全维护，在规定或者当事人约定的期限内不得终止。

4）个人信息保护：网络产品、服务具有收集用户信息功能，其提供者应向用户明示并取得同意；涉及用户个人信息的，还应遵守相关法律、行政法规中有关个人信息保护的规定。

明确一般性安全保护义务。主要包括：

1）安全信息发布：开展网络安全认证、检测、风险评估等活动，向社会发布系统漏洞、计算机病毒、网络攻击、网络侵入等网络安全信息，应当遵守国家有关规定。

2）禁止危害行为：任何个人和组织不得从事非法侵入他人网络、干扰他人网络正常功能、窃取网络数据等危害网络安全的活动，不得提供专门用于从事侵入网络、干扰网络正常功能及防护措施、窃取网络数据等危害网络安全活动的程序、工具，明知他人从事危害网络安全的活动的，不得为其提供技术支持、广告推广、支付结算等帮助。

3）信息使用规则：网信部门和有关部门在履行网络安全保护职责中获取的信息，只能用于维护网络安全的需要，不得用于其他用途。

（3）关键信息基础设施保护制度

关键信息基础设施保护是指面向公众提供网络信息服务或支撑能源、通信、金融、交通、公用事业等重要行业运行的信息系统或工业控制系统，且这些系统一旦发生网络安全事故，就会影响重要行业正常运行，对国家政治、经济、科技、社会、文化、国防、环境以及人民生命财产造成严重损失。

1）关键信息基础设施外延。关键信息基础设施的具体范围由国务院规定，鼓励关键信息基础设施以外的网络运营者自愿参与关键信息基础设施保护体系。

2）关键信息基础设施管理机制。按照国务院规定的职责分工，负责关键信息基础设施安全保护工作的部门具体负责实施本行业、本领域的关键信息基础设施保护工作。国家网信部门统筹协调有关部门对关键信息基础设施采取安全保护措施。

3）关键信息基础设施建设要求。国家关键信息基础设施应具有确保可支持业务稳定、可持续运行的性能。系统建设与安全技术措施遵循同步规划、同步建设、同步使用的原则。

4）关键信息基础设施运营者安全保护义务。在人员安全管理、数据境内留存、应急预案机制、安全采购措施和风险评估机制等方面做出了具体要求。

（4）网络信息保护制度

网络信息保护吸收了国际通行准则中合法、正当、必要、公开、获得同意（《网络安全法》第四十一条）的透明规则。

《网络安全法》限制超范围收集、违法和违约收集行为，对于已收集的信息不得泄露毁损，建立预防措施防止信息保密性、完整性和可用性的破坏并建立补救措施，对产生上述行为的结果做出有效的处理。在第四十三条中对违法违规违约信息进行删除、有误信息进行更正的主体责任做出了规定。

2017 年 5 月 2 日，国家互联网信息办公室正式发布《互联网新闻信息服务管理规定》（国信办 1 号令），于 2017 年 6 月 1 日同《网络安全法》一起实施。国信办 1 号令明确规范了在网络空间开展新闻信息服务的范围、条件、提供者的责任义务，积极响应国家网信部门对于开展服务进行监督检查的要求以及相关法律责任。该规定属于《网络安全法》下对网络信息安全中互联网新闻安全的规章制度。

同日，国家互联网信息办公室一并发布《互联网信息内容管理行政执法程序规定》（国信办 2 号令），于 2017 年 6 月 1 日同《网络安全法》一起实施。国信办 2 号令明确规范了互联网信息内容管理部门的行政执法依据、管辖范围、立案流程、调查取证过程、听证及约谈机制、处罚决定及执行办法。该规定正式授权网信部门对互联网信息内容进行管理的行政执法权力。

（5）网络安全等级保护制度

《网络安全法》第二十一条明确提出"国家实行网络安全等级保护制度"，即网络安全等级保护制度是我国网络安全保护方面的基本制度，同时要求网络运营者应当按照网络安全等级保护制度的要求，履行网络安全保护义务，保障网络免受干扰、破坏或者未经授权的访问，防止网络数据泄露或者被窃取、篡改。等级保护制度从原有的以公安部牵头的行业制度正式成为我国不涉及国家秘密信息系统的基本保护制度。

（6）网络安全审查制度

《网络安全法》第三十五条规定：关键信息基础设施的运营者采购网络产品和服务，可能影响国家安全的，应当通过国家网信部门会同国务院有关部门组织的国家安全审查。2021 年 12 月 28 日，国家互联网信息办公室、发展和改革委员会等 13 部门联合发布了新版《网络安全审查办法》，自 2022 年 2 月 15 日起正式实施。新版《网络安全审查办法》规定：关键信息基础设施运营者采购的网络产品和服务影响或者可能影响国家安全的、掌握超过 100 万用户个人信息的网络平台运营者赴国外上市前，应当进行网络安全审查。在新版《网络安全审查办法》中，还明确了网络安全审查的相关部门及职责，网络安全审查的目的、对象、流程，审查的主要材料，重点审查的国家安全风险因素以及网络安全审查工作机制成员单位和相关部门的审查时间要求等，另外针对特殊情况，还提出了特别审查程序等。新版《网络安全审查办法》对于推进我国网络安全工作具有非常重要的意义。

8.2.3　云安全认证相关标准

1. 世界各国云服务相关认证

（1）德国可信云计算认证

德国可信云计算认证是面向大众市场的认证，目的是帮助云服务使用者选择更好的云服务提供商，帮助欧洲企业保护用户数据免受美国政府和企业的介入。该认证由德国互联网协会经欧洲云计算协会授权，牵头开发制订云计算认证体系。认证体系参与方包括德国联邦信息技术安全局、欧盟国际标准组织、欧洲认证组织专家、云计算服务提供商、毕马威、财政金融交易方面的专家、自然科学研究机构等。

（2）韩国可信服务商认证

韩国可信服务商认证是面向大众市场的认证，目的是帮助云服务使用者选择更好的云服务提供商。该认证由韩国政府组织开展，主要依托于第三方中立机构韩国云服务协会（KCSA），受韩国广播通信委员会 KCC 的支持和委托。认证内容包括业务质量（可用性、性能、可扩展等）、数据安全（数据管理、安全防护等）和基础设施（一致性、支持等）三个方面。

（3）日本云服务信息披露认证

日本云服务信息披露认证是面向大众市场的认证，目的是帮助云服务使用者选择更好的云服务提供商。该认证由日本信息通信部 MIC 与 ASPIC（ASP-SaaS-Cloud Consortium）合作开展，主要以资料审查为主。认证内容包括 ASP. SaaS、IaaS. PaaS、数据中心三个方面，包括业务质量、数据管理、财务信息、合同规范等方面的信息披露可信度认证。

（4）英国 G-Cloud 认证

英国 G-Cloud（Government Cloud Strategy）认证是面向政府采购的云服务认证，目的是对云计算服务进行规范和安全审查，指导政府部门选择、采购各类云计算服务。该认证由司法部、政府办公室组成的 G-Cloud 委员会主导，其下设置云服务组、安全审查工作组、商业工作组三个执行部门。认证标准是由 ISO 27001 和《HMG Information Standards NO. 1&2》组成的 G-Cloud 框架，以 ISO 27001 为最佳实践，并提出了多租户隔离、网络连接、数据位置、数据传输、数据彻底删除、人员审查和现场审查等云计算专门要求。

2. 美国 FedRAMP 概述

联邦风险与授权管理计划（FedRAMP）是一项美国政府层面的计划，它提供了一种标准方法来对云产品和云服务进行安全性评估、授权以及持续监控。FedRAMP 使用 NIST 特别出版物 800 系列，要求云服务提供商接受由第三方评估机构执行的独立安全评估，以确保授权符合联邦信息安全管理法案（FISMA）。

FedRAMP 建立了完善的云计算服务安全审查机制，明确了云计算安全管理的政府角色及职责。

（1）FedRAMP 的重要性

美国政府要求所有联邦机构均使用 FedRAMP 流程对云服务进行安全评估、授权和持续监控。对于采用低风险和中等风险影响级别的联邦机构云部署和服务模型，FedRAMP 是必需的。通过 FedRAMP 项目，联邦机构在部署其信息系统时可以使用由 FedRAMP 授权的云服务做到"一次授权、多次使用"，从而大大压缩了安全评估和授权运行等流程，具有良好的时间和经济效益。FedRAMP 的重要性和价值体现在以下几个方面。

1）通过 NIST 和 FISMA 定义的标准来提高云解决方案安全性方面的一致性，并增强用户对安全性的信心。

2）提高美国政府与云服务提供商之间的透明度。

3）实现自动化和接近实时的持续监控。

4）通过反复评估和授权提高安全云解决方案的采用率。

5）各部门可共享安全评估与审查结果，从而避免了重复评估和审查。

（2）FedRAMP 的合规性要求

任何想要接洽云服务提供商的联邦机构可能都需要满足 FedRAMP 规范。FedRAMP 计划管理办公室（PMO）规定的 FedRAMP 合规性要求如下。

1）云服务提供商已获得美国联邦机构授予的机构操作授权（ATO），或者已获得联合授权委员会（JAB）授予的临时操作授权（P-ATO）。

2）云服务提供商要符合 NIST 800-53 第 4 版《中高影响级别的安全控制基准》中规定的 FedRAMP 安全控制要求。

3）所有系统安全包必须使用规定的 FedRAMP 模板。

4）云服务提供商必须通过第三方评估机构的评估。

5）已完成的安全评估包必须发布到 FedRAMP 安全存储库中。

（3）云服务提供商实现 FedRAMP 合规的途径

FedRAMP 明确要求联邦机构从 2014 年 6 月起，必须采购和使用满足安全审查要求的云计算服务。云服务提供商可以通过两种途径来实现 FedRAMP 合规。

- JAB 授权：FedRAMP 联合授权委员会 JAB 由来自国防部、国土安全部和总务管理局的首席信息官组成。要想获得 JAB 授予的临时操作授权，云服务提供商需要通过 FedRAMP 计划管理办公室进行的审核和 FedRAMP 认可的第三方评估机构的评估。

- 机构授权：要想获得 FedRAMP 机构操作授权，云服务提供商需要通过客户机构首席信息官或指定授权官员的审核，该操作授权也要经过 FedRAMP 计划管理办公室的验证。

3. FedRAMP 风险管理框架

FedRAMP 组织结构内相关的角色有联邦机构、云服务提供商、第三方评估机构和管理机构。联邦机构是云服务的消费者，联邦机构需要确保其所使用的云服务符合 FedRAMP 要求；云服务提供商负责实施 FedRAMP 安全控制基线，聘用独立第三方评估机构进行初始和年度安全评估并遵循持续监测的要求，维护其服务的运行授权；第三方评估机构是对云服务进行安全评估的独立实体，通过对云服务提供商的安全控制实施情况进行评估，并生成相应的安全评估报告及评估证据，为云服务的安全授权决策提供依据；FedRAMP 项目的管理机构主要包括美国政府管理预算局（OMB）、FedRAMP 联合授权董事会（JAB）和 FedRAMP 计划管理办公室（PMO）。

FedRAMP 风险管理框架如图 8-2 所示，它将美国风险管理框架标准 SP800-37 简化为四个步骤：文档准备、安全评估、认证授权和持续监控。

●图 8-2　FedRAMP 风险管理框架

（1）文档准备

文档准备阶段包括信息系统定级、安全控制措施选择和安全控制措施实施三个步骤。其中，信息系统的定级沿袭了 FIPS PUB 199 中进行安全分类的做法，有所不同的是 FedRAMP 仅对中、低影响等级的信息系统进行评估。完成定级之后依据相应的等级选择 FedRAMP 安全控制基线，此后由云服务提供商根据安全控制基线的要求进行实施工作。完成上述步骤后云服务提供商依据 FedRAMP 提供的模板将实施细节记录在系统安全规划中。

（2）安全评估

服务提供商必须使用独立的评估人员对信息系统进行测试，以证明控制措施的有效性，并按照系统安全规划中的记录实施。服务提供商基于第三方评估组织对安全控制的有效性进行验证，为系统安全规划中描述的安全控制实施情况提供证明。第三方评估组织应根据 FedRAMP 提供的模板编制安全评估计划，遵循 FedRAMP 提供的安全测试案例过程开展独立评估。

（3）认证授权

安全评估完成之后，评估组织基于完整的文件包和评估阶段识别的风险进行授权管理。评估组织使用 FedRAMP 提供的模板，根据风险分析的内容编制安全评估报告，具体包括评估过程中发现的漏洞、威胁和风险信息以及漏洞缓解措施。服务提供商收到安全评估报告后，审查并确认安全评估报告内容，然后制订行动计划（POA&M）来解决评估发现的漏洞等问题。此后服务提供商将安全评估报告和 POA&M 等打包到安全包中交给授权官员综合评估，并做出响应的授权决策，当获得同意授权批准后以 ATO 信件的方式通知服务提供商以及 FedRAMP 项目管理组织，并将授权文件和安全包添加到 FedRAMP 云服务名录中。获得授权的服务提供商需要实施持续监控，继续满足 FedRAMP 要求，并保持与低风险相关的适当风险水平影响级别，以维持授权。如果服务提供商未能保持其风险态势并遵守 FedRAMP 持续监控要求，则联合授权董事会授权官员（JAB AO）或机构授权官员（AO）可以选择撤销服务提供商的授权。

（4）持续监控

必须实施持续监控，以确保云服务处于一个安全风险可接受的状态。FedRAMP PMO 每年和每月都进行可管理的持续监控活动并且必须向 FedRAMP PMO 提交月度持续监控，持续的监控使得云服务提供商的系统安全态势更加透明并能及时做出风险管理决策。

8.2.4 通用数据保护条例

1. GDPR 概述

《通用数据保护条例》（General Data Protection Regulation，GDPR）为欧洲联盟的条例，前身是欧盟在 1995 年制定的《计算机数据保护法》，已于 2018 年 5 月 25 日生效。GDPR 的实施是现代社会保护个人数据与安全迈出的重要一步，对互联网企业有着重大影响。

GDPR 制定了关于处理个人数据中对自然人进行保护的规则，以及个人数据自由流动的规则，目的是保护自然人的基本权利与自由，特别是自然人享有的个人数据保护权利。要求不能以保护处理个人数据中的相关自然人为由，对欧盟内部个人数据的自由流动进行限制或禁止。

GDPR 适用于全自动个人数据处理、半自动个人数据处理，以及形成或旨在形成用户画像的非自动个人数据处理；适用于在欧盟内部设立的数据控制者或处理者对个人数据的处理，不论其实际数据处理行为是否在欧盟内进行。

2. 个人数据处理原则

对于个人数据，GDPR 规定应遵循下列规则。

- 合法性、合理性和透明性：对涉及数据主体的个人数据应当以合法、合理和透明的方式来进行处理。
- 目的限制：个人数据的收集应当具有具体、清晰和正当的目的，对个人数据的处理不应当违反初始目的。其中，因为公共利益、科学历史研究或统计目的而进一步处理数据，不视为违反初始目的。

- 数据最小化：个人数据的处理应当是为了实现数据处理目的而适当、相关和必要的。
- 准确性：个人数据应当是准确的，如有必要，必须及时更新；必须采取合理措施确保不准确的个人数据，即违反初始目的的个人数据，及时得到擦除或更正。
- 限期储存：对于能够识别数据主体的个人数据，其储存时间不得超过实现其处理目的所必需的时间；超过此期限的数据处理只有在如下情况下才能被允许，即为了实现公共利益、科学历史研究目的或统计目的。为了保障数据主体的权利和自由，这些情况下应采取了本条例第 89（1）条所规定的合理技术与组织措施。
- 数据的完整性与保密性：处理过程中应确保个人数据的安全，采取合理的技术手段、组织措施，避免数据未经授权即被处理或遭到非法处理，避免数据发生意外损失或毁灭。

3. GDPR 重点关注的方面

- 数据处理的合法性事由：GDPR 规定，数据处理行为首先应具备合法性基础，GDPR 规定的六种合法性情形包括数据主体的同意、履行合同、履行法定义务、保护个人重要利益、维护公共利益以及追求正当利益。
- 对儿童的特别保护规定：GDPR 在"信息社会服务中适用儿童同意的条件"中规定，直接向儿童提供信息社会服务时，该儿童的年龄应当为 16 周岁以上。如果儿童未满 16 周岁，只有在征得监护人同意或授权的范围内处理才合法。组织如涉及儿童个人数据的处理，应予以特别保护。
- 数据主体权利：GDPR 赋予了数据主体对其数据广泛的控制权，包括知情、访问、更正、删除、限制处理、可携带和反对等权利。
- 对用户画像的规定：GDPR 规定用户画像是指通过自动化方式处理个人数据的活动，用于评估、分析以及预测个人的特定方面，可能包括工作表现、经济状况、位置、健康状况、个人偏好、可信赖度或者行为表现等。
- 对数据处理者的规定：GDPR 规定，数据处理者是指为数据控制者处理个人数据的自然人、法人、公共机构、行政机关或其他非法人组织。同时规定，当数据控制者委托数据处理者具体处理数据时，数据控制者应选择采取了合适技术和组织方面措施的数据处理者，以确保数据处理符合 GDPR 的要求，及保障数据主体的权利。
- 通过设计实现数据保护的规定：GDPR 规定，数据保护设计理念应当融入产品和业务开发的早期过程（如设计假名化等机制有效地落实数据保护原则），并且将必要的保障措施融入数据处理过程之中。此外，组织可实施相应的措施以确保在默认情形下仅处理为实现目的而最少必需的个人数据。
- 数据泄露强制通知的规定：GDPR 规定，在发生个人数据泄露时，除非个人数据的泄露不会产生危及自然人权利和自由的风险，否则数据控制者应在获知泄露之时起的 72 小时内向监管机构发送通知报告。另外，当个人数据泄露可能对自然人的权利和自由产生高风险时，数据控制者还应当向数据主体告知数据泄露的相关情况。
- 数据跨境传输的规定：GDPR 提出了多种数据跨境流动机制。例如，直接向通过欧盟进行充分性认定的第三国传输数据，还可通过实施被认可的行为准则，签署符合相关要求的格式合同、有约束力的公司准则，或通过相关认证等方式证明数据接收方满足适当的保护能力，来保证数据跨境流动的安全性。此外，在征得数据主体明示同意、基于公共利益、履行有利于数据主体的合同或基于组织正当利益等情形下也满足数据跨境传输要求。
- 处罚规定：GDPR 对违规组织采取根据情况分级处理的方法，并设定了最低 1000 万欧元的巨额罚款作为制裁。如果发生了更为严重的侵犯个人数据安全的行为，组织有可能面临最高 2000 万欧元或组织全球年营业额 4%（两者取其高）的巨额罚款。

4. AWS 的 GDPR 合规性实践

AWS 为客户提供服务和资源的相关信息，以帮助客户符合 GDPR 的要求，包括遵守 IT 安全标准，遵从控制目录（C5）认证，遵守欧洲云基础设施服务提供商（CISPE）行为守则、数据访问控制、监控和日志工具、加密和密钥管理等内容。

（1）AWS 在 GDPR 下的角色

AWS 在 GDPR 下既可以是数据处理角色，也可以是数据控制角色。

1）作为数据处理器：当客户和 AWS 解决方案提供商使用 AWS 服务处理其内容中的个人数据时，AWS 充当一个数据处理器的角色。客户和 AWS 解决方案提供商可以使用 AWS 服务中提供的控件（包括安全配置控件）来处理个人数据。在这种情况下，客户或 AWS 解决方案提供商可以充当数据控制器或数据处理器，而 AWS 充当数据处理器或子处理器，符合 AWS GDPR 的数据处理附录（DPA）包含 AWS 作为数据处理器的承诺。

2）作为数据控制器：当 AWS 收集个人数据并确定处理该个人数据的目的和方法时，它扮演着数据控制器的角色。例如，AWS 将账户信息存储为一个数据控制器，用于账户注册、账户管理、服务访问、客户联系和支持。

（2）安全责任共担模型

安全性和遵从性是 AWS 和客户之间的共同责任。当客户将其计算机系统和数据转移到云时，安全责任由客户和云服务提供商共同承担。当迁移到 AWS 云时，AWS 负责保护支持云的底层基础设施的安全，而客户则负责他们放在云中或连接到云中的任何内容的安全。

（3）数据访问控制

GDPR 第 25 条规定，数据处理"须实施适当的技术及组织措施，以确保在默认情况下只处理业务涉及的所必需的个人资料"。AWS 访问控制机制可以帮助客户满足这一要求，只允许授权的管理员、用户和应用程序访问 AWS 资源和客户数据。具体实践措施主要如下。

1）身份和访问管理。AWS 身份和访问管理（IAM）是一个 Web 服务，可以使用它来安全地控制对 AWS 资源的访问。

2）使用 AWS 安全令牌服务（AWS STS）来创建和向受信任的用户提供临时安全凭据，以授予对 AWS 资源的访问权。

3）向账户和单个用户账户添加双因素身份验证。

4）为了实现对 AWS 对象的细粒度访问，访问 AWS 资源时可以为不同的人针对不同的资源授予不同级别的权限。

5）可以使用 AWS Systems Manager 查看和管理 AWS 基础设施的操作。可以审计和强制对定义状态的遵从性。

6）以使用地理限制（地理锁定）来阻止特定地理位置的用户访问通过 AWS CloudFront 网络发布的内容。

7）AWS 提供了在其应用程序中管理数据访问控制的服务。如果需要在网络应用程序和移动应用程序中添加用户登录和访问控制功能，可使用 Amazon Cognito。它的用户池提供了一个安全的用户目录，可扩展到数亿用户。

（4）监控和日志记录

GDPR 第 30 条规定"每名控制器及其代表（如适用）应保存所负责处理活动的记录"。为了帮助客户遵守这些义务，AWS 提供了以下监视和日志记录服务。

1）使用 AWS Config 管理和配置资产。

2）使用 AWS CloudTrail 进行合规审计，持续监控 AWS 账户的活动。

3）启用日志记录时，可以获得对 Amazon S3 bucket 发出请求的详细访问日志。访问日志记录包含有关请求的详细信息，如请求类型、请求中指定的资源以及处理请求的时间和日期。

4）集中的安全管理：AWS Control Tower 使用 AWS 单点登录（SSO）默认目录提供身份管理，并使用 AWS SSO 和 AWS IAM 支持跨账户审计。它还集中来自 Amazon CloudTrail 和 AWS Config 的日志，这些日志存储在 Amazon S3 中。

（5）AWS 上的数据保护

GDPR 第 32 条要求各组织必须"实施适当的技术和组织措施，以确保与风险相适应的安全水平，包括个人数据的假名和加密。此外，机构必须防止个人资料在未经授权的情况下被披露或被查阅。

1）静态数据加密。可以使用 AWS 加密 SDK 和在 AWS 密钥管理服务（AWS KMS）中创建和管理客户主密钥（CMK）来加密任意数据。

2）静态存储安全保护。加密的数据可以安全地静态存储，并且只能由对 CMK 有授权访问权限的一方解密。

3）传输数据加密。AWS 强烈建议对从一个系统传输到另一个系统的数据进行加密，包括 AWS 内部和外部的资源。为了保护 Amazon VPC 和企业数据中心之间的通信，可以使用 AWS 客户机 VPN 来启用基于客户机的 VPN 服务对 AWS 资源的安全访问。AWS 提供使用 TLS（传输层安全）协议进行通信的 HTTPS 端点，当使用 AWS API 时，TLS 协议提供传输中的加密。

4）提供各种加密工具。AWS 提供各种可伸缩的数据加密服务、工具和机制，以帮助保护在 AWS 上存储和处理的数据。AWS 主要提供了四种加密操作工具：AWS KMS 是 AWS 管理的服务，可生成和管理主密钥和数据密钥；AWS Cloud HSM 提供经过 FIPS 140-2 Level 3 验证的硬件安全模块（HSM）；AWS Encryption SDK 提供了一个客户端加密库，用于实现对所有类型数据的加密和解密操作；Amazon DynamoDB Encryption Client 提供了一个客户端加密库，用于在将数据表发送到数据库服务（如 Amazon DynamoDB）之前加密数据表。

8.2.5　网络安全等级保护

"按需防御的等级保护"是云安全服务提供商推进安全建设的基本方法。该方法以云安全服务提供商参与编写的国家相关法规标准为依据，以云安全服务提供商等级保护知识库和支撑平台为基础，形成科学合理的安全规划、解决方案和系列安全服务，帮助用户构建等级安全体系，实现按需防御。

如图 8-3 所示，按需防御的等级安全体系框架以丰富的安全定级知识库、等级测评知识库和安全体系知识库为理论基础，等级化支撑平台为支撑，等级安全体系为架构，安全需求为导向，通过专业安全服务和高性能安全产品，保证安全定级合理准确、体系建设科学规范、安全运维持续稳定。

按需防御以满足不同类型信息系统和不断变化的信息系统安全需求为目标，构建按需防御的等级保护安全体系包括三个步骤。

第一步："安全定级，定义安全需求"。通过系统定级、等级测评等服务组件确定系统的安全等级，识别系统的等级差距，并找出系统安全现状与等级要求的差距，形成完整、准确的按需防御安全需求。

第二步："体系建设，实现按需防御"。通过体系设计制订等级方案，进行安全策略体系、安全组织体系、安全技术体系和安全运维体系建设，满足安全定级阶段形成的安全需求，实现按需防御。基于云计算等级保护技术设计要求框架中提出的"一个中心，三重防护"分别基于安全管理中心，面向通信网络安全、区域边界安全、计算环境安全进行安全防御。

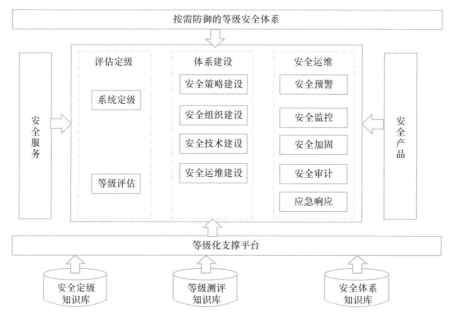

• 图 8-3 　按需防御的等级安全体系框架

第三步："安全运维，确保持续安全"。通过安全预警、安全监控、安全加固、安全审计、应急响应等服务组件，从事前、事中、事后三个方面进行安全运行维护，确保系统的持续安全，满足持续性按需防御的安全需求。

2019 年 12 月 1 日起，GB/T 2239—2019《信息安全技术　网络安全等级保护基本要求》（以下简称"基本要求"）等系列标准正式实施，落实网络安全等级保护制度是每个企业和单位的基本义务和责任。等保基本要求分为安全通用要求和安全扩展要求。云计算安全扩展要求针对云计算提出了特殊要求。

网络安全等级保护相关的标准主要如下。

- GB/T 25058—2019《信息安全技术　网络安全等级保护实施指南》。
- GB/T 22240—2020《信息安全技术　网络安全等级保护定级指南》。
- GB/T 22239—2019《信息安全技术　网络安全等级保护基本要求》。
- GB/T 25070—2019《信息安全技术　网络安全等级保护安全技术设计要求》。
- GB/T 28448—2019《信息安全技术　网络安全等级保护测评要求》。
- GB/T 28449—2018《信息安全技术　网络安全等级保护测评过程指南》。

1. 云计算安全扩展要求

云计算安全扩展要求的主要思想体现在：云计算平台自身安全防护要求以及为云计算平台向云租户提供的服务提供安全防护的能力要求。

（1）云计算安全扩展要求的原则性要求

1）应保证云计算平台不承载高于其安全保护等级的业务应用系统。

2）应保证云计算基础设施位于中国境内。

3）云计算平台的运维地点应位于中国境内，境外对境内云计算平台实施运维操作应遵循国家相关规定。

（2）云计算安全扩展要求的自身防护要求

1）应保证当虚拟机迁移时，访问控制策略随其迁移。

2）应能检测到云客户发起的网络攻击行为，并能记录攻击类型、攻击时间和攻击流量等。

3）应能检测到虚拟机与宿主机、虚拟机与虚拟机之间的异常流量。

4）应在检测到网络攻击行为、异常流量情况时进行告警。

5）当远程管理云计算平台设备时，管理终端和云计算平台之间应建立双向身份验证机制。

（3）云计算安全扩展要求的提供能力要求

1）应实现不同云客户虚拟网络之间的隔离。

2）应具有根据云客户业务需求提供通信传输、边界防护和入侵防范等安全机制的能力。

3）应具有根据云客户业务需求自主设置安全策略的能力，包括定义访问路径、选择安全组件、配置安全策略。

4）应根据云服务商和云客户的职责划分收集各自控制部分的审计数据并实现各自的集中审计。

5）应根据云服务商和云客户的职业划分实现各自控制部分，包括虚拟化网络、虚拟机、虚拟化安全设备等的运行状况集中监测。

2. 等保 2.0 云计算安全扩展要求

《信息安全技术　网络安全等级保护基本要求》（GB/T 22239—2019）中对云计算安全扩展要求的规定主要有下述几个方面。

（1）安全物理环境

基础设施位置：应保证云计算基础设施位于中国境内。

（2）安全通信网络对网络架构的要求

1）应保证云计算平台不承载高于其安全保护等级的业务应用系统。

2）应实现不同云客户虚拟网络之间的隔离。

3）应具有根据云客户业务需求提供通信传输、边界防护、入侵防范等安全机制的能力。

4）应具有根据云客户业务需求自主设置安全策略的能力，包括定义访问路径、选择安全组件和配置安全策略。

5）应提供开放接口或开放性安全服务，允许云客户接入第三方安全产品或在云计算平台选择第三方安全服务。

6）应提供对虚拟资源的主体和客体设置安全标记的能力，保证云客户可以依据安全标记和强制访问控制规则确定主体对客体的访问。

7）应提供通信协议转换或通信协议隔离等的数据交换方式，保证云客户可以根据业务需求自主选择边界数据交换方式。

8）应为第四级业务应用系统划分独立的资源池。

（3）安全区域边界

1）访问控制的要求如下。

- 应在虚拟化网络边界部署访问控制机制，并设置访问控制规则。
- 应在不同等级的网络区域边界部署访问控制机制，设置访问控制规则。

2）入侵防范的要求如下。

- 应能检测到云客户发起的网络攻击行为，并能记录攻击类型、攻击时间和攻击流量等。
- 应能检测到对虚拟网络节点的网络攻击行为，并能记录攻击类型、攻击时间和攻击流量。
- 应能检测到虚拟机与宿主机、虚拟机与虚拟机之间的异常流量。
- 应在检测到网络攻击行为、异常流量情况时进行告警。

3）安全审计的要求如下。

- 应对云服务商和云客户在远程管理时执行的特权命令进行审计，至少包括虚拟机删除、虚拟机重启。
- 应保证云服务商对云客户系统和数据的操作可被云服务客户审计。

（4）安全计算环境

1）身份鉴别的要求：当远程管理云计算平台中的设备时，管理终端和云计算平台之间应建立双向身份验证机制。

2）访问控制的要求如下。

- 应保证当虚拟机迁移时，访问控制策略随其迁移。
- 应允许云服务客户设置不同虚拟机之间的访问控制策略。

3）入侵防范的要求如下。

- 应能检测虚拟机之间的资源隔离失效，并进行告警。
- 应能检测非授权新建虚拟机或者重新启用虚拟机，并进行告警。
- 应能够检测恶意代码感染及在虚拟机间蔓延的情况，并进行告警。

4）镜像和快照保护的要求如下。

- 应针对重要业务系统提供加固的操作系统镜像或操作系统安全加固服务。
- 应提供虚拟机镜像、快照完整性校验功能，防止虚拟机镜像被恶意篡改。
- 应采取密码技术或其他技术手段防止虚拟机镜像、快照中可能存在的敏感资源被非法访问。

5）数据完整性和保密性的要求如下。

- 应确保云服务客户数据、用户个人信息等存储于中国境内，如需出境应遵循国家相关规定。
- 应保证只有在云服务客户授权下，云服务商或第三方才具有云服务客户数据的管理权限。
- 应使用校验技术或密码技术保证虚拟机迁移过程中重要数据的完整性，并在检测到完整性受到破坏时采取必要的恢复措施。
- 应支持云服务客户部署密钥管理解决方案，保证云服务客户自行实现数据的加解密过程。

6）数据备份恢复的要求如下。

- 云服务客户应在本地保存其业务数据的备份。
- 应提供查询云服务客户数据及备份存储位置的能力。
- 云服务商的云存储服务应保证云服务客户数据存在若干个可用的副本，各副本之间的内容应保持一致。
- 应为云服务客户将业务系统及数据迁移到其他云计算平台和本地系统提供技术手段，并协助完成迁移过程。

7）剩余信息保护的要求如下。

- 应保证虚拟机所使用的内存和存储空间回收时得到完全清除。
- 云服务客户删除业务应用数据时云计算平台应将云存储中所有副本删除。

（5）安全管理中心

安全管理中心的集中管控要求如下。

- 应能对物理资源和虚拟资源按照策略做统一管理调度与分配。
- 应保证云计算平台管理流量与云服务客户业务流量分离。
- 应根据云服务商和云服务客户的职责划分收集各自控制部分的审计数据并实现各自的集中审计。
- 应根据云服务商和云服务客户的职责划分实现各自控制部分，包括虚拟化网络、虚拟机、虚拟化安全设备等的运行状况集中监测。

（6）安全建设管理

1）云服务商选择的要求如下。

- 应选择安全合规的云服务商，其所提供的云计算平台应为其所承载的业务应用系统提供相应级别的安全保护能力。

- 应在服务水平协议中规定云服务的各项服务内容和具体技术指标。
- 应在服务水平协议中规定云服务商的权限与责任，包括管理范围、职责划分、访问授权、隐私保护、行为准则和违约责任等。
- 应在服务水平协议中规定服务合约到期时，完整提供云服务客户数据，并承诺相关数据在云计算平台上清除。
- 应与选定的云服务商签署保密协议，要求其不得泄露云服务客户数据。

2）供应链管理的要求如下。

- 应确保供应商的选择符合国家有关规定。
- 应将供应链安全事件信息或安全威胁信息及时传达到云服务客户。
- 应保证供应商的重要变更及时传达到云服务客户，并评估变更带来的安全风险，采取措施对风险进行控制。

（7）安全运维管理

云计算环境管理的要求规定：云计算平台的运维地点应位于中国境内，境外对境内云计算平台实施运维操作应遵循国家相关规定。

8.2.6　云安全相关的标准规范

1. 云计算标准工作相关的主要组织协会

（1）ISO/IEC JTC1 SC27

ISO/IEC JTC1 是国际标准化组织（ISO）和国际电工委员会（IEC）成立的专门从事信息技术（IT）领域标准化的联合技术委员会，其中，SC27（IT 安全技术）是 ISO/IEC JTC1 中专门从事 IT 安全一般方法和技术标准化工作的分技术委员会，是 JTC1 专门制定信息安全标准的国际标准化组织，主要工作领域和研究范围包括安全需求获取方法、信息和 ICT 安全管理、密码安全机制、身份管理安全标准、安全评价准则和方法学等。

（2）云安全联盟（Cloud Security Alliance，CSA）

联盟主要负责制定、引进、推广安全相关的标准、指南或最佳实践，引领安全行业发展方向；开发并运营面向个人的安全课程与培训认证体系，提升安全从业人员的专业技能和职业竞争力；开发面向企事业单位的安全解决方案与咨询体系、安全评估与认证体系，为企业安全建设提供方案咨询、落地指导及认证评估，提升企业的安全能力；与国际安全组织交流合作，引进国外优质的研究成果，同时将国内的优质成果向国际推广。

（3）美国国家标准与技术研究院

美国国家标准与技术研究院（National Institute of Standards and Technology，NIST）直属美国商务部，从事物理、生物和工程方面的基础和应用研究，以及测量技术和测试方法方面的研究，提供标准、标准参考数据及有关服务，在国际上享有很高的声誉。

（4）中国电子技术标准化研究院（CESI）

从事电子信息技术领域标准化的专业研究机构。

（5）云计算互操作论坛（Cloud Computing Interoperability Forum，CCIF）

开放、厂家中立的非盈利技术社区组织，其目标是建立全球的云团体和生态系统，讨论云计算的社区共识，探讨新兴趋势和参考结构，帮助不同组织加快和应用云计算解决方案和服务。

除此之外还有云战略研究小组（Cloud Strategy Research Team，CSRT）、欧洲云行业联盟（Euro Cloud）、国际标准化组织（ISO）、国际电工委员会（IEC）与国际电信联盟（ITU）等。

2. 国际上云计算相关的标准规范

- ISO/IEC 27017：2015《基于 ISO/IEC 27002 的云服务应用的信息安全控制措施》。
- ISO/IEC 27018：2014《公有云中个人可识别信息处理者保护个人可识别信息的安全控制措施》。
- ISO/IEC 17788：2014《云计算概述和词汇》。
- ISO/IEC 17789：2014《云计算参考架构》。
- ISO/IEC 19086-3：2017《信息技术　云计算　SLA 框架》。
- NIST SP800-125：全虚拟化技术安全指南。
- NIST SP800-144：公有云中安全和隐私的指导方针。
- NIST SP800-145：NIST 的云计算定义。
- NIST SP800-146：云计算概要和推荐。
- NIST SP500-322：基于 NIST SP800-145 的云计算服务评估。
- NIST SP500-292：NIST 云计算参考架构。
- NIST SP500-291：NIST 云计算标准路线图。
- NIST SP500-293：美国政府云计算技术路线图卷 1 和卷 2。
- NIST SP500-299：云计算安全参考架构（草案）。
- NIST SP500-316：云可用性框架。
- NIST SP800-53 R3：联邦信息安全系统和机构推荐的安全控制措施。
- NIST SP800-53 R4：联邦信息系统和组织的安全和隐私控制。
- CSA《云计算关键领域安全指南 4.0》。
- CSA《云计算安全技术要求》。
- CSA《云控制矩阵》。
- CSA《身份管理和访问控制指南》。

3. 我国云计算相关的标准规范

- GB/T 31167—2014《信息安全技术　云计算服务安全指南》。
- GB/T 31168—2014《信息安全技术　云计算服务安全能力要求》。
- GB/T 35279—2017《信息安全技术　云计算安全参考架构》。
- GB/T 34942—2017《信息安全技术　云计算服务安全能力评估方法》。
- GB/T 37950—2019《信息安全技术　桌面云安全技术要求》。
- GB/T 31916.1—2015《云数据存储和管理　第 1 部分：总则》。
- GB/T 31916.2—2015《云数据存储和管理　第 2 部分：基于对象的云存储应用接口》。
- GB/T 31916.5—2015《云数据存储和管理　第 5 部分：基于键值（Key-Value）的云数据管理应用接口》。
- 《云服务用户数据保护能力参考框架》。
- 《云计算运维平台参考框架及技术要求》。
- 《可信云多云管理平台评估方法》。
- 《可信云服务认证评估方法》。
- 《开源治理能力评价方法》。
- 《可信云·混合云解决方案评估方法》。
- 《可信云·云管理服务提供商能力要求》。
- 《可信物联网云平台能力评估方法》。
- 《云计算运维平台参考框架及技术要求（征求意见稿）》。

- 《基于云计算的电子政务公共平台顶层设计指南》。
- JR/T 0166—2018《云计算技术金融应用规范　技术架构》。
- YDB 144—2014《云计算服务协议参考框架》。

8.3　云计算合规要求

当前云安全服务正逐渐发展成以高性价比、整体商业流程外包形式来提供，这就需要通过相关法律、法规、政策、标准、合同以及 SLA 等来保障各服务相关方的权益。

8.3.1　数字版权管理

1. 内容安全管理

数字资源指的是将计算机技术、通信技术及多媒体技术相互融合而形成的以数字形式发布、存取、利用的信息资源总和。

国家制定了多条法律法规来保障数字内容的安全性，如《网络安全法》第十二条、第四十条与第四十二条；《国务院关于授权国家互联网信息办公室负责互联网信息内容管理工作的通知》中的相关规定；国家互联网信息办公室发布的《网络信息内容生态治理规定》等。

据不完全统计，近年就有超过 1000 家互联网产品服务因此受到各种监管处罚，严重者下架时间一个月，对业务造成极大影响。事件爆发的互联网产品不限于社区电商、图片版权、企业服务、网络文学、直播音视频、影视、出海、教育和网络文学等类别。

内容安全的需求主要涉及内容盗版、内容泄露和非法内容传播控制等方面。

2. 数字版权管理

数字版权指各类出版物、信息资料的网络出版权，可以通过新兴数字媒体传播内容的权利。

数字版权管理（DRM）是数字化时代用于保护数字作品版权的一种方式，从技术上防止数字媒体的非法复制和非法使用，确保最终用户在得到授权后才能使用数字媒体。它的作用主要体现在数字媒体加密、阻止非法内容注册、用户环境检测、用户行为监控、认证机制和付费机制及存储管理等方面。

数字版权管理主要采用数字水印、版权保护、数字签名、数据加密等技术对电影、音乐、音视频等多媒体进行保护，同时对 Word、Excel、PDF 等文档进行加密保护。

DRM 的核心是数字媒体授权中心（Right Issuer，RI）。RI 负责对数字作品进行加密保护，并在加密的数字媒体头部存放 Key ID 和节目授权中心的 URL。

2020 年 11 月 11 日全国人大通过关于修改《著作权法》的决定。自 2021 年 6 月 1 日起施行。

8.3.2　个人信息保护

全国人大常委会 2021 年 8 月 20 日表决通过的《中华人民共和国个人信息保护法》（简称《个人信息保护法》）于 2021 年 11 月 1 日起正式实施。作为首部专门规定个人信息保护的法律，《个人信息保护法》正式出台后，已成为个人信息保护领域的"基本法"。

《个人信息保护法》全文共八章，内容包括总则、个人信息处理规则、个人信息跨境提供的规则、个人在个人信息处理活动中的权利、个人信息处理者的义务、履行个人信息保护职责的部门、法律责任和附则。

《个人信息保护法》确立了处理个人信息应遵循的六个主要原则：方式合法正当、目的明确合理、最小必要、处理公开透明、准确性和安全保护。上述原则与世界趋同的个人信息保护原则以及《网络安全法》《民法典》的规定基本一致，其适用精神贯穿本法全文。

8.3.3 云安全审计

云审计者是对云服务、信息系统运维、性能、隐私影响与安全进行独立评估的云参与者。云审计者可为任何其他云参与者执行各类审计。云计算服务中引入第三方对云服务商进行审计，它们代表租户方对云服务商进行监督。

云审计者需要一个安全的审计环境，确保从责任方以安全与可信的方式收集目标证据。通常，云审计者可用的安全组件与相关的控制措施独立于云服务模式或被审计的云参与者。不同租户的审计记录应形成不同的文件单独存放，通过安全组等方式限制其他租户访问。

云审计规则的来源主要包括法律法规、标准规范和企业内部的管理规定以及合同、服务级别协议（SLA）等。云审计过程的安全审计环境架构组件需要（但不限于）下列机制。

- 安全组件与相关安全控制：有关于安全组件与相关安全控制的信息对云审计者可用。
- 安全档案：支持法律与业务过程的审计结果，如电子发现、归档需求与实施对云审计者可用。
- 安全存储：各责任方的目标证据可以用安全方式在云中收集与存储，以备今后参考。加密与混淆的存储信息对云审计者可用。
- 数据位置：在审计过程中，云审计者应确保数据适用于相关的管辖权规则，从而确保数据位置信息对云审计者可用。
- 度量：性能审计需要从度量系统中获得信息，云审计者应能安全地访问这些信息。
- 服务级别协议：服务审计需访问要求审计与被审计的各方之间的所有协议，以及支持以安全方式实施服务级别协议的任何机制。
- 隐私：隐私影响评估要求系统安全与配置信息的可用性，以及在云中实施数据保护的任何机制的可用性。

8.3.4 合同与 SLA

合同是明确云服务商与客户间责任和义务的基本手段。有效的合同是安全、持续使用云计算服务的基础，应全面、明确地制定合同的各项条款，突出考虑信息安全问题。云上的合同管理主要包括建立、协商、关闭、终止合同以及提供云客户安全审计与报告所需的信息等。

1. 云服务商的责任和义务

合同应明确云服务商承担以下责任和义务。

1）承载客户数据和业务的云计算平台应按照政府信息系统安全管理要求进行管理，为客户提供云计算服务的云服务商应遵守政府信息系统安全管理政策及标准。

2）客户提供给云服务商的数据、设备等资源，以及云计算平台上客户业务运行过程中收集、产生、存储的数据和文档等都属客户所有，云服务商应保证客户对这些资源的访问、利用、支配等权利。

3）云服务商不得依据其他国家的法律和司法要求将客户数据及相关信息提供给他国政府及组织。

4）未经客户授权，不得访问、修改、披露、利用、转让、销毁客户数据；在服务合同终止时，应将数据、文档等归还给客户，并按要求彻底清除数据，如果客户有明确的留存要求，应按要求留存客户数据。

5）采取有效的管理和技术措施来确保客户数据和业务系统的保密性、完整性和可用性。

6）接受客户的安全监管。

7）当发生安全事件并造成损失时，按照双方的约定进行赔偿。

8）不以持有客户数据相要挟，配合做好客户数据和业务的迁移或退出。

9）发生纠纷时，在双方约定期限内仍应保证客户数据安全。

10）法律法规明确或双方约定的其他责任和义务。

2. 服务水平协议

服务水平协议约定云服务商向客户提供的云计算服务的各项具体技术和管理指标，是同等重要组成部分。客户应与云服务商协商服务水平协议，并作为合同附件。

服务水平协议应与服务需求对应，针对需求分析中给出的范围或指标，在服务水平协议中要给出明确参数。服务水平协议中应对涉及的术语、指标等明确定义，防止因二义性或理解差异造成违约纠纷或客户损失。

（1）保密协议

可访问客户信息或掌握客户业务运行信息的云服务商应与客户签订保密协议；能够接触客户信息、掌握客户业务运行信息的云服务商内部员工，应签订保密协议，并作为合同附件。

保密协议应包括以下几个方面。

1）遵守相关法律法规、规章制度和协议，在客户授权的前提下合理使用客户信息，不得以任何手段获取、使用未经授权的客户信息。

2）未经授权，不应在工作职责授权范围以外使用、分享客户信息。

3）未经授权，不得泄露、披露、转让以下信息：同客户业务相关的程序、代码、流程、方法、文档和数据等内容的技术信息；同客户业务相关的人员、财务、策略、计划资源消耗数量和通信流量大小等业务相关的信息，包括账号、口令、密钥授权等用于对网络、系统、进程等进行访问的身份与权限的安全信息。

4）第三方要求披露要求3）中信息或客户敏感信息时，不应响应，并立刻报告。

5）对违反或可能导致违反协议、规定、规程、策略、法律的活动或实践，一经发现，应立即报告。

6）合同结束后，云服务商应返还3）中信息和客户数据，明确返还的具体要求、内容。

7）明确保密协议的有效期。

（2）合同的信息安全相关内容

客户在与云服务商签订合同时，应该全面考虑采用云计算服务可能面临的安全风险，并通过合同对管理、技术、人员等进行约定，要求云服务商为客户提供安全、可靠的服务。合同至少应包括以下信息安全相关内容。

1）云服务商的责任和义务，包括但不限于下述的全部内容。若有其他方参与，应明确其他方的责任和义务。

2）云服务商应遵从的技术和管理标准。

3）服务水平协议，明确客户特殊的性能需求、安全需求等。

4）保密条款，包括确定可接触客户信息，特别是敏感信息的人员。

5）客户保护云服务商知识产权的责任和义务。

6）合同终止的条件及合同终止后云服务商应履行的责任和义务。

7）若云计算平台中的业务系统与客户其他业务系统之间需要数据交互，约定交互方式和接口。

8）云计算服务的计费方式、标准，客户的支付方式等。

9）违约行为的补偿措施。

10）云计算服务部署、运行、应急处理、退出等关键时期相关的计划可作为合同附件，涉及的相关附件包括但不限于云计算服务部署方案、运行监管计划、应急响应计划、灾难恢复计划、退出服务方案、培训计划以及其他应包括的信息安全相关内容。

8.3.5 互操作性和可迁移性

1. 互操作性和可迁移性概述

互操作性是云计算生态系统中各个协同工作的组件应具备的特征，这些组件可能来自各种云端和传统 IT 系统。互操作性使用户可以随时使用新的或者来自不同云服务提供商的组件来替换已有的组件，而不会中断云中的任务，也不影响数据在不同系统之间进行交换。

可迁移性是指能把应用和数据迁移到其他地方而不用关心云服务提供商、平台、操作系统、基础设施、地点、存储、数据格式或者 API 接口的不同。在选择云服务提供商时，可迁移性是需要考虑的一个重要方面，因为可迁移性既能防止云服务提供商锁定客户，又允许把相同的云应用部署到不同的云服务提供商那里，如建设灾备中心、同一应用全球分布式部署等。

可迁移性和互操作性必须作为云项目风险管理和安全保证的一部分。如果未能妥善解决云迁移中的可迁移性与互操作性，那么可能会无法实现迁移到云计算后的预期效益，并可能导致成本上升或项目延期。它可能带来的安全风险主要表现在以下几个方面。

1）云服务代理商或提供商锁定。一个特定云解决方案的选择可能会限制以后转移到另一个云服务提供商。

2）处理不兼容和冲突造成服务中断。云服务提供商、云平台和应用的差异可能会引发不兼容性，这种不兼容性会导致应用系统在不同的云基础架构中发生不可预料的故障。

3）不可预料的应用系统重新设计或者业务流程更改。当迁移到一个新的云服务提供商时，可能需要重新审视程序的功能或者要求来修改代码，以确保其最初的执行行为。

4）高昂的数据迁移或数据转换成本。由于缺乏互操作性与可迁移性，当迁移到新的云服务提供商时，可能会导致计划外的数据变化。

5）数据或应用程序安全的丧失。不同的云服务提供商可能采用不同的安全控制、密钥管理或者数据保护策略，当迁移到一个新的云服务提供商或云平台时，可能会暴露原先未被发现的安全漏洞。

2. 云平台间应用和数据迁移指南

《信息技术　云计算　云平台间应用和数据迁移指南》（GB/T 37740—2019）规定了不同云平台间应用和数据迁移过程中迁移准备、迁移设计、迁移实施和迁移交付的具体内容。

1）迁移的角色与职责。应用和数据迁移应由迁移实施方统一组织，在迁移发起方的配合下，由迁移实施方具体实施。主要角色及职责包括迁移实施方和迁移发起方。迁移实施方应用和数据迁移前，根据迁移发起方的迁移要求进行需求调研和分析，与迁移发起方共同确定迁移目标和迁移方案，按照迁移方案执行迁移并在目标云平台上完成测试和业务试运行；迁移结束后，与迁移发起方共同完成迁移交付。迁移发起方应用和数据迁移前，向迁移实施方提出迁移要求，配合迁移实施方进行需求调研和分析，与迁移实施方共同确定迁移目标和迁移方案，支持迁移方案的执行；迁移结束后，与迁移实施方共同完成迁移交付。

2）应用和数据迁移主要包括迁移准备、设计、实施和交付等四个步骤。

3）迁移的评估。迁移实施方应在确定迁移目标的基础上，对现有业务系统架构和资源使用状况进行评估，得出评估结论，形成迁移评估报告，为迁移方案提供参考。迁移评估内容包括但不限于迁移环境、风险、方式和合规能力等。

8.4　云服务安全认证

云计算服务安全认证是对云计算安全服务提供者的资格状况、技术实力和云计算安全服务实施过程质量保证能力等方面的具体衡量和评价。

8.4.1　云服务安全认证概述

1. 云服务安全认证概述

国内的云计算服务安全认证主要有网络安全等级保护测评认证、信息安全服务资质（云计算安全类一级）认证和可信云服务认证等。

国外的云计算服务安全认证主要有 STAR 和 C-STAR、CSA 云控制矩阵、FedRAMP 认证、ISO 27001、新版 ISO 20000 认证、SOC 独立审计、CNAS 云计算国家标准测试和 PCI-DSS 标准等。

国外云服务提供商如亚马逊、微软、IBM 等已经通过云服务安全认证资质审核。以 AWS 为例来分析其合规性满足的相关做法。AWS 遵从性使客户能够了解 AWS 为维护 AWS 云中的安全和数据保护而采取的强大控制措施。当系统在 AWS 云中构建时，遵从性责任将被共享。通过将聚焦治理、友好审计的服务特性与适用的遵从性或审计标准捆绑在一起，AWS 的合规性服务包括 AWS Config、AWS CloudTrail、AWS Identity and Access Management、Amazon GuardDuty 和 AWS Security Hub，都建立在传统程序之上，这些程序帮助客户建立应用并在 AWS 安全控制的环境中运行。AWS 为客户提供的 IT 基础设施是按照安全最佳实践和各种 IT 安全标准设计和管理的，包括：

- SOC 1/SSAE 16/ISAE 3402，继承了 SAS 70。
- SOC 2。
- SOC 3。
- FISMA、DIACAP、FedRAMP。
- DoD SRG。
- PCI DSS Level 1。
- ISO 9001 / ISO 27001。
- ITAR。
- FIPS 140-2。
- MTCS Tier 3。

此外，AWS 平台提供的灵活性和控制能力使客户能够部署满足几个特定行业标准的解决方案。AWS 通过白皮书、报告、认证和其他第三方认证向客户提供了关于其 IT 控制环境的广泛信息。

国内，以华为云为例，其高等级保护服务系统已通过公安部网络安全等级保护 4 级测评，同时华为云还持有云安全 CSA STAR 金牌认证、ISO 27001 认证、德国的 Trusted Cloud 认证、IT-Grundschutz 认证，还获得了 BSIMM、ITSS 服务增强级认证、IDC/ISP 牌照和 TUV 可信云认证等。

2. 《云计算服务安全评估办法》

2019 年，为提高党政机关、关键信息基础设施运营者采购使用云计算服务的安全可控水平，国家互联网信息办公室、国家发展和改革委员会、工业和信息化部、财政部联合制定了《云计算服务安全评估办法》。

《云计算服务安全评估办法》出台的目的主要是提高党政机关、关键信息基础设施运营者采购使用云计算服务的安全可控水平；引导采购使用安全可控的云计算服务，增强党政部门和关键信息基础设施相关业务向云计算平台迁移的便捷性和数据安全性的信心；充分发挥云计算优势特长，促进党政部门、关键信息基础设施的资源整合共享和管理决策能力，提高为民服务水平、保护个人信息。

《云计算服务安全评估办法》的策略方法主要是云计算服务安全评估坚持事前评估与持续监督相结合，保障安全与促进应用相统一，依据有关法律法规和政策规定，参照国家有关网络安全标准，发挥专业技术机构、专家作用，客观评价、严格监督云计算服务平台（以下简称"云平台"）的安全性、可控性，为党政机关、关键信息基础设施运营者采购云计算服务提供参考。

《云计算服务安全评估办法》的适用范围是党政机关、关键信息基础设施运营者采购使用云计算服务；评估对象是云计算服务平台（包括云计算服务软硬件设施及其相关管理制度等）。

《云计算服务安全评估办法》重点评估的内容主要如下。

1）云平台管理运营者（以下简称"云服务商"）的征信、经营状况等基本信息。
2）云服务商人员背景及稳定性，特别是能够访问客户数据、能够收集相关元数据的人员。
3）云平台技术、产品和服务供应链安全情况。
4）云服务商安全管理能力及云平台安全防护情况。
5）客户迁移数据的可行性和便捷性。
6）云服务商的业务连续性。
7）其他可能影响云服务安全的因素。

8.4.2 可信云服务认证

1. 可信云评估概述

可信云评估是中国信息通信研究院下属的云计算服务和软件的评估品牌，也是我国针对云计算服务和软件的专业评估体系。可信云服务评估的核心目标是建立云服务商的评估体系，为用户选择安全、可信的云服务商提供支撑，促进我国云计算市场健康、创新发展，提升服务质量和诚信水平，逐步建立云计算产业的信任体系，被业界广泛接受和信任。

2013年起历经7年发展，可信云服务评估体系已日渐成熟，在政务、金融、通信、工业、物联网五大行业开展评估，评估内容涵盖了基础云服务、私有云软件、开发运维、安全及风险管理能力、混合云、行业云和开源治理能力等众多领域。可信云评估体系的系列标准及评估结果已经成为政府支撑、行业规范、用户选型的重要参考。

依据国务院《关于促进云计算创新发展培育信息产业新业态的意见》以及工信部《云计算发展三年行动计划（2017—2019年)》政策导向，可信云评估旨在建立云计算服务的信任体系，推动我国云计算发展迈向新台阶。发展至今，可信云评估已经从面向云计算服务的单项评估发展为事前、事中到事后的全方位评估，建立了云计算基础服务和产品评估、云计算软件类评估、可用性监测以及云保险等在内的综合评估体系。

目前发布的重要可信云标准及白皮书主要有《云服务用户数据保护能力参考框架》《云计算运维平台参考框架及技术要求》《可信云多云管理平台评估方法》《可信云服务认证评估方法》《开源治理能力评价方法》《可信云·混合云解决方案评估方法》《可信云·云管理服务提供商能力要求》《可信物联网云平台能力评估方法》《智能云服务技术能力要求》等。

2. 可信云评估体系

最新的可信云评估体系主要分为基础服务类、软件类、混合云类、行业云类、智能云类、性能类、信用水平类、开发运维类、云边协同类、开源治理类和安全及风险管理类等评估业务。

1）基础服务类评估项目包括云主机、块存储、对象存储、物理云主机、云数据库、应用托管容器、负载均衡、云分发、云缓存、云备份、函数即服务（FaaS）和企业级 SaaS。

2）云计算软件类评估项目包括虚拟化及虚拟化管理解决方案、容器云解决方案、微服务解决方案、Serverless 解决方案、分布式消息队列、云原生数据库、API 网关、桌面云解决方案。

3）混合云类评估项目包括混合云解决方案（公有云部分、私有云部分）、混合云安全能力、多云管理平台解决方案、云管理服务提供商能力分级、企业数字基础设施云化管理和服务运营能力成熟度和云平台网络能力（云专线、云组网、对等连接、SD-WAN）。

4）行业云类评估项目包括可信政务云评估（面向专有云服务提供方）、政务云综合水平评估（面向案例）、面向公有云模式的政务云服务评估（面向公有云服务提供方）、政务云解决方案评估（面向解决方案提供方）、可信金融云服务（银行类）能力评估、可信金融云解决方案能力评估、保险行业云服务提供方能力评估、保险行业基于云计算平台支撑的研运能力成熟度评估、保险行业微服务架构成熟度评估、保险行业容器云平台成熟度评估和视频云。

5）智能云类评估项目包括 FPGA 云主机、GPU 云主机、机器学习平台、语音转写、人脸核验、证件 OCR。

6）信用水平类评估项目包括云服务企业综合信用水平、CDN 服务企业综合信用水平和云主机分级。

7）安全及风险管理类评估项目包括云主机安全、云服务用户数据保护能力（公有云、私有云）、容器平台安全能力、云计算风险管理能力、安全态势感知平台能力、安全运营中心能力、安全责任共担（公有云服务商云服务责任承担能力、公有云客户云服务安全使用能力）和业务安全解决方案（内容安全、信贷反欺诈、营销反欺诈、交易反欺诈、反钓鱼欺诈）。

8）云边协同类评估项目包括可信物联网云平台能力通用要求、可信物联网云平台能力安全要求、边缘云服务信任能力和基于云边协同的边缘节点解决方案能力。

8.4.3 云计算服务安全能力评估方法

1. 云计算服务安全能力评估方法概述

《信息安全技术 云计算服务安全能力评估方法》（GB/T 34942—2017）是 GB/T 31168—2014 的配套标准，对应 GB/T 31168—2014 第 5~14 章的要求，本标准也从第 5~14 章给出了相应的评估方法。本标准主要为第三方评估机构开展云计算服务安全能力评估提供指导。第三方评估机构可采用访谈、检查、测试等多种方式制订相应安全评估方案，并实施安全评估。

2. 云计算服务安全能力评估的原则

第三方评估机构在评估时应遵循客观公正、可重用、可重复和可再现、灵活、最小影响及保密的原则。

1）客观公正是指第三方评估机构在评估活动中应充分收集证据，对云计算服务安全措施的有效性和云计算平台的安全性做出客观公正的判断。

2）可重用是指在适用的情况下，第三方评估机构对云计算平台中使用的系统、组件或服务等采用或参考其已有的评估结果。

3）可重复和可再现是指在相同的环境下，不同的评估人员依照同样的要求，使用同样的方法，对每个评估实施过程的重复执行都应得到同样的评估结果。

4）灵活是指在云服务商进行安全措施裁剪、替换等情况下，第三方评估机构应根据具体情况制订评估用例并进行评估。

5）最小影响是指第三方评估机构在评估时尽量小地影响云服务商现有业务和系统的正常运行，最大程度降低对云服务商的风险。

6）保密原则是指第三方评估机构应对涉及云服务商利益的商业信息以及云服务客户信息等严

格保密。

3. 云计算服务安全能力评估的内容

第三方评估机构依据国家相关规定和 GB/T 31168—2014《信息安全技术　云计算服务安全能力要求》，主要对系统开发与供应链安全、系统与通信保护、访问控制、配置管理、维护、应急响应和灾备、审计、风险评估与持续监控、安全组织与人员、物理与环境安全等安全措施实施情况进行评估。

4. 云计算服务安全能力评估的方法

第三方评估机构在开展安全评估工作时宜综合采用访谈、检查和测试等基本评估方法，以核实云服务商的云计算服务安全能力是否达到了一般安全能力或增强安全能力。

1）访谈。访谈是指评估人员对云服务商等相关人员进行谈话的过程，对云计算服务安全措施实施情况进行了解、分析和取得证据。访谈的对象为个人或团体，如信息安全的第一负责人、人事管理相关人员、系统安全负责人、网络管理员、系统管理员、账号管理员、安全管理员、安全审计员、维护人员、系统开发人员、物理安全负责人和用户等。

2）检查。检查是指评估人员通过对管理制度、安全策略和机制、安全配置和设计文档、运行记录等进行观察查验、分析，以帮助评估人员理解、分析和取得证据的过程。检查的对象为规范、机制和活动。例如，评审信息安全策略规划和程序；分析系统的设计文档和接口规范；观测系统的备份操作；审查应急响应演练结果；观察事件处理活动；研究设计说明书等技术手册和用户/管理员文档；查看、研究或观察信息系统硬件/软件中信息技术机制的运行；查看、研究或观察信息系统运行相关的物理安全措施等。

3）测试。测试是指评估人员进行技术测试（包括渗透测试），通过人工或自动化安全测试工具获得相关信息，并进行分析以帮助评估人员获取证据的过程。测试的对象为机制和活动，例如，访问控制、身份鉴别和验证、审计机制；测试安全配置设置，测试物理访问控制设备；进行信息系统关键组成部分的渗透测试，测试信息系统的备份操作；测试事件处理能力、应急响应演练能力等。

5. 云计算服务安全能力评估实施过程

评估实施过程主要包括评估准备、方案编制、现场实施和分析评估四个阶段，与云服务商的沟通与洽谈贯穿整个过程，如图 8-4 所示。

1）评估准备阶段。第三方评估机构应接收云服务商提交的《系统安全计划》，从内容完整性和准确性等方面审核《系统安全计划》，审核通过后，第三方评估机构与云服务商沟通被测对象、拟提供的证据、评估进度等相关信息，并组建评估实施团队。

2）方案编制阶段。第三方评估机构应确定评估对象、评估内容和评估方法，并根据需要选择、调整开发和优化测试用例，形成相应安全评估方案。此阶段根据具体情况可能还需要进行现场调研，主要目的是确定评估边界和范围，了解云服务商的系统运行状况、安全机构、制度、人员等现状，以便制订安全评估方案。

3）现场实施阶段。第三方评估机构主要依据《系统安全计划》等文档，针对系统开发与供应链保护系统与通信保护、访问控制、配置管理、维护、应急响应与灾备、审计、风险评估与持续监控、安全组织与人员、物理与环境安全等方面的安全措施实施情况进行评估。该阶段主要由云服务商提供安全措施实施的证据，第三方评估机构审核证据并根据需要进行测试。必要时，应要求云服务商补充相关证据，双方对现场实施结果进行确认。

4）分析评估阶段。第三方评估机构应对现场实施阶段所形成的证据进行分析，首先给出对每项安全要求的判定结果。在 GB/T 31168—2014 附录 A 中，云服务商安全要求实现情况包括满足、部分满足、计划满足、替代满足、不满足和不适用。第三方评估机构在判定时，计划满足视为不满足，替代满足视为满足。第三方评估机构在判定是否满足适用的安全要求时，如有测试和检查，原则上测试结果和检查结果满足安全要求的视为满足，否则视为不满足或部分满足。若无测试有检查，原则上检查结果满足安全要求的视为满足，否则视为不满足或部分满足。若无测试无检查，访谈结果满足安全要求的视为满足，否则视为不满足或部分满足。然后根据对每项安全要求的判定结果，参照相关国家标准进行风险评估，最后综合各项评估结果形成安全评估报告，给出是否达到 GB/T 31168—2014 相应能力要求的评估结论。

• 图 8-4　云计算服务安全能力评估实施过程

　　在云服务商通过安全评估后，与客户签订合同提供服务时，第三方评估机构也可按照相关规定、客户委托或其他情况积极参与和配合运行监管工作，具体实施应参照 GB/T 31167—2014 及运行监管相关规定。

8.5　本章小结

　　本章从信息安全治理的概念出发，介绍了信息安全治理的目的、原则和体系；接着分析了国内外云计算相关的网络安全法律法规政策标准，着重围绕《网络安全法》、通用数据保护条例、网络安全等级保护、FedRAMP 等进行了介绍；同时介绍了云计算合规要求，如数字版权管理、个人信息保护、云安全审计、合同与 SLA、互操作性和可迁移性等相关要求；最后阐述了云服务安全认证和云服务安全能力评估方法和流程。

习题

1. 信息安全治理的目的和预期目标分别有哪些？

2. 我国与网络安全相关的法律法规主要有哪些？

3. 简单描述什么是 FedRAMP，它的安全风险管理模型包含哪些内容。

4. GDPR 在云上有哪些合规性要求？

5. 合同和 SLA 的概念分别是什么？两者有什么区别？在云上的合同、SLA 合规要求有哪些注意事项？

6. 云的互操作性和可迁移性面临哪些安全挑战？应该如何应对？

7. 云服务安全认证目前都有哪些形式？主要的云服务安全认证包含的内容有哪些？

参考文献

[1] 朱胜涛，温哲，位华，等．注册信息安全专业人员培训教材［M］，北京：北京师范大学出版社，2019.

[2] 布赖恩·奥哈拉，本·马里索乌，等．CCSP 官方学习指南［M］．栾浩，译．北京：清华大学出版社，2018.

[3] 张振峰．云上合规：深信服云安全服务平台等级保护 2.0 合规能力技术指南［M］．北京：电子工业出版社，2020.

[4] 陈驰，于晶，马红霞．云计算安全［M］．北京：电子工业出版社，2020.

[5] 闵京华．信息安全治理的概念、原则和过程［J］．中国信息安全，2011，（7）：70-72.

[6] 江雷，任卫红，袁静，等．美国 FedRAMP 对我国等级保护工作的启示［J］．信息安全与通信保密，2015，（8）：73-77.

[7] 刘彬芳，刘越男，钟端洋．欧美电子政务云服务安全管理框架及其启示［J］．现代情报，2018，（10）：32-37.

[8] 李鹏飞．国内外云计算安全相关认证大搜罗［OL］．（2020-08-02）［2021-03-16］．https：//www.cnblogs.com/weyanxy/.